JN173600

益川敏英監修／
植松恒夫，青山秀明編集

基幹講座　物理学

電磁気学 II

物質中の電磁気学

大野木哲也，田中耕一郎 著

東京図書

シリーズ刊行にあたって

現代社会の科学・技術の基盤であり，文明発達の原動力になっているのは物理学である．

本講座は，根源的，かつ科学全ての分野にとって重要な基礎理論を軸としながらも，最新の応用トピックとしてどのような方面に研究が進んでいるか，という話題も扱っている．基礎と応用の両面をバランスよく理解できるように，という配慮をすることで未来を拓く新しい物理学を浮き彫りにする．

現代社会の中で物理学が果たす本質的な役割や，表層的ではない真の物理学の姿を知って欲しいという観点から，「ただ使えればいい」「ただ易しければいい」という他書の姿勢とは一線を画し，難しい話題であっても全てのステップを一つひとつじっくり解説し，「各ステップを読み解くことで完全な理解が得られる」という基本姿勢を貫いている．

しっかりとした読解の先に，物理学の極みが待っている．

2013年4月

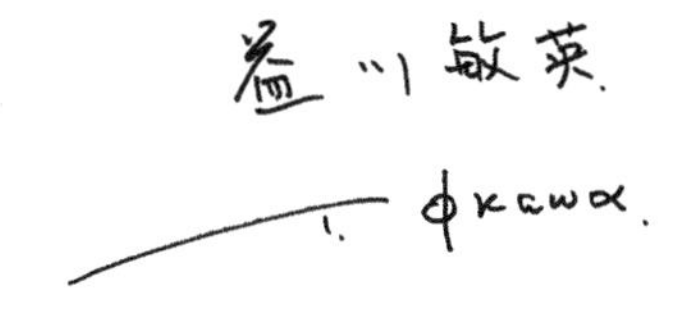

監修者，編集者によるまえがき

益川敏英（以下，益川）『電磁気学I』では，主として真空中の電磁場について，必要な基礎事項が中心に述べられています．本書『電磁気学II』では，さらに発展的な内容として，物質中の電磁場の振る舞いや，物質中のマクスウェル方程式と，それに伴って現れる電磁波の様々な現象が扱われています．

植松恒夫（以下，植松）　ということは，本書の中では一例として，マクスウェル方程式から，電磁波が導かれて，それがどのように伝播するか，すなわち境界条件に応じて，電磁波の分散や反射・屈折がどのように生じるかを論じることになりますね．

青山秀明（以下，青山）　光が電磁波であることを考えれば，光の回折や散乱がいかに引き起こされるか，光学としての現象を扱うことになりますね．また様々な周波数の電磁波の特性を応用例として捉えられるわけですね．

益川　この『電磁気学II』でも『電磁気学I』と同様，コンパクトではありますが，多くの基礎知識がバランスよく丁寧に盛り込まれています．また，理解の定着のために基礎的な定番の問題も収録されています．

植松　しかし一方で，場の概念に基づく電磁気学は，そのままでは電磁気現象を応用した日常的な最新の技術を理解する枠組みからかけ離れてしまう傾向が往々にして見られます．このギャップを埋める意味において，本書では理論的な基本事項の後に応用的な事項を盛り込みました．

青山　電磁波の技術的応用としては，最近では特に携帯電話やスマートフォンといったものがあります．また非接触型のICカードの改札システムや，電子マネー等は電磁誘導の応用ですね．さらに本書に出てくるテラヘルツ波による非破壊検査といった応用が挙げられます．

植松　しかし，このような新しい技術を理解しようと思えば，必ず基礎事項の徹底理解が必要です．例えば，原子や分子の世界の化学的な結合というのは，基本的には電磁相互作用となりますね．もっとも，古典論だけでは理解できず量子論的な知識が必要となりますが．

青山　確かに，我々の周辺の現象の多くは，電磁気的な相互作用で説明されると言えますね．

益川　そう，さらにいうと我々の日常的な世界は“電磁気”と“重力”で成り立っており，その基礎となる理論は電磁場や重力場に対する場の理論といえるのではないでしょうか．

『電磁気学 II』のまえがき

本書は既刊，大野木哲也，高橋義朗著『電磁気学 I』で学んだ電磁気学の基本法則を出発点にして，さまざまな現象への応用を身につけるための教科書である．電磁気現象は誘電体や磁性体，光の反射・屈折，電磁波の放射，レーザーなどの高強度ビームと光の非線形現象など，さまざまな側面をもつ．電磁気学の工学的応用は現在でもますます広がり光通信や高強度レーザーそしてテラヘルツ光など新たな展開を見せている．本書を通じて電磁気学から得られた豊富な果実の一端を味わってほしい．

本書は 1 章で物質中での静的な電磁場に対する応答，特に誘電体と磁性体について学ぶ．電場や磁場をかけたときに生じる双極子モーメントについての巨視的な現象論と微視的なモデル計算を通じて物性論的なものの見方に触れる．2 章で電磁場に対する物質の応答を時間変化がある場合に拡張する．まず，応答関数を導入し電磁応答の一般論を展開し，クラマース・クローニッヒ関係式などの有用な公式を導く．また，微視的なモデルをもとに応答関数の具体例にも触れる．3 章では真空中および物質中での電磁波を議論する．『電磁気学 I』でも平面波について学んだが，本書では電磁波の偏光のさまざまな基底の取り方やゲージ条件による記述の仕方の違い，また球面波やビーム伝播など後半部分で重要な概念を解説する．4 章で誘電体や金属の境界のある状況での電磁波の境界値問題を出発点に，反射・屈折， 導波管など光の現象や，光ビームスプリッタ，多層膜ミラーのような応用に触れる．5 章で時間変化する電荷や電流からの電磁波の放射を学ぶ．出発点は遅延ポテンシャルと呼ばれるグリーン関数を導入し，与えられた電荷・電流密度にたいする電磁場の公式を導く．これを具体的な系に適用することで多重極放射，アンテナ，シンクロトロン放射などさまざまな現象を理解する．6 章では散乱・回折という波動性の高い光学的現象を学び，レーリー散乱やミー散乱などの実際の物質に対して生じる散乱現象をとりあつかう．最後に 7 章で非線形な電磁波の応答を解説する．応用としてフェムト秒レーザーを用いたテラヘルツ光の発生など最近発展の目覚ましい光物理学の最先端の研究を紹介する．

上に挙げた興味深い現象の重要な部分が，すべてマクスウェル方程式という基本法則から導き出されることは驚くべきことである．現象は多岐にわたるがそこに現れる数学的手法には，波動方程式の境界値問題やグリーン関数など比較的共通部分が多く，どのような系に適用するかの違いが大きいともいえる．このように考えると，実は原子レベルのミクロな領域から，日常生活のスケールまでマクスウェル方程式が「非常に厳密に」成り立っていることこそが驚くべきなのかもしれない．そして，現代の先端技術の発展に伴って適用できる系が広がりつつあることも重要である．したがって，まだ考えられたことのない系へマクスウェル方程式を適用し，新たな発見をする可能性はこれから十分残されているといえる．

若い読者のだれかにとって，本書が新たな発見を志すきっかけの一部になれば幸いである．

謝辞

執筆を勧めていただいた，植松恒夫先生，青山秀明先生，益川敏英先生に感謝したい．最後に編集において実に辛抱強く我々をサポートし，本書の完成に導いていただいた東京図書の松永智仁氏及び市川由子氏に本当にお世話になった．ここに深く感謝の意を表したい．

大野木哲也は本書執筆中に他界した父と現在闘病中の母に感謝したい．そして，研究・教育と本書の執筆を温かく見守り笑顔の絶えない家族の喜びを与えてくれた愛する妻の由香，娘の春香，息子の真也に心から感謝する．

田中耕一郎は何よりもまず物理学の研究の道に進むのを優しく見守ってくれた亡き両親に感謝したい．青森の親戚の方々には精神的，経済的に大変お世話になった．原稿を注意深く読んでいただき，わかりにくい点を指摘してくれた，京都大学光物性研究室の有川敬氏，内田健人氏，市井智章氏，草場哲氏と東京大学物性研究所の谷峻太郎氏に感謝する．最後に，大学での研究・教育生活を支えてくれた妻の智子と娘の祥菜に感謝する．

2017 年 8 月　大野木哲也，田中耕一郎

『電磁気学 II』の目次

◆装幀　戸田ツトム＋今垣知沙子

* 章末問題の解答に関して，一部の問題は解答の代わりにヒントを載せた.

『電磁気学 I』の目次

第1章　物質中の電場と磁場

この章では物質中の静的な電磁場とそれによって誘起される電気双極子モーメントや磁気双極子モーメントの満たす方程式を議論する.

まず，この章の述べる内容について重要なポイントを整理しておこう.

1. 物質に外場をかけると分極が起こる．物質中の電磁場はもともとの外場と，分極の作る電磁場の和である.
2. 分極の作る巨視的な電磁場は，巨視的な電気双極子モーメント $\boldsymbol{P}$，磁気双極子モーメント $\boldsymbol{M}$ で表される．そして，電気双極子モーメントの発散 $\nabla \cdot \boldsymbol{P}$，磁気双極子モーメントの回転 $\nabla \times \boldsymbol{M}$ はそれぞれ巨視的な分極電荷密度 ρ_M と巨視的な分極電流 $\boldsymbol{J}_M$ と見なせる．そこで真空中に自由な電荷に加えて分極電荷，分極電流のみがあるとして，真空中のマクスウェル方程式をたてると物質中の電磁場の方程式が得られる.
3. 電束密度 $\boldsymbol{D}$ や磁場 $\boldsymbol{H}$ を用いるとマクスウェル方程式がきれいな形にはなるが，それはあくまで2次的なものであって，重要な物理量は $\boldsymbol{E}, \boldsymbol{B}$ と $\boldsymbol{P}$，$\boldsymbol{M}$ である.
4. マクスウェル方程式が閉じた方程式となるためには，外場をかけたときの応答として双極子モーメントがどのように誘起されるかを知らなければならない．微視的には，分極は原子・分子に束縛された電子が微視的な電磁場によってどのような微視的双極子モーメントを持つかは，モデル計算または量子力学にもとづいた精密な計算によって決定できる.
5. それと同時に，微視的双極子モーメントと微視的な電磁場が巨視的な電磁場とどのように関係しているか粗視化にもとづいて詳しく論じる必要がある.

§1.1　分極と電気モーメント

物質の中には電子が原子を離れて物質内全体を動き回ることのできる導体と呼ばれるものの他に，電子が原子に束縛されて遠くに離れることの出来ないものがある．このような物質を誘電体と呼ぶ．誘電体に電場をかけると電荷がわずかに変位する．この現象を分極という．

図1.1のように電気量 $\pm q$ をもつ2つの電荷がわずかに離れて配置しているものを電気双極子と呼ぶ．また，負電荷からみた正電荷の位置を表す変位ベクトルを $\boldsymbol{d}$ としたとき，ベクトル $\boldsymbol{p} = q\boldsymbol{d}$ を電気双極子モーメントと定義する．このとき，2つの点電荷の中点から十分遠方 ($|\boldsymbol{r}| \gg |\boldsymbol{d}|$) の位置 $\boldsymbol{r}$ での電位は

$$\phi_p = \frac{\boldsymbol{p}\cdot\hat{\boldsymbol{r}}}{4\pi\epsilon_0 r^2} + O\left(\frac{1}{r^3}\right) \tag{1.1}$$

となる．また，電気双極子モーメントの作る電場は十分遠方で

$$\boldsymbol{E}_{\boldsymbol{p}} = \frac{3(\boldsymbol{p}\cdot\hat{\boldsymbol{r}})\hat{\boldsymbol{r}} - \boldsymbol{p}}{4\pi\epsilon_0 r^3} + O\left(\frac{1}{r^4}\right) \tag{1.2}$$

となる．ここで $\hat{\boldsymbol{r}} = \dfrac{\boldsymbol{r}}{r}$，すなわち $\boldsymbol{r}$ 方向の単位ベクトルである．また，ベクトル $\boldsymbol{r}$ は成分表示で $\boldsymbol{r} = (r^1, r^2, r^3) = (x, y, z)$ と表されるものとする．

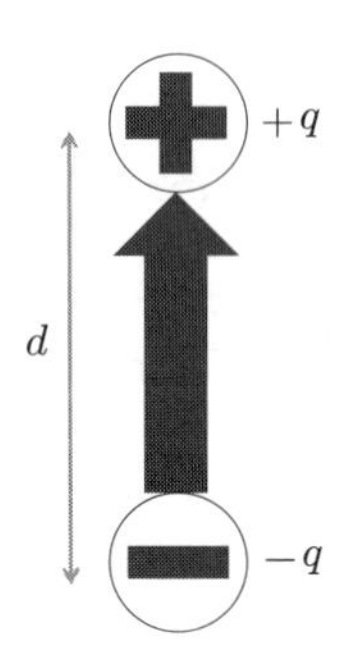

図1.1　電気双極子モーメント

より一般には電場がかかったときの電荷の変位による電荷分布を $\rho(\boldsymbol{r})$ とおくと十分遠方での電位は

$$\phi_p(\boldsymbol{r}) = \frac{1}{4\pi\epsilon_0}\int d^3\boldsymbol{r}'\,\frac{\rho(\boldsymbol{r}')}{|\boldsymbol{r}-\boldsymbol{r}'|} \tag{1.3}$$

で与えられる．電荷の広がりが r に比べ十分に小さいときは $\boldsymbol{r}'$ について テイラー展開を行い

$$\phi_p(\boldsymbol{r}) \\ =\frac{1}{4\pi\epsilon_0}\int d^3\boldsymbol{r}'\frac{\rho(\boldsymbol{r}')}{r}\left[1+\frac{\hat{\boldsymbol{r}}\cdot\boldsymbol{r}'}{r}+\frac{3(\hat{\boldsymbol{r}}\cdot\boldsymbol{r}')^2-\boldsymbol{r}'^2}{2r^2}+O\left(\frac{r'^3}{r^3}\right)\right] \quad (1.4)$$

と分解できる．そこで電荷 q，電気双極子モーメント p_i，電気四重極モーメント Q_{ij} を

$$q := \int d^3\boldsymbol{r}'\rho(\boldsymbol{r}'), \quad (1.5)$$

$$p_i := \int d^3\boldsymbol{r}'\rho(\boldsymbol{r}')r'_i, \quad (1.6)$$

$$Q_{ij} := \int d^3\boldsymbol{r}'\rho(\boldsymbol{r}')(3r'_ir'_j-\delta_{ij}r'^2) \quad (1.7)$$

と定義すると，電位は

$$\phi_p(\boldsymbol{r}) = \frac{1}{4\pi\epsilon_0}\left\{\frac{q}{r}+\frac{\boldsymbol{p}\cdot\hat{\boldsymbol{r}}}{r^2}+\sum_{i,j}\frac{Q_{ij}(3\hat{\boldsymbol{r}}_i\hat{\boldsymbol{r}}_j-\delta_{ij})}{6r^3}+O\left(\frac{1}{r^4}\right)\right\} \quad (1.8)$$

となる．誘電体物質を構成する原子はもともと電気的に中性であることから $q=0$ である．遠方で $O\left(\frac{1}{r^2}\right)$ よりも早く減衰する寄与は巨視的な効果を与えないことを考慮すると，電気双極子モーメントの寄与のみが寄与するので分極の効果は式 (1.1) に帰着することが分かる．

一方，最近分光分析でよく使われる「近接場分光法」においては，物質に近接した領域を観測するために電気四重極モーメントをはじめとするテイラー展開の高次の項が効くことが知られている．

1.1.1 巨視的な電位と電場

誘電体物質には原子や分子に束縛された電子があり，外から電場をかけるとそれぞれが分極を起こす．したがって，電場中の誘電体は電気双極子の集まりと見なすことができる．誘電体中で電気双極子の与える電位は以下のように微視的な双極子のつくる電位の重ね合わせで与えられる．

$$\phi_p(\boldsymbol{r}) = \frac{1}{4\pi\epsilon_0}\sum_i \frac{\boldsymbol{p}_i\cdot(\boldsymbol{r}-\boldsymbol{r}_i)}{|\boldsymbol{r}-\boldsymbol{r}_i|^3} \tag{1.9}$$

ここで物質内の微視的双極子モーメントを $\boldsymbol{p}_i$，その位置を $\boldsymbol{r}_i$ とする．この電位は微視的な長さのスケールでは空間的に激しく変動しているが，いったん微視的双極子モーメントが与えられれば，巨視的には，巨視的なスケールで空間平均をとったものでよく近似できる．ただし，微視的双極子は微視的な電場のもとで誘起されるので，そもそも微視的双極子モーメントが外場の電場によってどう決定されるかを考えるときには，より注意深い議論が必要である．このことは後に詳しく説明する．微視的電気双極子モーメント密度 $\boldsymbol{P}(\boldsymbol{r})$ を

$$\boldsymbol{P}(\boldsymbol{r}) = \sum_i \boldsymbol{p}_i\delta^3(\boldsymbol{r}-\boldsymbol{r}_i) \tag{1.10}$$

と定義しよう．式 (1.9) は

$$\phi_p(\boldsymbol{r}) = \int d^3\boldsymbol{r}'\,\frac{\boldsymbol{P}(\boldsymbol{r}')\cdot(\boldsymbol{r}-\boldsymbol{r}')}{|\boldsymbol{r}-\boldsymbol{r}'|^3} \tag{1.11}$$

と書き直せる．図 1.2 のように $\boldsymbol{P}$ を巨視的なスケールで空間平均をとったものを巨視的双極子モーメント密度 $\bar{\boldsymbol{P}}(\boldsymbol{r})$ と定義する．式では以下のように与えられる．

$$\bar{\boldsymbol{P}}(\boldsymbol{r}) := \frac{1}{|\Delta V(\boldsymbol{r})|}\int_{\Delta V(\boldsymbol{r})} d^3\boldsymbol{r}'\boldsymbol{P}(\boldsymbol{r}') \tag{1.12}$$

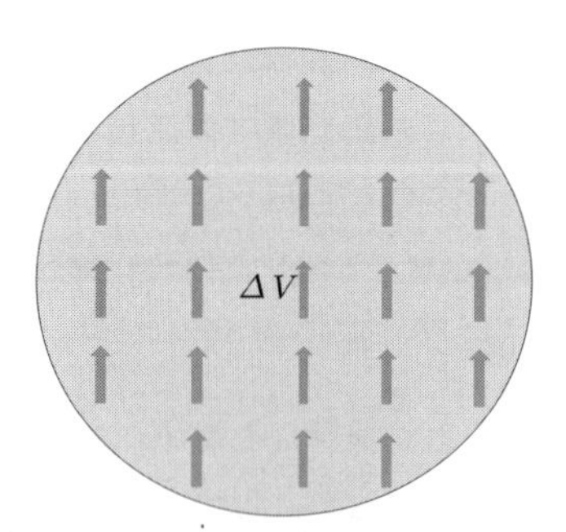

図 1.2　巨視的なスケールでの電気双極子モーメントの空間平均

ここで $\Delta V(\boldsymbol{r})$ は位置 $\boldsymbol{r}$ を中心とする微視的双極子の間隔よりも十分大きな領域であり，$|\Delta V(\boldsymbol{r})|$ はその体積とする．同様に巨視的なスケールで空間平均

をとった巨視的電位 $\bar{\phi}_p(\boldsymbol{r})$ を以下のように定義する.

$$\bar{\phi}_p(\boldsymbol{r}) := \frac{1}{|\Delta V(\boldsymbol{r})|}\int_{\Delta V(\boldsymbol{r})} d^3\boldsymbol{r}'\phi(\boldsymbol{r}') \tag{1.13}$$

すると式 (1.9) より巨視的双極子モーメントとそれの作る巨視的電位の間に

$$\bar{\phi}_p(\boldsymbol{r}) = \frac{1}{4\pi\epsilon_0}\int d^3\boldsymbol{r}'\,\frac{\bar{\boldsymbol{P}}(\boldsymbol{r}')\cdot(\boldsymbol{r}-\boldsymbol{r}')}{|\boldsymbol{r}-\boldsymbol{r}'|^3} \tag{1.14}$$

という関係が成り立つ.

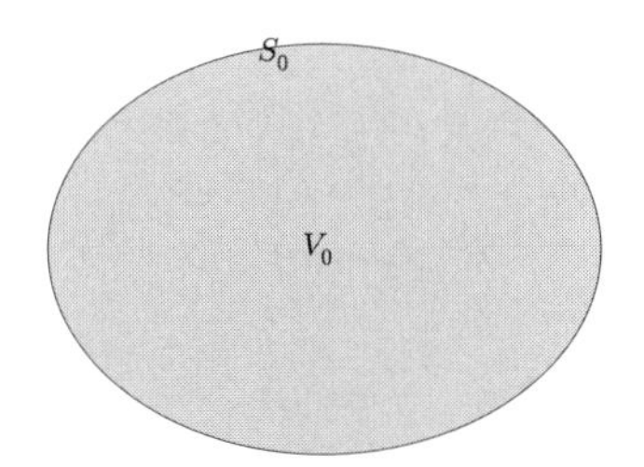

図 1.3　誘電体の表面 S_0 と内部の領域 V_0

さて，図 1.3 のように誘電体の表面を S_0，誘電体の内部の領域を V_0 とする．領域 V_0 の内部での巨視的な双極子密度は $\bar{\boldsymbol{P}}$ である．この双極子密度の作る巨視的な電位はどうなるだろうか.

ここで等式

$$\boldsymbol{\nabla}_{\boldsymbol{r}'}\cdot\left[\frac{\bar{\boldsymbol{P}}(\boldsymbol{r}')}{|\boldsymbol{r}-\boldsymbol{r}'|}\right] = \frac{\bar{\boldsymbol{P}}(\boldsymbol{r}')\cdot(\boldsymbol{r}-\boldsymbol{r}')}{|\boldsymbol{r}-\boldsymbol{r}'|^3} + \frac{\boldsymbol{\nabla}_{\boldsymbol{r}'}\cdot\bar{\boldsymbol{P}}(\boldsymbol{r}')}{|\boldsymbol{r}-\boldsymbol{r}'|} \tag{1.15}$$

が成り立つこととガウスの定理を用いると式 (1.14) の電位は

$$\bar{\phi}_p(\boldsymbol{r}) = \frac{1}{4\pi\epsilon_0}\left[\int_{S_0} d'\sigma\,\frac{\sigma_p(\boldsymbol{r}')}{|\boldsymbol{r}-\boldsymbol{r}'|} + \int_{V_0} d^3\boldsymbol{r}'\,\frac{\rho_p(\boldsymbol{r}')}{|\boldsymbol{r}-\boldsymbol{r}'|}\right] \tag{1.16}$$

と表される．ここで式(1.16)の第一項と第二項においてσ_pは誘電体の表面電荷密度，ρ_pは体積電荷密度でそれぞれ

$$\begin{aligned}\sigma_p(\boldsymbol{r}) &:= \boldsymbol{n}\cdot\bar{\boldsymbol{P}}(\boldsymbol{r}),\\ \rho_p(\boldsymbol{r}) &:= -\boldsymbol{\nabla}\cdot\bar{\boldsymbol{P}}(\boldsymbol{r})\end{aligned} \tag{1.17}$$

と定義した．

§1.2　巨視的誘電体理論

電気双極子の作る電場$\bar{\boldsymbol{E}}_p$を

$$\bar{\boldsymbol{E}}_p(\boldsymbol{r}) = -\boldsymbol{\nabla}\bar{\phi}_p(\boldsymbol{r}) \tag{1.18}$$

と定義する．一方，真の電荷密度ρ_fの作る電場$\boldsymbol{E}_{\text{ext}}$は

$$\epsilon_0\boldsymbol{\nabla}\cdot\boldsymbol{E}_{\text{ext}}(\boldsymbol{r}) = \rho_f \tag{1.19}$$

を満たす．巨視的な電場$\boldsymbol{E}$は

$$\boldsymbol{E} = \boldsymbol{E}_{\text{ext}} + \bar{\boldsymbol{E}}_p \tag{1.20}$$

で定義されるが，真空中の電場の満たすガウスの法則と比べてどのような法則に変形されるであろうか．真の電荷密度ρ_fと巨視的な電気双極子モーメント密度$\bar{\boldsymbol{P}}$を用いてその法則を表してみよう．

1.2.1　誘電体の内部

誘電体の内部の点$\boldsymbol{r}$でガウスの法則を考えよう．一般に任意の点$\boldsymbol{r}$で誘電体の電気双極子モーメント密度の作る電場の発散は式(1.16)を用いると

$$\begin{aligned}\boldsymbol{\nabla}\cdot\bar{\boldsymbol{E}}_p(\boldsymbol{r}) &= -\Delta\bar{\phi}_p(\boldsymbol{r})\\ &= -\frac{1}{4\pi\epsilon_0}\Delta\left[\int_{S_0} d'\sigma\,\frac{\sigma_p(\boldsymbol{r}')}{|\boldsymbol{r}-\boldsymbol{r}'|} + \int_{V_0} d^3\boldsymbol{r}'\,\frac{\rho_p(\boldsymbol{r}')}{|\boldsymbol{r}-\boldsymbol{r}'|}\right]\end{aligned} \tag{1.21}$$

ここで

$$\Delta\left(\frac{1}{|\boldsymbol{r}-\boldsymbol{r}'|}\right) = -4\pi\delta^3(\boldsymbol{r}-\boldsymbol{r}') \tag{1.22}$$

を用いると,

$$\nabla\cdot\bar{\boldsymbol{E}}_p(\boldsymbol{r}) = \frac{1}{\epsilon_0}\left[\int_{S_0} d\sigma'\sigma_p(\boldsymbol{r}')\delta^3(\boldsymbol{r}-\boldsymbol{r}') + \int_{V_0} d^3\boldsymbol{r}'\rho_p(\boldsymbol{r}')\delta^3(\boldsymbol{r}-\boldsymbol{r}')\right] \tag{1.23}$$

さて, $\boldsymbol{r}$ が誘電体の内部の点である場合を考えよう. このとき右辺の第一項の $\boldsymbol{r}'$ は誘電体の表面上の点なので, デルタ関数の寄与はゼロである. 第二項において誘電体の内部の点 $\boldsymbol{r}'$ についての積分を行うと

$$\epsilon_0\nabla\cdot\bar{\boldsymbol{E}}_p(\boldsymbol{r}) = \rho_p(\boldsymbol{r}) \tag{1.24}$$

を得る. これより誘電体内部での電場 $\bar{\boldsymbol{E}}$ は

$$\begin{aligned}\epsilon_0\nabla\cdot\boldsymbol{E}(\boldsymbol{r}) &= \epsilon_0(\nabla\cdot\boldsymbol{E}_{\mathrm{ext}} + \nabla\cdot\bar{\boldsymbol{E}}_p)\\ &= \rho_f(\boldsymbol{r}) + \rho_p(\boldsymbol{r}) = \rho_f(\boldsymbol{r}) - \nabla\cdot\bar{\boldsymbol{P}}(\boldsymbol{r})\end{aligned} \tag{1.25}$$

電束密度

$$\boldsymbol{D}(\boldsymbol{r}) := \epsilon_0\boldsymbol{E}(\boldsymbol{r}) + \bar{\boldsymbol{P}}(\boldsymbol{r}) \tag{1.26}$$

を定義すると, 次の誘電体中のガウスの法則の微分形が導かれる.

誘電体中のガウスの法則の微分形

誘電体中では自由な電荷による電荷密度 ρ_f があるとき

$$\nabla\cdot\boldsymbol{D} = \rho_f \tag{1.27}$$

が成り立つ. ここで $\boldsymbol{D}$ は電束密度と呼ばれ

$$\boldsymbol{D}(\boldsymbol{r}) := \epsilon_0\boldsymbol{E}(\boldsymbol{r}) + \bar{\boldsymbol{P}}(\boldsymbol{r}) \tag{1.28}$$

で与えられる.

積分形を導くには図 1.4 のように誘電体内の仮想領域 V を考え式 (1.23) の両辺を領域 V で積分すればよい. 左辺にガウスの定理を用いて

$$\begin{aligned}&\int_S dS\boldsymbol{n}\cdot\bar{\boldsymbol{E}}_p(\boldsymbol{r})\\ &=\int_V d^3\boldsymbol{r}\frac{1}{\epsilon_0}\left[\int_{S_0} d\sigma'\sigma_p(\boldsymbol{r}')\delta^3(\boldsymbol{r}-\boldsymbol{r}') + \int_{V_0} d^3\boldsymbol{r}'\rho_p(\boldsymbol{r}')\delta^3(\boldsymbol{r}-\boldsymbol{r}')\right]\end{aligned} \tag{1.29}$$

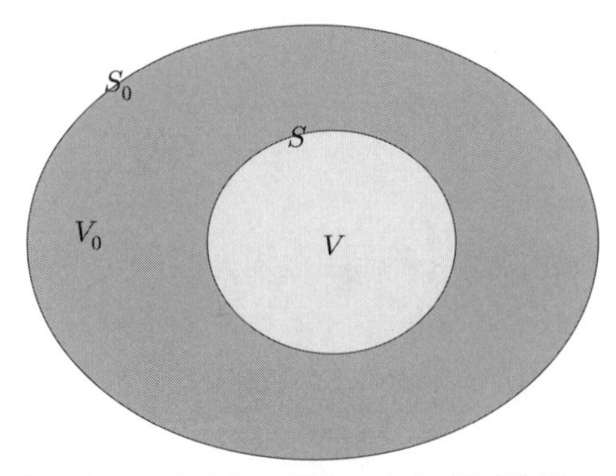

図 1.4　誘電体の表面 S_0 と内部の領域 V_0 および仮想領域 V とその表面 S

を得る．ここで S は仮想領域 V の表面である．$\boldsymbol{r}'$ についての積分を行うと誘電体の表面 S_0 と仮想領域 V とは重ならないことから右辺第一項はゼロとなり，誘電体の内部 V_0 と仮想領域 V の共通部分は V そのものであることから

$$\epsilon_0 \int_S dS\boldsymbol{n} \cdot \bar{\boldsymbol{E}}_p(\boldsymbol{r}) = \int_V d^3\boldsymbol{r}\rho_p(\boldsymbol{r}) = -\int_S dS\boldsymbol{n} \cdot \bar{\boldsymbol{P}}(\boldsymbol{r}) \tag{1.30}$$

を得る．ここで $\rho_p(\boldsymbol{r}) = -\boldsymbol{\nabla} \cdot \bar{\boldsymbol{P}}(r)$ とガウスの定理を用いた．

全ての寄与を左辺にまとめると

$$\int_S dS\boldsymbol{n} \cdot \left(\epsilon_0 \bar{\boldsymbol{E}}_p(\boldsymbol{r}) + \bar{\boldsymbol{P}}(\boldsymbol{r})\right) = 0 \tag{1.31}$$

が成り立つ．一方，真の電荷密度 $\rho_f(\boldsymbol{r})$ の作る電場 $\boldsymbol{E}_{\rm ext}(\boldsymbol{r})$ はガウスの法則の積分形

$$\epsilon_0 \int_S dS\boldsymbol{n} \cdot \boldsymbol{E}_{\rm ext}(\boldsymbol{r}) = \int_V d^3\boldsymbol{r}\rho_f(\boldsymbol{r}) \tag{1.32}$$

を満たす．$\boldsymbol{E}(\boldsymbol{r}) = \boldsymbol{E}_{\rm ext}(\boldsymbol{r}) + \bar{\boldsymbol{E}}_p(\boldsymbol{r})$, $\boldsymbol{D}(\boldsymbol{r}) = \epsilon_0\boldsymbol{E}(\boldsymbol{r}) + \bar{\boldsymbol{P}}(\boldsymbol{r})$ を定義し式 (1.31), (1.32) の両辺の和をとると最終的に次の誘電体中のガウスの法則の積分形が導かれる．

誘電体中のガウスの法則の積分形

誘電体で自由な電荷密度 ρ_f があるとき，次のように電束密度の表面 S での表面積分は，S で囲まれる領域 V 内の自由な電荷の総量に等しい．

$$\int_S dS\boldsymbol{n} \cdot \boldsymbol{D}(\boldsymbol{r}) = \int_V d^3\boldsymbol{r}\rho_f(\boldsymbol{r}) \tag{1.33}$$

物質を決めれば巨視的な電場 $\boldsymbol{E}(\boldsymbol{r})$ に対して巨視的双極子モーメント密度 $\bar{\boldsymbol{P}}(\boldsymbol{r})$ は一意的に決まるので，誘電体中の電荷を考えることなく，真の電荷だけで法則を記述できる点で電束密度は有用な物理量である．

1.2.2 誘電体の表面付近

前節では誘電体内部のみでのガウスの法則を考察した．誘電体の表面付近，すなわち誘電体の内部と外部の両方が含まれる領域でのガウスの法則はどうなるであろうか．これを調べるため，前節でおこなった積分形による解析を誘電体内部ではなく，表面付近の場合に拡張してみよう．

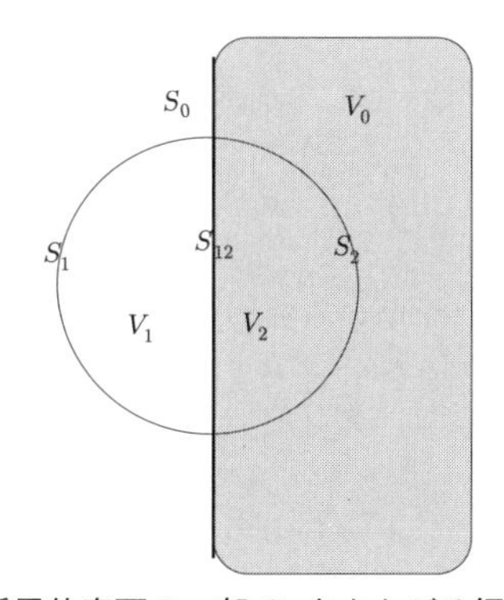

図 1.5 誘電体表面の一部 S_0 をまたがる領域 V_1+V_2

誘電体の表面を S_0，誘電体の内部の領域を V_0 とする．図 1.5 にあるように，誘電体の表面の一部 S_{12} を含んでの内部と外部にまたがる領域を考えよう．この領域のうち誘電体の外部側を V_1，内部側を V_2 とする．また V_1 の表面のうち外部側を S_1，また V_2 の表面のうち内部側を S_2 する．

以前に見たように

$$\begin{aligned}\epsilon_0 \boldsymbol{\nabla}\cdot\bar{\boldsymbol{E}}_p(\boldsymbol{r}) &= \int_{S_0} d\sigma'\delta^3(\boldsymbol{r}-\boldsymbol{r}')\sigma_p(\boldsymbol{r}') \\ &\quad + \int_{V_0} d^3\boldsymbol{r}'\delta^3(\boldsymbol{r}-\boldsymbol{r}')\rho_p(\boldsymbol{r}')\end{aligned} \tag{1.34}$$

が成り立つ．この両辺を領域 V_1+V_2 で体積積分し，左辺にガウスの定理を用いると

$$\epsilon_0 \int_{S_1+S_2} dS\boldsymbol{n}\cdot\bar{\boldsymbol{E}}_p(\boldsymbol{r})$$

$$= \int_{V_1+V_2} d^3\boldsymbol{r} \int_{S_0} d\sigma' \delta^3(\boldsymbol{r}-\boldsymbol{r}')\sigma_p(\boldsymbol{r}') + \int_{V_1+V_2} d^3\boldsymbol{r} \int_{V_0} d^3\boldsymbol{r}' \delta^3(\boldsymbol{r}-\boldsymbol{r}')\rho_p(\boldsymbol{r}') \tag{1.35}$$

となる．右辺の第一項の $\boldsymbol{r}$ についての積分を行うとデルタ関数より，S_0 上の表面積分のうち，V_1+V_2 に含まれるもの，すなわち S_1+S_2 上の寄与のみが残る．また第二項の $\boldsymbol{r}$ についての積分を行うとデルタ関数より，V 内の体積積分のうち V_1+V_2 に含まれるもの，すなわち V_2 内の体積積分が残る．したがって，

$$\epsilon_0 \int_{S_1+S_2} dS\boldsymbol{n}\cdot\bar{\boldsymbol{E}}_p(\boldsymbol{r}) = \int_{S_{12}} d\sigma'\sigma_p(\boldsymbol{r}') + \int_{V_2} d^3\boldsymbol{r}'\rho_p(\boldsymbol{r}') \tag{1.36}$$

$\rho_p(\boldsymbol{r}') = -\boldsymbol{\nabla}\cdot\bar{\boldsymbol{P}}(\boldsymbol{r}')$ を代入し，ガウスの定理を用いると

$$\epsilon_0 \int_{S_1+S_2} dS\boldsymbol{n}\cdot\bar{\boldsymbol{E}}_p(\boldsymbol{r}) = \int_{S_{12}} d\sigma'\sigma_p(\boldsymbol{r}') - \int_{S_{12}+S_2} dS\boldsymbol{n}\cdot\bar{\boldsymbol{P}}(\boldsymbol{r}') \tag{1.37}$$

となる．さらに $\sigma_p = \boldsymbol{n}\cdot\bar{\boldsymbol{P}}$ を用いると S_{12} 上の表面積分は相殺し

$$\epsilon_0 \int_{S_1+S_2} dS\boldsymbol{n}\cdot\bar{\boldsymbol{E}}_p(\boldsymbol{r}) = -\int_{S_2} dS\boldsymbol{n}\cdot\bar{\boldsymbol{P}}(\boldsymbol{r}') \tag{1.38}$$

$\bar{\boldsymbol{P}}$ を全空間領域に拡張して定義しよう．もちろんここで誘電体の外部は真空であり電気双極子モーメント密度がないので $\bar{\boldsymbol{P}}=\boldsymbol{0}$ と定義される．すると

$$\epsilon_0 \int_{S_1+S_2} dS\boldsymbol{n}\cdot\left(\epsilon_0\bar{\boldsymbol{E}}_p(\boldsymbol{r}') + \bar{\boldsymbol{P}}(\boldsymbol{r}')\right) = 0 \tag{1.39}$$

が得られる．

巨視的な電場 $\boldsymbol{E}$ は真の電荷密度 ρ_f によって作られ

$$\int_S dS\boldsymbol{n}\cdot\boldsymbol{E}_{\mathrm{ext}} = \int_V d^3\boldsymbol{r}\rho_f(\boldsymbol{r}) \tag{1.40}$$

を満たす外部電場 $\boldsymbol{E}_{\mathrm{ext}}$ と誘電体中の双極子から作られる $\bar{\boldsymbol{E}}_p$ の和

$$\boldsymbol{E} = \boldsymbol{E}_{\mathrm{ext}} + \bar{\boldsymbol{E}}_p \tag{1.41}$$

である．

以上をまとめると

$$\int_S dS\boldsymbol{n}\cdot\left(\epsilon_0\boldsymbol{E} + \bar{\boldsymbol{P}}\right) = \int_V d^3\boldsymbol{r}\rho_f(\boldsymbol{r}) \tag{1.42}$$

が導かれる．したがって，誘電体表面にまたがっている場合でもガウスの法則

$$\int_S dS\boldsymbol{n}\cdot\boldsymbol{D}(\boldsymbol{r}) = \int_V d^3\boldsymbol{r}\rho_f(\boldsymbol{r}) \tag{1.43}$$

が誘電体内部と同様に成り立つことが示せた．

まとめ

一般に誘電体物質と真空，あるいは異なる誘電体物質が境界をはさんで共存しているとき，場所によらず，次のガウスの法則の微分形と積分形が成り立つ．

$$\boldsymbol{\nabla}\cdot\boldsymbol{D}(\boldsymbol{r}) = \rho_f(\boldsymbol{r}) \tag{1.44}$$

$$\int_S dS\boldsymbol{n}\cdot\boldsymbol{D}(\boldsymbol{r}) = \int_V d^3\boldsymbol{r}\rho_f(\boldsymbol{r}) \tag{1.45}$$

ここで $\boldsymbol{D}(\boldsymbol{r})$ は電束密度，$\rho_f(\boldsymbol{r})$ は真の電荷密度，V は任意の領域，S はその表面である．また，電束密度は電場とその点での電気双極子モーメント密度 $\bar{\boldsymbol{P}}(\boldsymbol{r})$ を用いて

$$\boldsymbol{D}(\boldsymbol{r}) = \epsilon_0\boldsymbol{E}(\boldsymbol{r}) + \bar{\boldsymbol{P}}(\boldsymbol{r}) \tag{1.46}$$

で定義される．

電場と双極子モーメント密度との関係は微視的分極の節で詳しく議論するが，原子内の電場は外場に比べ圧倒的に大きく，外場の電場は十分微小と見なせるため，双極子モーメント密度の電場依存性は電場についてのテイラー展開の低い次数で十分近似できる．

$$\bar{P}_i(\boldsymbol{r}) \simeq \sum_{j=1}^{3}\epsilon_0\chi_{ij}E_j(\boldsymbol{r}) + \frac{1}{2}\sum_{j,k=1}^{3}\epsilon_0\chi_{ijk}E_j(\boldsymbol{r})E_k(\boldsymbol{r}) \tag{1.47}$$

ここで，χ_{ij}, χ_{ijk} は物質に依存する比例係数である．通常の誘電体では2次以上の項は無視でき等方性が成り立つ．1次の比例係数の行列は

$$\chi_{ij} = \delta_{ij}\chi \tag{1.48}$$

のように対角的になる．ここで χ は無次元の量で電気感受率と呼ばれる．このような誘電体は常誘電体と呼ばれる．

$$\bar{\boldsymbol{P}}(\boldsymbol{r}) = \epsilon_0 \chi \boldsymbol{E} \tag{1.49}$$

と表せる．これを式 (6.83) に代入すると

$$\boldsymbol{D}(\boldsymbol{r}) = \epsilon_0(1+\chi)\boldsymbol{E}(\boldsymbol{r}) = \epsilon \boldsymbol{E}(\boldsymbol{r}) \tag{1.50}$$

となる．ϵ は誘電率と呼ばれ

$$\epsilon = \epsilon_0(1+\chi) \tag{1.51}$$

で定義される．

1.2.3　誘電体のエネルギー

ここでは誘電体のエネルギーについて考えよう．

まず，誘電体があるときの電場のエネルギーを求める．

$$\begin{aligned} U_e &= \frac{1}{2}\int dV(\rho_f + \rho_\alpha)\phi(\boldsymbol{r}) \\ &= \frac{1}{2}\varepsilon_0 \int dV \phi(\boldsymbol{r}) \boldsymbol{\nabla}\cdot\boldsymbol{E} \\ &= \frac{1}{2}\varepsilon_0 \int \boldsymbol{E}^2 dV \end{aligned}$$

最後の変形では，ベクトル公式 $\phi\boldsymbol{\nabla}\cdot\boldsymbol{E} = -\boldsymbol{\nabla}\phi\cdot\boldsymbol{E} + \boldsymbol{\nabla}\cdot(\phi\boldsymbol{E})$ を用い，$\boldsymbol{\nabla}\cdot(\phi\boldsymbol{E})$ は，ガウスの定理を用いて表面積分に変えて 0 とした．これから，電場のエネルギー密度は $u_e = \dfrac{1}{2}\varepsilon_0 \boldsymbol{E}^2$ となる．誘電体のエネルギーは電場のエネルギーだけでなく，誘電体に電場を加えて分極させるのに要したエネルギーが力学的エネルギーとして蓄えられていることを考える必要がある．原子や分子からの復元力にさからって，分極 $d\boldsymbol{P}$ を生成するのに必要な仕事は $\boldsymbol{E}\cdot d\boldsymbol{P}$ である．

断熱過程では内部エネルギーの増加は外からの仕事に等しいが，温度が変化するために，誘電率も変化し，分極が変化してしまう．このような効果を避けるためには，等温過程で考えるのがシンプルである．このように，誘電体のエネルギーとは，誘電体の自由エネルギーを考えることにほかならない．誘電体を分極を有する圧力 p，温度 T をもつ一種の流体と考え，熱力学第一法則より，内部エネルギーの微分は

$$dU_k = Q(\text{外部からの熱}) + W(\text{外部からの仕事})$$

と書ける．エントロピーS，体積V，分極$\boldsymbol{p}$を電場$\boldsymbol{E}$のもとで準静的に変化させたとき

$$dU_k = TdS - pdV + \boldsymbol{E} \cdot d\boldsymbol{p}$$

と書ける．

単位体積あたりの内部エネルギーを考えるために

$$U_k = Vu_k, \quad S = Vs, \quad \boldsymbol{p} = V\boldsymbol{P}$$

を導入し, 粒子数一定の条件$d(NV) = 0$から得られる関係式$VdN + NdV = 0$を用いると

$$du_k = Tds + \frac{\xi}{N}dN + \boldsymbol{E} \cdot d\boldsymbol{P}$$

ただし,

$$\xi = p + u_k - Ts - \boldsymbol{P} \cdot \boldsymbol{E}$$

である．自由エネルギー密度$f = u_k - Ts$の微分はこれから

$$df = -sdT + \frac{\xi}{N}dN + \boldsymbol{E} \cdot d\boldsymbol{P}$$

と得られる．誘電体のエネルギー密度$u_{\rm tot}$は,

$$\begin{aligned} du_{\rm tot} &= du_e + df \\ &= \varepsilon_0 \boldsymbol{E} \cdot d\boldsymbol{E} - sdT + \frac{\xi}{N}dN + \boldsymbol{E} \cdot d\boldsymbol{P} \\ &= -sdT + \frac{\xi}{N}dN + \boldsymbol{E} \cdot d\boldsymbol{D} \end{aligned}$$

となる．

これから，等温，等体積 ($dT = 0$, $dN = dV = 0$) の条件で電場を印加し，分極が$\boldsymbol{0}$から$\boldsymbol{P}$まで変化して，電束密度が$\boldsymbol{D} = \varepsilon_0\boldsymbol{E} + \boldsymbol{P}$となったときの誘電体のエネルギー$u_{\rm tot}$は

$$u_{\rm tot} = \int_{\boldsymbol{0}}^{\boldsymbol{D}} \boldsymbol{E} \cdot d\boldsymbol{D}$$

となる．

1.2.4　境界条件

異なる電気感受率 $\chi_1,\ \chi_2$ を持つ2つの誘電体1,2が境界面で接している状況を考える．このときの電場の接続条件を考えよう．

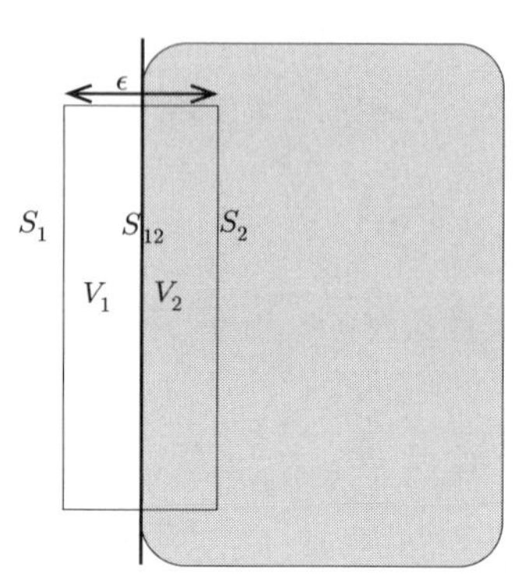

図1.6　誘電体表面をまたがる領域 $V_1 + V_2$

図1.6のように2つの誘電体にまたがる十分に薄い領域を考える．そのうち，誘電体1側の領域と表面をそれぞれ V_1，S_1，また誘電体2側の領域と表面をそれぞれ V_2，S_2 とする．誘電体の境界面のうちで領域 V に含まれる部分を S_{12} とする．領域の厚みを ϵ とする．

境界近傍での誘電体1側で真の電荷の作る電場を $\boldsymbol{E}_{\mathrm{ext}\,1}$，誘電体2側での真の電荷の作る電場を $\boldsymbol{E}_{\mathrm{ext}\,2}$，境界面の真の電荷の面密度を σ_f とする．また任意の点 $\boldsymbol{r}$ における真の電荷の体積密度を $\rho_f(\boldsymbol{r})$ とする．このときガウスの法則により

$$\begin{aligned}&\int_{S_1} dS\boldsymbol{n}_1\cdot\epsilon_0\boldsymbol{E}_{\mathrm{ext}\,1}+\int_{S_2} dS\boldsymbol{n}_2\cdot\epsilon_0\boldsymbol{E}_{\mathrm{ext}\,2}\\&=\int_{S_{12}} dS\sigma_f+\int_{V_1+V_2} d^3\boldsymbol{r}\rho_f(\boldsymbol{r})\end{aligned}\tag{1.52}$$

が成り立つ．ここで，$\boldsymbol{n}_{1,2}$ はそれぞれ長さが1の表面 $S_{1,2}$ の外向き法線ベクトルである．

次に，誘電体1,2それぞれでの巨視的分極を $\boldsymbol{P}_1$，$\boldsymbol{P}_2$ とおく．前節と同様に式(1.34)の第二項の積分に式(1.17)とガウスの公式を用いると，表面 S_{12} での表面積分は相殺して

$$\epsilon_0\int_{S_1} dS\boldsymbol{n}_1\cdot\bar{\boldsymbol{E}}_{p1}+\epsilon_0\int_{S_2} dS\boldsymbol{n}_2\cdot\bar{\boldsymbol{E}}_{p2}$$

$$= -\int_{S_1} dS\boldsymbol{n}_1 \cdot \bar{\boldsymbol{P}}_1(\boldsymbol{r}') - \int_{S_2} dS\boldsymbol{n}_2 \cdot \bar{\boldsymbol{P}}_2(\boldsymbol{r}') \tag{1.53}$$

が導かれる．

誘電体 1, 2 それぞれでの電場 $\boldsymbol{E}_1, \boldsymbol{E}_2$を

$$\boldsymbol{E}_1 = \boldsymbol{E}_{\mathrm{ext}\,1} + \bar{\boldsymbol{E}}_{p1} \tag{1.54}$$

$$\boldsymbol{E}_2 = \boldsymbol{E}_{\mathrm{ext}\,2} + \bar{\boldsymbol{E}}_{p2} \tag{1.55}$$

とおくと，(1.52), (1.53) より

$$\int_{S_1} dS\boldsymbol{n_1} \cdot \left(\epsilon_0\boldsymbol{E}_1 + \bar{\boldsymbol{P}}_1\right) + \int_{S_2} dS\boldsymbol{n_2} \cdot \left(\epsilon_0\boldsymbol{E}_2 + \bar{\boldsymbol{P}}_2\right)$$
$$= \int_{S_{12}} dS\sigma_f + \int_{V_1+V_2} d^3\boldsymbol{r}\rho_f(\boldsymbol{r}) \tag{1.56}$$

が導かれる．あるいは電束密度を用いると

$$\int_{S_1} dS\boldsymbol{n}_1 \cdot \boldsymbol{D}_1 + \int_{S_2} dS\boldsymbol{n}_2 \cdot \boldsymbol{D}_2 = \int_{S_{12}} dS\sigma_f + \int_{V_1+V_2} d^3\boldsymbol{r}\rho_f(\boldsymbol{r}) \tag{1.57}$$

となる．$V_1 + V_2$ を境界をはさむ領域の厚さ ϵ がゼロになる極限をとると体積電荷密度の積分からの寄与はゼロとなる．また S_1, S_2, S_{12} は同一の面になる．

したがって，

$$\int_{S_{12}} dS\boldsymbol{n}_1 \cdot (\boldsymbol{D}_1 - \boldsymbol{D}_2) = \int_{S_{12}} dS\sigma_f \tag{1.58}$$

が成り立つ．これが境界面の任意の一部の領域 S_{12} について成り立つので，電束密度の境界に垂直な成分は境界面での電荷密度 σ_f を用いて

電束密度の連続条件

$$\boldsymbol{n}_1 \cdot \boldsymbol{D}_1 = \boldsymbol{n}_1 \cdot \boldsymbol{D}_2 + \sigma_f \tag{1.59}$$

を満たすことが示される．ここで $\boldsymbol{n}_1$ は境界面に垂直で誘電体 2 から誘電体 1 へ向かう向きの単位ベクトルである．

図 1.7 のように誘電体の表面にまたがる，ある閉じた閉曲線を考える．そのうち誘電体の外部の部分を C_1，誘電体の内部に含まれる部分を C_2 としよう．

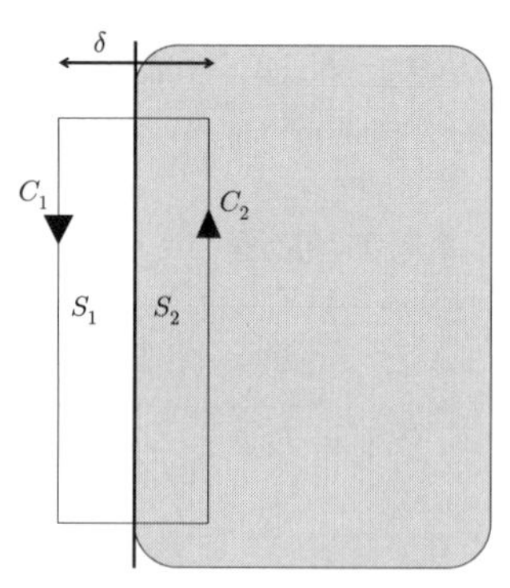

図 1.7　誘電体表面をまたがる閉曲線 $C_1 + C_2$

誘電体の表面に垂直な方向の幅 δ は十分に小さいものとする．また $C_1 + C_2$ を境界とする面のうち誘電体の外部の部分を S_1，誘電体の内部に含まれる部分を S_2 とする．電場 $\boldsymbol{E} = \boldsymbol{E}_{\text{ext}} + \bar{\boldsymbol{E}}_p = -\boldsymbol{\nabla}(\phi_{\text{ext}} + \phi_p)$ の回転はゼロであるからストークスの定理[1) より

$$0 = \int_{S_1+S_2} dS\boldsymbol{n} \cdot \boldsymbol{\nabla} \times \boldsymbol{E} = \int_{C_1} d\boldsymbol{l} \cdot \boldsymbol{E}_1 + \int_{C_2} d\boldsymbol{l} \cdot \boldsymbol{E}_2 \tag{1.60}$$

が成り立つ．

$S_1 + S_2$ を境界面をはさむ無限に狭い領域に選ぶ，すなわち $\delta \to 0$ の極限をとる．すると経路 C_1 と C_2 は境界面上の同じ経路で，ただし互いに逆向きとなる．したがって，式 (1.60) から

$$\int_{C_1} d\boldsymbol{l} \cdot (\boldsymbol{E}_1 - \boldsymbol{E}_2) = 0 \tag{1.61}$$

が境界面上の任意の経路について成り立つことになる．これより電場の境界面に平行な成分について

電場の連続条件

$$\boldsymbol{t} \cdot \boldsymbol{E}_1 = \boldsymbol{t} \cdot \boldsymbol{E}_2 \tag{1.62}$$

が導かれる．ここで $\boldsymbol{t}$ は境界面に平行な単位ベクトルである．境界は2次元面なので $\boldsymbol{t}$ として選べる独立な方向は2方向あるが，上の連続条件は2方向ともに成り立つ．

1) 既刊，大野木哲也，高橋義朗著『基幹講座 物理学 電磁気学 I』に証明を載せた．

§1.3 微視的分極

前節で述べた分極に起因する微視的電位を評価してみよう．微視的電位と巨視的電位は以下の自明な関係で結ばれる．

$$\begin{aligned}\phi_p(\boldsymbol{r}) &= \bar{\phi}_p(\boldsymbol{r}) + \phi_p(\boldsymbol{r}) - \bar{\phi}_p(\boldsymbol{r}) \\ &= \bar{\phi}_p(\boldsymbol{r}) + \frac{1}{4\pi\epsilon_0}\int d^3\boldsymbol{r}'\boldsymbol{P}(\boldsymbol{r}') \\ &\quad \cdot \left[\frac{\boldsymbol{r}-\boldsymbol{r}'}{|\boldsymbol{r}-\boldsymbol{r}'|^3} - \frac{1}{\Delta V}\int_{\Delta V(\boldsymbol{0})} d^3\boldsymbol{t}\frac{\boldsymbol{r}-\boldsymbol{r}'+\boldsymbol{t}}{|\boldsymbol{r}-\boldsymbol{r}'+\boldsymbol{t}|^3}\right]\end{aligned} \tag{1.63}$$

ここで $\Delta V := \dfrac{4\pi\Delta^3}{3}$ である．$\boldsymbol{t}$ は原点を中心とする半径 Δ の球内のベクトルを表す．いま，格子間隔 d や粗視化の長さ Δ より大きな長さ R を半径に持ち，原点 $\boldsymbol{r}=\boldsymbol{0}$ を中心とする仮想的な球を考える．すなわち

$$d \ll \Delta \ll R \tag{1.64}$$

また，$\boldsymbol{r}$ はこの球の内部の点であり，巨視的な静電ポテンシャルや巨視的な双極子モーメント密度は長さ R 程度の距離では十分に一定とみなせるとする．半径 R の球の内側の領域を V，外側の領域を V' と書くと

$$\begin{aligned}\phi_p(\boldsymbol{r}) &= \bar{\phi}_p(\boldsymbol{r}) \\ &\quad + \frac{1}{4\pi\epsilon_0}\int_V d^3\boldsymbol{r}'\boldsymbol{P}(\boldsymbol{r}')\frac{\boldsymbol{r}-\boldsymbol{r}'}{|\boldsymbol{r}-\boldsymbol{r}'|^3} \\ &\quad - \frac{1}{4\pi\epsilon_0}\int_V d^3\boldsymbol{r}'\boldsymbol{P}(\boldsymbol{r}')\frac{1}{\Delta V}\int_{\Delta V} d^3\boldsymbol{t}\frac{\boldsymbol{r}-\boldsymbol{r}'+\boldsymbol{t}}{|\boldsymbol{r}-\boldsymbol{r}'+\boldsymbol{t}|^3} \\ &\quad + \frac{1}{4\pi\epsilon_0}\int_{V'} d^3\boldsymbol{r}'\boldsymbol{P}(\boldsymbol{r}')\cdot\left[\frac{\boldsymbol{r}-\boldsymbol{r}'}{|\boldsymbol{r}-\boldsymbol{r}'|^3} - \frac{1}{\Delta V}\int_{\Delta V} d^3\boldsymbol{t}\frac{\boldsymbol{r}-\boldsymbol{r}'+\boldsymbol{t}}{|\boldsymbol{r}-\boldsymbol{r}'+\boldsymbol{t}|^3}\right]\end{aligned}$$

$$:= \bar{\phi}_p(\boldsymbol{r}) + \phi_p^{(1)}(\boldsymbol{r}) + \phi_p^{(2)}(\boldsymbol{r}) + \phi_p^{(3)}(\boldsymbol{r}) \tag{1.65}$$

したがって，微視的双極子モーメントの集まりの作る静電ポテンシャルは

1. 巨視的双極子モーメント密度のつくる静電ポテンシャル $\bar{\phi}_p(\boldsymbol{r})$
2. 仮想的な球 V 内の微視的双極子モーメントの集まりのつくる静電ポテンシャル $\phi_p^{(1)}(\boldsymbol{r})$,

3. 仮想的な球 V 内の巨視的双極子モーメント密度のつくる静電ポテンシャル $\phi_p^{(2)}(\boldsymbol{r})$ に (-1) をかけたもの,
4. 仮想球 V 以外の領域 V' での微視的双極子モーメントの集まりのつくる静電ポテンシャルと巨視的双極子モーメント密度のつくる静電ポテンシャルの差

の4つの寄与の和で与えられる．領域 V' では $|\boldsymbol{t}| \ll |\boldsymbol{r}-\boldsymbol{r}'|$ が成り立つので $\boldsymbol{t}$ についてのテイラー展開を行うことができる．展開した結果は回転対称な積分で $\boldsymbol{t}$ の奇数べきが全て消える．さらに $\boldsymbol{t}$ についての2次の項も消え，最低次の寄与は $\boldsymbol{t}$ についての4次である．したがって,

$$\phi_p^{(3)}(\boldsymbol{r}) = \frac{1}{4\pi\epsilon_0}\int_{V'} d^3\boldsymbol{r}' \quad \frac{1}{|\boldsymbol{r}-\boldsymbol{r}'|^3} \times O\left(\frac{\Delta^4}{|\boldsymbol{r}-\boldsymbol{r}'|^4}\right) \tag{1.66}$$

となり，$\left(\dfrac{\Delta}{R}\right)^4 \ll 1$ で抑制されるため無視してよい．

$\phi_p^{(2)}(\boldsymbol{r})$ は仮想的な球 V の内部からの巨視的双極子モーメント密度による寄与である．仮定により球の半径は格子間隔よりは圧倒的に大きいが，双極子モーメント密度が球内で一定値 $\bar{\boldsymbol{P}}$ とみなせる程度に小さいものとなるように選んであるとする．

したがって，$\phi_p^{(2)}(\boldsymbol{r})$ は

$$\phi_p^{(2)}(\boldsymbol{r}) \;=\; -\bar{\boldsymbol{P}} \cdot \frac{1}{4\pi\epsilon_0}\int_V d^3\boldsymbol{r}' \frac{\boldsymbol{r}-\boldsymbol{r}'}{|\boldsymbol{r}-\boldsymbol{r}'|^3} \tag{1.67}$$

となる．この積分は簡単に実行でき，結果は

$$\phi_p^{(2)}(\boldsymbol{r}) \;=\; -\frac{\boldsymbol{r}\cdot\bar{\boldsymbol{P}}}{3\epsilon_0} \tag{1.68}$$

となる．最後に $\phi_p^{(1)}(\boldsymbol{r})$ は微視的双極子モーメント密度の定義に戻ると

$$\phi_p^{(1)}(\boldsymbol{r}) = \frac{1}{4\pi\epsilon_0}\sum_i \frac{\boldsymbol{p}_i \cdot (\boldsymbol{r}-\boldsymbol{r}_i)}{|\boldsymbol{r}-\boldsymbol{r}_i|^3} \tag{1.69}$$

と表される．$\phi_p^{(1)}(\boldsymbol{r})$ から作られる電場を $\boldsymbol{E}_p^{(1)}(\boldsymbol{r})$ とおくと

$$\boldsymbol{E}_p^{(1)}(\boldsymbol{r}) \;=\; \frac{1}{4\pi\epsilon_0}\sum_i \frac{3\left((\boldsymbol{r}-\boldsymbol{r}_i)\cdot\boldsymbol{p}_i\right)(\boldsymbol{r}-\boldsymbol{r}_i) - (\boldsymbol{r}-\boldsymbol{r}_i)^2\boldsymbol{p}_i}{|\boldsymbol{r}-\boldsymbol{r}_i|^5} \tag{1.70}$$

となる．$\boldsymbol{r} = \boldsymbol{0}$ の位置にある双極子モーメントがそれ以外の双極子モーメントから感じる電場は

$$\boldsymbol{E}_p^{(1)}(\boldsymbol{0}) = \frac{1}{4\pi\epsilon_0}\sum_{i\neq 0}\frac{3(\boldsymbol{r}_i\cdot\boldsymbol{p}_i)\boldsymbol{r}_i - |\boldsymbol{r}_i|^2\boldsymbol{p}_i}{|\boldsymbol{r}_i|^5} \tag{1.71}$$

さて双極子が分子だと考えよう．双極子モーメントが $\boldsymbol{r} = \boldsymbol{0}$ を中心として等方的に分布しているときはこの寄与はゼロとなる．このことから立方格子や希薄なガスのときは $\boldsymbol{E}_p^{(1)}(\boldsymbol{0}) = \boldsymbol{0}$ となり，ある分子の見る電場 $\boldsymbol{E}_M$ は $\bar{\boldsymbol{E}} = \boldsymbol{E}_{\text{ext}} + \bar{\boldsymbol{E}}_p$，$\boldsymbol{E}_p^{(1)} = \boldsymbol{0}$，$\boldsymbol{E}_p^{(2)} = \dfrac{\bar{\boldsymbol{P}}}{3\epsilon_0}$，$\boldsymbol{E}_p^{(3)} \approx \boldsymbol{0}$ を用いて

$$\boldsymbol{E}_M = \boldsymbol{E}_{\text{ext}} + \bar{\boldsymbol{E}}_p + \boldsymbol{E}_p^{(1)} + \boldsymbol{E}_p^{(2)} + \boldsymbol{E}_p^{(3)} \tag{1.72}$$

$$= \bar{\boldsymbol{E}} + \frac{\bar{\boldsymbol{P}}}{3\epsilon_0} \tag{1.73}$$

となる．いま，一つの分子に着目する．簡単のため，分子に以下のような $\boldsymbol{E}_M$ に比例する双極子モーメントが誘起されると仮定しよう．

$$\boldsymbol{p}_n = \alpha\boldsymbol{E}_M \tag{1.74}$$

ここで比例定数 α を分極率と呼ぶ．分子の数密度を N とすると巨視的双極子モーメント密度は $\bar{\boldsymbol{P}} = N\alpha\boldsymbol{E}_M$ となるので式 (1.73) を用いると巨視的双極子モーメント密度と巨視的電場の関係は

$$\bar{\boldsymbol{P}} = \frac{N\alpha}{1 - N\alpha/(3\epsilon_0)}\bar{\boldsymbol{E}} \tag{1.75}$$

で与えられる．したがって，電気感受率は

$$\chi = \frac{N\alpha/\epsilon_0}{1 - N\alpha/(3\epsilon_0)} \tag{1.76}$$

これより電束密度 $\boldsymbol{D}$ は

$$\boldsymbol{D} = \epsilon_0\bar{\boldsymbol{E}} + \boldsymbol{P} = \epsilon_0\frac{1 + 2N\alpha/(3\epsilon_0)}{1 - N\alpha/(3\epsilon_0)}\bar{\boldsymbol{E}} \tag{1.77}$$

となる．したがって，比誘電率 $\dfrac{\epsilon}{\epsilon_0}$ は分極率を用いて以下のように求められる．

$$\frac{\epsilon}{\epsilon_0} = 1 + \chi = \frac{1 + 2N\alpha/(3\epsilon_0)}{1 - N\alpha/(3\epsilon_0)} \tag{1.78}$$

これをクラウジウス・モソッティの関係式と呼ぶ．

§1.4　誘電体の例

1.4.1　原子や分子の分極

原子や分子では正の電荷をもつ原子核の周りに負の電荷をもつ電子が分布し，全体的に中性となっている．つりあいの結果それぞれの電荷分布の中心が一致しており，固有の電気双極子モーメントを持たない場合を考えよう．このような原子や分子に外部から電場をかけると電気双極子モーメントが誘起される．正電荷と負電荷の電荷分布の中心のずれを $\boldsymbol{r}$ としよう．原子や分子の電荷分布をモデル化してみよう．変位が $\boldsymbol{r}$ のとき，もともとの原子・分子内でのクーロン力によってもとの電荷分布のつりあい平衡点に引き戻そうとする復元力 $\boldsymbol{F}_1$ が働くはずである．変位が小さいときは線形近似で

$$\boldsymbol{F}_1 = -k\boldsymbol{r} \tag{1.79}$$

と表されるものとしよう．ここで k は原子・分子によって決まる定数である．電子の電荷を $q = -e$ とすると，外場の電場 $\boldsymbol{E}$ から

$$\boldsymbol{F}_2 = q\boldsymbol{E} \tag{1.80}$$

なる力を受ける．この2つがつりあって $(\boldsymbol{F}_1 + \boldsymbol{F}_2 = 0)$ 平衡点が決まるので変位は

$$\boldsymbol{r} = \frac{q}{k}\boldsymbol{E} \tag{1.81}$$

で与えられる．これより電気双極子モーメントおよび電気分極率 α は

$$\begin{aligned} \boldsymbol{p} &= q\boldsymbol{r} = \frac{e^2}{k}\boldsymbol{E}, \\ \alpha &= \frac{e^2}{k} \end{aligned} \tag{1.82}$$

となる．ここで $q = -e$ を用いた．

定数 k の値は正確には量子力学によって求められる．ここでは古典論による大雑把な見積もりを行う．水素原子では陽子の周りにボーア半径 a_B 程度の広がりを持って電子が雲のように分布している．ここで大胆な近似としてこの分布が半径 a_B の球内に電荷が古典的に一様分布していると考えよう．電子の電荷が q であるから球内の電荷密度 ρ は

$$\rho = \frac{3q}{4\pi a_B^3} \tag{1.83}$$

となる．電子の雲の中心から $\boldsymbol{r}$ だけ変位した陽子の受ける力 $\boldsymbol{F}_1$ は，ガウスの法則より球の中で半径 r の領域の電荷から受けるクーロン力であるから

$$\boldsymbol{F}_1 = -q\frac{4\pi r^3}{3}\rho\frac{\boldsymbol{r}}{4\pi\epsilon_0 r^3} = -\frac{e^2}{4\pi\epsilon_0 a_B^3}\boldsymbol{r} \tag{1.84}$$

となる．したがって，$k = \dfrac{e^2}{4\pi\epsilon_0 a_B^3}$ と評価される．これより水素原子の電気分極率は $\alpha = 4\pi\epsilon_0 a_B^3$ となる．これにボーア半径 a_B の値 $a_B = 0.53 \times 10^{-10}$ [m], を代入すると

$$\left(\frac{\alpha}{4\pi\epsilon_0}\right)_{\text{model}} = 0.148 \times 10^{-30} \left[\text{m}^3\right] \tag{1.85}$$

と求められる．

水素原子の分極率の実験値

$$\left(\frac{\alpha}{4\pi\epsilon_0}\right)_{\text{exp}} = 0.667 \times 10^{-30} \left[\text{m}^3\right] \tag{1.86}$$

と比較すると，粗い近似にもかかわらず少なくともオーダーは正しく見積もられていることがわかる．表 1.1 に中性原子に対する分極率の実験値 $\dfrac{\alpha}{4\pi\epsilon_0}[\text{m}^3]$ を示す．

表 1.1　原子の分極率の実験値

原子	H	He	Li	Be	C	Ne	Na	Ar
$\dfrac{\alpha}{4\pi\epsilon_0} \times 10^{30} \left[\text{m}^3\right]$	0.667	0.205	24.3	5.60	1.80	0.396	24.1	1.64

"Handbook of Chemistry and Physics", 79th ed. CRC Press Inc., 1997 より

このような原子やより一般に分子からなる物質において気体や液体状態のとき誘電率はどうなるだろうか？

そこで表 1.2 に固有の電気双極子をもたない分子の気体・液体の比誘電率の実験値を挙げる．これらの数値からまず第一に比誘電率の値の 1 からのずれは極めて小さい ($\sim 10^{-4}$) ことがわかる．そして低温における液体状態では比誘電率の 1 からのずれは 10^4 倍程度になっていることもわかる．気体と液体との非誘電率の違いは密度の違いで理解できるのであろうか？ ここではヘリウムを例にとって定量的に考察してみよう．気体の場合は密度が極めて小さいので

$$\frac{\epsilon}{\epsilon_0} - 1 = \chi = N\frac{\alpha}{\epsilon_0} \tag{1.87}$$

表 1.2　気体・液体の比誘電率

物質 (1atm)	温度 (℃)	$\left(\frac{\epsilon}{\epsilon_0}-1\right)\times 10^4$	物質	温度 (K)	$\frac{\epsilon}{\epsilon_0}$
アルゴン	20	5.17	液体アルゴン	82	1.53
酸素	20	4.94	液体酸素	80	1.51
水素	0	2.72	液体水素	20.4	1.23
窒素	20	5.47	液体窒素	70	1.45
ヘリウム	0	0.7	液体ヘリウム	4.19	1.048

国立天文台編『平成 23 年理科年表』2011（丸善株式会社）より

が成り立つと考えられる．ここで N, α はそれぞれヘリウム原子の数密度, 電気分極率である．1 気圧, 0℃でのヘリウムの数密度は $N = 0.2678 \times 10^{26}[1/\mathrm{m}^3]$ であり，比誘電率の 1 からのずれ，すなわち電気感受率は $\frac{\epsilon}{\epsilon_0} - 1 = \chi = 0.7 \times 10^{-4}$ であることを用いると

$$\frac{\alpha}{\epsilon_0} = 2.6 \times 10^{-30} \tag{1.88}$$

となる．1 気圧で 4.17K の液体ヘリウムの密度は $N = 0.1875 \times 10^{29}[1/\mathrm{m}^3]$ である．公式 (1.87) に式 (1.88) を代入すると比誘電率は

$$\frac{\epsilon}{\epsilon_0} = 1.050 \tag{1.89}$$

となり，おおよそ実験値を再現する．アルゴンの場合はヘリウムよりもおおよそ 7 倍ほど分極率が高いため，密度の高い液体では周りの分子の作る電場が無視できなくなる．そこで気体の実験値から求めたアルゴン原子の分極率にクラウジウス・モソッティの関係式を適用すると液体アルゴンの比誘電率が正しく実験値を再現できることがわかる（章末問題 2)．

1.4.2　極性分子

水分子など電気双極子モーメントをもつ分子からなる物質は誘電体の例の一つである．図 1.8 に水分子の電荷分布の模型を示す．水素原子のイオン化傾向が大きいため電子が酸素原子側に移動し，仮に図にあるように電子が完全に酸素原子側に移動したとモデル化して評価してみよう．水素と酸素の距離が $l = 9.6 \times 10^{-11}[\mathrm{m}]$，2 つの結合のなす角度が $\theta = 104^\circ$ であることから電気双

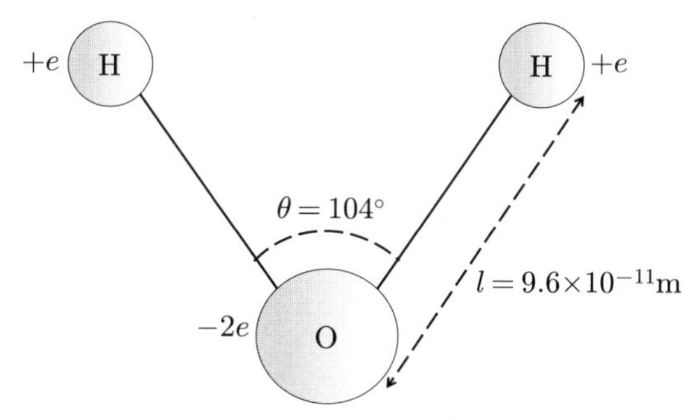

図 1.8　水分子の構造と電荷分布

極子モーメントの大きさは

$$p_{\mathrm{model}} = 2el\cos(\theta/2) = 1.9 \times 10^{-29}\,[\mathrm{C\ m}] \tag{1.90}$$

と期待される．一方，実験値は

$$p_{\mathrm{exp}} = 6.1 \times 10^{-30}\,[\mathrm{C\ m}] \tag{1.91}$$

と $\dfrac{1}{3}$ 程度の値であるが，オーダーは正しく見積もられていることが分かる．

電場がないときは双極子モーメントの向く方向がばらばらであるから巨視的な双極子モーメントはゼロである．この物質に電場をかけるとどうなるだろうか．位置 $\boldsymbol{r}$ にある微小な分子固有の電気双極子モーメント $\boldsymbol{p} = q\boldsymbol{d}$ は位置 $\boldsymbol{r} + \dfrac{\boldsymbol{d}}{2}$ に電荷 q, 位置 $\boldsymbol{r} - \dfrac{\boldsymbol{d}}{2}$ に電荷 $-q$ がある状況と等価である．この電気双極子モーメントに電場がかかったときのエネルギー V は静電ポテンシャルを $\phi(\boldsymbol{r})$ として

$$V = q\phi\left(\boldsymbol{r} + \frac{\boldsymbol{d}}{2}\right) - q\phi\left(\boldsymbol{r} - \frac{\boldsymbol{d}}{2}\right) \tag{1.92}$$

であるが，$\boldsymbol{d}$ が微小であることを用いるとこれは

$$V = q\boldsymbol{d}\cdot\boldsymbol{\nabla}\phi(\boldsymbol{r}) = -\boldsymbol{p}\cdot\boldsymbol{E} = -pE\cos\theta \tag{1.93}$$

となる．ここで p, E は分子固有の電気双極子モーメントと電場の大きさ，$\cos\theta$ は両者のなす角度である．

この物質は，温度 T で熱平衡状態にあるとすると，電気双極子モーメントが電場に対して角度 θ から立体角 $d\Omega$ の範囲にある確率を $P(\theta)d\Omega$ で表すと，ボ

ルツマン分布より

$$P(\theta) = \frac{\exp(-\frac{V}{k_BT})}{\int_0^{2\pi} d\theta \sin\theta \exp(-\frac{V}{k_BT})} = \frac{\exp(\frac{pE\cos\theta}{k_BT})}{\int_0^{2\pi} d\theta \sin\theta \exp(\frac{pE\cos\theta}{k_BT})} \tag{1.94}$$

となる．ここで k_B はボルツマン定数で

$$k_B = 1.38 \times 10^{-23}\,[\mathrm{J/K}] \tag{1.95}$$

である．これより双極子モーメントは電場と同じ方向を向きやすくなることがわかる．電場と垂直な方向に対してはエネルギーが変わらないためボルツマン分布による確率は一定なので確率平均をとるとゼロである．したがって，電気双極子モーメントの確率平均値は電場方向に向いたベクトルとなる．この平均値のベクトルの大きさを求めてみよう．電場方向の単位ベクトルを $\boldsymbol{n}$ として1つの分子の双極子モーメントの平均値の大きさは

$$\langle \boldsymbol{n}\cdot\boldsymbol{p}\rangle = \int_0^{2\pi} d\theta p \sin\theta\cos\theta P(\theta) = \frac{\int_{-1}^{1} d(\cos\theta) p_0 \cos\theta \exp(\frac{p_0 E\cos\theta}{k_BT})}{\int_{-1}^{1} d(\cos\theta) \exp(\frac{p_0 E\cos\theta}{k_BT})} \tag{1.96}$$

で与えられる．簡単な計算によりこれは

$$\langle \boldsymbol{n}\cdot\boldsymbol{p}\rangle = k_BT\frac{d}{dE}\ln\left(\int_{-1}^{1} dx \exp\left(\frac{pEx}{k_BT}\right)\right) \tag{1.97}$$

と表される．通常の温度では $\dfrac{pE}{k_BT}$ は非常に小さく，x はオーダー1の量であるためこの積分はテイラー展開の2次までの近似で

$$\begin{aligned}\langle \boldsymbol{n}\cdot\boldsymbol{p}\rangle &= k_BT\frac{d}{dE}\ln\left(\int_{-1}^{1} dx\left(1+\frac{pEx}{k_BT}+\frac{1}{2}\left(\frac{pEx}{k_BT}\right)^2\right)\right)\\ &= k_BT\frac{d}{dE}\ln\left(2\left(1+\frac{1}{6}\left(\frac{pE}{k_BT}\right)^2\right)\right)\\ &= \frac{p^2E}{3k_BT}\end{aligned} \tag{1.98}$$

分子の数密度を N とすると，巨視的な電気双極子モーメント密度の大きさ P は

$$P = \frac{Np^2E}{3k_BT} \tag{1.99}$$

となる．これより電気感受率 χ は

$$\chi = \frac{Np^2}{3\epsilon_0 kT} \tag{1.100}$$

で与えられる．これより極性分子からなる気体の比誘電率 ϵ は

$$\frac{\epsilon}{\epsilon_0} = 1 + \chi = 1 + \frac{Np^2}{3\epsilon_0 k_B T} \tag{1.101}$$

で与えられる．

表 1.3 に極性をもつ分子の比誘電率を与える．

表 1.3　極性をもつ分子の比誘電率

気体			液体		
物質	温度 (°C)	$\left(\frac{\epsilon}{\epsilon_0} - 1\right) \times 10^4$	物質 (1atm)	温度 (°C)	$\frac{\epsilon}{\epsilon_0} - 1$
エタノール	100	78	エタノール	25	24.3
メタノール	100	57	メタノール	25	32.6
水蒸気	100	60	水	0	88.15

極性分子は日常的な温度領域では非極性分子に比べて 10 倍以上も比誘電率の 1 からのずれが大きいことがわかる．水蒸気の密度は $1.99 \times 10^{25}\,[1/\mathrm{m}^3]$ であることから分極率 α は

$$\frac{\alpha}{\epsilon_0} = 3.0 \times 10^{-28}\,[1/\mathrm{m}^3] \tag{1.102}$$

と求められる．一方，0℃の水の密度は $N = 0.333 \times 10^{29}\,[1/\mathrm{m}^3]$ であることを用いると

$$N\frac{\alpha}{\epsilon_0} = 10 \tag{1.103}$$

となる．この数値は 3 より大きいためクラウジウス・モソッティの関係式に代入すると比誘電率は負の値になってしまう．このような非物理的結果が出たのは関係式を導く際の仮定である「各分子の電気双極子モーメントが独立に振る舞う」という仮定が正しくないせいである．極性分子の液体では電気双極子モーメント間の相互作用を考慮して初めて比誘電率の値は有限で正の値になると考えられる．

読者は水道から流れる水に帯電した棒を近づけると静電気で水が棒に引き寄せられるように曲がる現象を見たことがあるだろう．この現象は帯電した棒の電荷がプラスでもマイナスでも同様に起こる．水が極性分子であり高い誘電率をもつことの現れである．

1.4.3　強誘電体

物質の中には低温で電場がない場合でも分極をもつものがある．このような物質を強誘電体と呼ぶ．強誘電体においては電気双極子モーメント間の相互作用が強く，双極子モーメントが同じ向きにそろったほうが相互作用エネルギーが低い．高温では熱的ゆらぎのためバラバラな方向を向いているが臨界温度 T_c 以下の低温になると相互作用エネルギーの寄与が支配的になり，自発的に巨視的な分極が生じる．臨界温度以上の高温でも前節の極性分子のときと比べて相互作用の効果のため，外部電場に対する応答を示す電気感受率は大きい．また強誘電体は非等方性をもつ．また，高温側から温度を下げて臨界温度に近づくにつれ電気感受率は大きくなり

$$\chi \propto \frac{1}{F - T_c} \tag{1.104}$$

のように振る舞うことが知られている．

表 1.4　強誘電体の例

物質名	T_c (K)	自発分極 $(10^{-2}\mathrm{C/m^2})$	比誘電率 $\frac{\epsilon_a}{\epsilon_0}$	$\frac{\epsilon_b}{\epsilon_0}$	$\frac{\epsilon_c}{\epsilon_0}$
ロッシェル塩	297, 255	0.24 (276K)	4000	10.0	9.6
$BaTiO_3$	393	26 (296K)	~ 5000	~ 5000	~ 160
KH_2PO_4	123	4.95 $(T \ll T_c)$	42	42	21
KD_2PO_4	213	4.8 $(T \ll T_c)$	88	88	90
$KNbO_3$	707	3.78 (683K)	-	-	~ 500
SbSI	294	25 (273K)	25	25	5×10^4（室温）

例えば，チタン酸バリウム ($BaTiO_3$) の室温での比誘電率 $\frac{\epsilon}{\epsilon_0}$ は二方向には 5000 程度，もう一方向には 160 程度と極めて大きい値を持つ．表 1.4 に強誘電体の例を示す．水晶などの物質は圧力をかけ結晶構造を歪ませると自発的な分

極を生じる．このような物質を圧電体という．強誘電体の他に圧電体である物質の例が水晶である．この性質を利用したものが水晶発振である．

§1.5 磁荷と磁気モーメント

この節ではベクトル場を用いて磁性体での磁場を考察する．計算を簡単にするため，クーロンゲージ $\boldsymbol{\nabla}\cdot\boldsymbol{A}=0$ をとることにする．

磁気量 $\pm m$ をもつ2つの磁荷がわずかに離れて配置しているものを磁気双極子と呼ぶ．また，負磁荷からみた正磁荷の位置を表す変位ベクトルを $\boldsymbol{d}$ としたとき，ベクトル

$$\boldsymbol{m}=m\boldsymbol{d} \tag{1.105}$$

を磁気双極子モーメントと定義する．このとき原点にある磁気双極子モーメント $\boldsymbol{m}$ の作る磁場 $\boldsymbol{B}_m$ は十分遠方で

$$\boldsymbol{B}_m=\frac{1}{4\pi r^5}\left(3(\boldsymbol{m}\cdot\boldsymbol{r})\boldsymbol{r}-|\boldsymbol{r}|^2\boldsymbol{m}\right)+O\left(\frac{1}{r^4}\right) \tag{1.106}$$

となる．さて，原点を中心とする微小なループ上に定常な環状電流 I が流れている状況を考えよう．ループで囲まれた領域の面積を S，ループ面に垂直な方向の単位ベクトルを $\boldsymbol{n}$ とする．この環状電流が十分遠方に作る磁場はビオ・サバールの法則[2)] を用いると

$$\boldsymbol{B}(\boldsymbol{r})=\frac{\mu_0 IS}{4\pi r^5}\left(3(\boldsymbol{n}\cdot\boldsymbol{r})\boldsymbol{r}-|\boldsymbol{r}|^2\boldsymbol{n}\right)+O\left(\frac{1}{r^4}\right) \tag{1.107}$$

で与えられる．したがって，この環状電流は

$$\boldsymbol{m}=\mu_0 IS\boldsymbol{n} \tag{1.108}$$

の磁気モーメントと見なせる．

より一般にクーロンゲージでの物質内の定常電流密度 $\boldsymbol{J}(\boldsymbol{r})$ の作るベクトルポテンシャルは

[2)] ビオ・サバールの法則については，既刊，大野木哲也，高橋義朗著『基幹講座 物理学 電磁気学I』の2.4節を参照するとよい．

$$\boldsymbol{A}(\boldsymbol{r}) = \frac{\mu_0}{4\pi}\int d^3\boldsymbol{r}'\,\frac{\boldsymbol{J}(\boldsymbol{r}')}{|\boldsymbol{r}-\boldsymbol{r}'|} \tag{1.109}$$

で与えられる．電流が原点を含むある領域に限られている場合，それから十分はなれた位置でのベクトルポテンシャルは $|\boldsymbol{r}'|(\ll|\boldsymbol{r}|)$ についてテイラー展開を行うと，

$$\begin{aligned}\boldsymbol{A}(\boldsymbol{r}) =& \frac{\mu_0}{4\pi r}\int d^3\boldsymbol{r}'\boldsymbol{J}(\boldsymbol{r}')\\ &+\frac{\mu_0}{4\pi r^3}\int d^3\boldsymbol{r}'(\boldsymbol{r}\cdot\boldsymbol{r}')\boldsymbol{J}(\boldsymbol{r}')+\cdots\end{aligned} \tag{1.110}$$

と表される．付録において，定常的な電流の場合は電荷の保存則により $\boldsymbol{\nabla}\cdot\boldsymbol{J}=0$ が成り立つことから

$$\int d^3\boldsymbol{r}'\boldsymbol{J}(\boldsymbol{r}') = 0 \tag{1.111}$$

$$\int d^3\boldsymbol{r}'(\boldsymbol{r}\cdot\boldsymbol{r}')\boldsymbol{J}(\boldsymbol{r}') = -\boldsymbol{r}\times\left(\int d^3\boldsymbol{r}'(\boldsymbol{r}'\times\boldsymbol{J}(\boldsymbol{r}'))\right) \tag{1.112}$$

が導けることを示す．これを用いると局所的な定常電流のつくるベクトルポテンシャルは十分遠方で

$$\boldsymbol{A}(\boldsymbol{r}) = \frac{\mu_0}{4\pi r^3}\,(\boldsymbol{m}\times\boldsymbol{r})+\cdots \tag{1.113}$$

で表される．ここで m は電流の作る磁気双極子モーメントと呼ばれ

$$\boldsymbol{m} = \frac{1}{2}\int d^3\boldsymbol{r}'\,(\boldsymbol{r}'\times\boldsymbol{J}(\boldsymbol{r}')) \tag{1.114}$$

で定義される．静電ポテンシャルの場合と比較すると $\frac{1}{r}$ に比例する項が消えているが，これは電荷が存在するが磁荷は存在しないことに起因する．

付録

$r'_j J_i(\boldsymbol{r}')$ を i を添字とする3次元ベクトル場とみなすと，ガウスの定理より

$$\sum_{i=1}^{3}\int d^3\boldsymbol{r}'\frac{\partial}{\partial r_i'}\left(r_j' J_i(\boldsymbol{r}')\right)=0 \tag{1.115}$$

が成り立つ．ここで $\boldsymbol{J}$ は限られた領域内にとどまり，上記の全空間での積分から生じる表面積分はゼロとなることを用いた．式 (1.115) の左辺の微分を実行し，電荷の保存則を用いると式 (1.111) が示せる．同様に，$r_j' r_k' J_i(\boldsymbol{r}')$ を i を添字とする 3 次元ベクトル場とみなすと，ガウスの定理より

$$\sum_{i=1}^{3}\int d^3\boldsymbol{r}'\frac{\partial}{\partial r_i'}\left(r_j' r_k' J_i(\boldsymbol{r}')\right)=0 \tag{1.116}$$

式 (1.116) の左辺の微分を実行し，電荷の保存則を用いると

$$\int d^3\boldsymbol{r}'(r_j' J_k(\boldsymbol{r}')+r_j' J_k(\boldsymbol{r}'))=0 \tag{1.117}$$

が示せる．

式 (1.117) より

$$\begin{aligned}\left[\int d^3\boldsymbol{r}'(\boldsymbol{r}\cdot\boldsymbol{r}')\boldsymbol{J}(\boldsymbol{r}')\right]_i &= \sum_{j=1}^{3} r_j\int d^3 r' r_j' J_i(\boldsymbol{r}')\\ &= \frac{1}{2}\sum_{j=1}^{3} r_j\int d^3\left(r_j' J_i(\boldsymbol{r}')-r_i' J_j(\boldsymbol{r}')\right)\\ &= -\left[\boldsymbol{r}\times\frac{1}{2}\int d^3\left(\boldsymbol{r}'\times\boldsymbol{J}(\boldsymbol{r}')\right)\right]_i \end{aligned} \tag{1.118}$$

と変形できる．

§1.6 巨視的磁性体理論

磁性体中で磁気双極子の与えるベクトルポテンシャルは以下のように微視的磁気双極子のつくるベクトルポテンシャルの重ね合わせで与えられる．

$$\boldsymbol{A}_m(\boldsymbol{r})=\frac{\mu_0}{4\pi}\sum_i\frac{\boldsymbol{m}_i\times(\boldsymbol{r}-\boldsymbol{r}_i)}{|\boldsymbol{r}-\boldsymbol{r}_i|^3} \tag{1.119}$$

ここで物質内の微視的双極子モーメントを $\boldsymbol{m}_i$，その位置を $\boldsymbol{r}_i$ とする．このベクトルポテンシャルは微視的な長さのスケールでは空間的に激しく変動しているが，いったん微視的双極子モーメントが与えられれば，巨視的には，巨視的なスケールで空間平均をとったものでよく近似できる．微視的磁気双極子モー

メントがどう生じるかは後に述べる．微視的磁気双極子モーメント密度を以下のように定義する．

$$\boldsymbol{M}(\boldsymbol{r}) = \sum_i \boldsymbol{m}_i \delta^3 (\boldsymbol{r} - \boldsymbol{r}_i) \tag{1.120}$$

以下のように $\boldsymbol{M}$ を巨視的なスケールで空間平均をとったものを巨視的磁気双極子モーメント密度 $\bar{\boldsymbol{M}}(\boldsymbol{r})$ と定義する．

$$\bar{\boldsymbol{M}}(\boldsymbol{r}) := \frac{1}{|\Delta V(\boldsymbol{r})|} \int_{\Delta V(\boldsymbol{r})} d^3\boldsymbol{r}' \boldsymbol{M}(\boldsymbol{r}') \tag{1.121}$$

ここで $\Delta V(\boldsymbol{r})$ は位置 $\boldsymbol{r}$ を中心とする微視的双極子の間隔よりも十分大きな領域，$|\Delta V(\boldsymbol{r})|$ はその体積とする．同様に巨視的なスケールで空間平均をとったベクトルポテンシャル $\overline{\boldsymbol{A}_m}(\boldsymbol{r})$ を以下のように定義する．

$$\overline{\boldsymbol{A}_m}(\boldsymbol{r}) := \frac{1}{|\Delta V(\boldsymbol{r})|} \int_{\Delta V(\boldsymbol{r})} d^3\boldsymbol{r}' \boldsymbol{A}_m(\boldsymbol{r}') \tag{1.122}$$

すると式 (1.119) より

$$\overline{\boldsymbol{A}_m}(\boldsymbol{r}) = \frac{\mu_0}{4\pi} \int \frac{\bar{\boldsymbol{M}}(\boldsymbol{r}') \times (\boldsymbol{r} - \boldsymbol{r}')}{|\boldsymbol{r} - \boldsymbol{r}'|^3} \tag{1.123}$$

が成り立つ．

ここで，以下の等式

$$\boldsymbol{\nabla}_{\boldsymbol{r}'} \times \left[\frac{\bar{\boldsymbol{M}}(\boldsymbol{r}')}{|\boldsymbol{r} - \boldsymbol{r}'|} \right] = -\frac{\bar{\boldsymbol{M}}(\boldsymbol{r}') \times (\boldsymbol{r} - \boldsymbol{r}')}{|\boldsymbol{r} - \boldsymbol{r}'|^3} + \frac{\boldsymbol{\nabla}_{\boldsymbol{r}'} \times \bar{\boldsymbol{M}}(\boldsymbol{r}')}{|\boldsymbol{r} - \boldsymbol{r}'|} \tag{1.124}$$

とガウスの定理を用いて式 (1.123) を書き換えると

$$\begin{aligned} \overline{\boldsymbol{A}_m}(\boldsymbol{r}) &= -\frac{\mu_0}{4\pi} \int_{S_0} dS' \frac{\boldsymbol{n} \times \bar{\boldsymbol{M}}(\boldsymbol{r}')}{|\boldsymbol{r} - \boldsymbol{r}'|} + \frac{\mu_0}{4\pi} \int_{V_0} d^3\boldsymbol{r}' \frac{\boldsymbol{\nabla}_{\boldsymbol{r}'} \times \bar{\boldsymbol{M}}(\boldsymbol{r}')}{|\boldsymbol{r} - \boldsymbol{r}'|} \\ &= \frac{\mu_0}{4\pi} \left[\int_{S_0} dS' \frac{\boldsymbol{j}_M(\boldsymbol{r}')}{|\boldsymbol{r} - \boldsymbol{r}'|} + \int_{V_0} d^3\boldsymbol{r}' \frac{\boldsymbol{J}_M(\boldsymbol{r}')}{|\boldsymbol{r} - \boldsymbol{r}'|} \right] \end{aligned} \tag{1.125}$$

が導かれる．ここで $\boldsymbol{n}$ は磁性体の存在する領域 V_0 の表面 S_0 に垂直な単位ベクトルである．式 (1.125) の第一項と第二項はそれぞれ磁性体の表面磁化電流密度

$$\boldsymbol{j}_M(\boldsymbol{r}) := -\boldsymbol{n} \times \bar{\boldsymbol{M}}(\boldsymbol{r}) \tag{1.126}$$

と，体積磁化電流密度

$$\boldsymbol{J}_M(\boldsymbol{r}) := \boldsymbol{\nabla} \times \bar{\boldsymbol{M}}(\boldsymbol{r}) \tag{1.127}$$

からの寄与と解釈できる．この解釈は次節の巨視的理論の議論に役に立つ．

自由な電子による電流の作る磁束密度を $\boldsymbol{B}_{\mathrm{ext}}$，磁性体の巨視的磁気双極子モーメント密度の作る巨視的磁束密度を $\overline{\boldsymbol{B}_m}$ と置く．磁性体内での巨視的磁束密度は $\boldsymbol{B} = \boldsymbol{B}_{\mathrm{ext}} + \overline{\boldsymbol{B}_m}$ であるから

$$\begin{aligned}\boldsymbol{B} =& \boldsymbol{\nabla} \times \frac{\mu_0}{4\pi} \int d^3\boldsymbol{r}' \frac{\boldsymbol{J}(\boldsymbol{r}')}{|\boldsymbol{r}-\boldsymbol{r}'|} \\ &+ \boldsymbol{\nabla} \times \left(\frac{\mu_0}{4\pi} \int dS' \frac{\boldsymbol{j}_M(\boldsymbol{r}')}{|\boldsymbol{r}-\boldsymbol{r}'|} + \frac{\mu_0}{4\pi} \int d^3\boldsymbol{r}' \frac{\boldsymbol{J}_M(\boldsymbol{r}')}{|\boldsymbol{r}-\boldsymbol{r}'|} \right)\end{aligned} \tag{1.128}$$

と書ける．磁性体の内部の位置 $\boldsymbol{r}$ において，両辺の回転を取ると

$$\boldsymbol{\nabla} \times \boldsymbol{B} = \mu_0 \left(\boldsymbol{J} + \boldsymbol{\nabla} \times \bar{\boldsymbol{M}}(\boldsymbol{r}) \right) \tag{1.129}$$

が成り立つことがわかる．ここで式 (1.129) の右辺の第二項を左辺に移項し，磁場 $\boldsymbol{H}$ を次のように定義する．

$$\boldsymbol{H} = \frac{\boldsymbol{B}}{\mu_0} - \bar{\boldsymbol{M}} \tag{1.130}$$

すると，磁性体中でのアンペールの法則[3] は

$$\boldsymbol{\nabla} \times \boldsymbol{H} = \boldsymbol{J} \tag{1.131}$$

となる．

磁場 $\boldsymbol{H}$ のもとでの磁化 $\bar{\boldsymbol{M}}(\boldsymbol{H})$ の磁場依存性は磁場が弱いとき

$$\bar{M}_i(\boldsymbol{H}) = \bar{M}_i(\boldsymbol{0}) + \sum_{j=1}^{3} (\chi_M)_{ij} H_j + \frac{1}{2} \sum_{j,k=1}^{3} (\chi_M)_{ijk} H_j H_k + \cdots \tag{1.132}$$

と表される．強磁性体では磁場がないときにも自発磁化が存在し，$\bar{\boldsymbol{M}}(\boldsymbol{0}) \neq \boldsymbol{0}$ となる．しかし多くの物質では自発磁化は存在しない．等方的な磁性体では比例係数は方向によらず $(\chi_M)_{ij} = \chi_M \delta_{ij}$ で与えられ

$$\bar{\boldsymbol{M}} = \chi_M \boldsymbol{H} \tag{1.133}$$

---

[3] アンペールの法則については，既刊，大野木哲也，高橋義朗著『基幹講座 物理学 電磁気学 I』の 2.5 節を参照するとよい．

のように磁化は磁場に比例する．このときの比例係数 χ_M は無次元の量で磁気感受率と呼ぶ．十分弱い磁場に対しては χ_M は磁場によらない定数とみなせる．式 (1.130) と式 (1.133) より磁束密度と磁場は

$$\boldsymbol{B} = \mu_0(1+\chi_M)\boldsymbol{H} \tag{1.134}$$

という関係で結ばれる．この比例係数 $\mu := \mu_0(1+\chi_M)$ を透磁率と呼ぶ．これよりアンペールの法則は磁束密度を用いると

$$\boldsymbol{\nabla} \times \boldsymbol{B} = \mu \boldsymbol{J} \tag{1.135}$$

となる．また磁化と磁束密度との関係は

$$\bar{\boldsymbol{M}} = \frac{1}{\mu_0}\frac{\chi_M}{1+\chi_M}\boldsymbol{B} \tag{1.136}$$

で与えられる．

1.6.1　磁性体のエネルギー

ここでは磁性体のエネルギーについて考えよう．まず，磁性体があるときの磁場のエネルギーを求める．

$$\begin{aligned} U_m &= \frac{1}{2}\int dV\,\boldsymbol{A}\cdot(\boldsymbol{j}_f + \boldsymbol{\nabla}\times\boldsymbol{M}) \\ &= \frac{1}{2\mu_0}\int dV\,\boldsymbol{A}\cdot\boldsymbol{\nabla}\times\boldsymbol{B} \\ &= \frac{1}{2\mu_0}\int dV\,\boldsymbol{B}^2 \end{aligned}$$

最後の変形では $\boldsymbol{A}\cdot\boldsymbol{\nabla}\times\boldsymbol{B} = \boldsymbol{B}\cdot\boldsymbol{\nabla}\times\boldsymbol{A} - \boldsymbol{\nabla}\cdot(\boldsymbol{A}\times\boldsymbol{B})$ のベクトル公式を用い，第2項をガウスの定理により表面積分に直して0とおいた．これから，磁場のエネルギー密度は $u_m = \dfrac{1}{2\mu_0}\boldsymbol{B}^2$ となる．磁場を $d\boldsymbol{B}$ だけ変化させるために外部から行う仕事を求めるために，磁場 $\boldsymbol{B}$ のなかで磁気モーメント $\boldsymbol{m}$ がもつポテンシャルエネルギーを求めよう．まず，磁気モーメント $\boldsymbol{m}$ が磁場から受けるトルクを求めよう．

いま一般性を失うことなく磁気双極子モーメントの位置を原点にとる．双極子モーメントをつくる電流の広がりの大きさでは磁束密度は十分に一定とみなせるものとする．電流密度 $\boldsymbol{j}$ が磁場から受けるローレンツ力は $\boldsymbol{j}\times\boldsymbol{B}$ で与え

られるので，原点を中心とするトルク $\boldsymbol{T}$ は

$$\begin{aligned}\boldsymbol{T} &= \int d^3\boldsymbol{r}'\boldsymbol{r}' \times (\boldsymbol{j}(\boldsymbol{r}') \times \boldsymbol{B}) \\ &= \int d^3\boldsymbol{r}' \left[\boldsymbol{j}(\boldsymbol{r}')(\boldsymbol{r}' \cdot \boldsymbol{B}) - \boldsymbol{B}(\boldsymbol{r}' \cdot \boldsymbol{j}(\boldsymbol{r}'))\right]\end{aligned} \tag{1.137}$$

である．式(1.117)を用いた簡単な計算により，トルクは

$$\boldsymbol{T} = \boldsymbol{m} \times \boldsymbol{B} \tag{1.138}$$

であることが示せる．

さて，磁場のもとでの磁気双極子モーメントのもつエネルギーを求めよう．磁場が z 軸方向に向いており，磁気モーメントがそれに対して角度 θ をなすとする．すなわち

$$\boldsymbol{B} = (0, 0, B), \quad \boldsymbol{m} = (m\sin\theta, 0, m\cos\theta) \tag{1.139}$$

このとき磁気モーメントの受けるトルクは

$$\boldsymbol{T} = (0, -mB\sin\theta, 0) \tag{1.140}$$

である．磁気モーメントが θ_0 から θ に変化したときに磁場のする仕事 W は

$$W = \int_{\theta_0}^{\theta} \boldsymbol{T} \cdot (0, d\theta, 0) = mB(\cos\theta - \cos\theta_0) \tag{1.141}$$

となる．これより $\theta_0 = \dfrac{\pi}{2}$ をエネルギーの基準点にとると角度 θ のときの磁気モーメントのもつエネルギーは $U = -mB\cos\theta$ となる．

これから，$U = -\boldsymbol{m} \cdot \boldsymbol{B}$ とポテンシャルが求まる．誘電体のときと同様に磁性体が磁化を有する圧力 p，温度 T の一種の流体であると考え，エントロピー S，体積 V，磁場 $\boldsymbol{B}$ を準静的に変化させたとき，内部エネルギーの微分は

$$dU_k = TdS - pdV - \boldsymbol{m} \cdot d\boldsymbol{B}$$

となる．単位体積あたりのエネルギー密度を考えるために

$$U_k = Vu_k, \quad S = Vs, \quad \boldsymbol{m} = V\boldsymbol{M}$$

を導入し，粒子数一定の条件 $d(NV) = 0$ を使うと

$$du_k = Tds + \frac{\eta}{N}dN - \boldsymbol{M} \cdot d\boldsymbol{B}$$

が得られる．ただし，$\eta = p + u_k - Ts$ である．磁場の仕事を $d\boldsymbol{M}$ で記述するためにルジャンドル変換を行い，新しい自由エネルギー

$$f' = f + \boldsymbol{M} \cdot \boldsymbol{B} = u_k - Ts + \boldsymbol{M} \cdot \boldsymbol{B}$$

を定義すると，

$$\begin{aligned} df' &= df + \boldsymbol{M} \cdot d\boldsymbol{B} + d\boldsymbol{M} \cdot \boldsymbol{B} \\ &= -sdT + \frac{\eta}{N} dN + \boldsymbol{B} \cdot d\boldsymbol{M} \end{aligned}$$

が得られる．これは，T, N, $\boldsymbol{M}$ の変化で記述される自由エネルギーとなる．

一方，磁性体のエネルギー密度 u_{tot} の微分は，元々の T, N, $\boldsymbol{B}$ の変化で記述される自由エネルギー f を用いて，以下のように書ける．

$$\begin{aligned} du_{\text{tot}} &= du_m + df \\ &= \frac{1}{\mu_0} \boldsymbol{B} \cdot d\boldsymbol{B} - sdT + \frac{\eta}{N} dN - \boldsymbol{M} \cdot d\boldsymbol{B} \\ &= -sdT + \frac{\eta}{N} dN + \boldsymbol{H} \cdot d\boldsymbol{B} \end{aligned}$$

これから，等温，体積一定 ($dT = 0$, $dN = dV = 0$) の条件で磁場を $\boldsymbol{0}$ から $\boldsymbol{B}$ まで変化させるときの磁性体のエネルギーは

$$u_{\text{tot}} = \int_{\boldsymbol{0}}^{\boldsymbol{B}} \boldsymbol{H} \cdot d\boldsymbol{B}$$

となる．

1.6.2　境界条件

図1.9のようにある閉曲面 S で囲まれた領域 V を考える．S のうち磁性体の内部 V_0 に含まれる部分を S_1（すなわち $S_1 = V_0 \cap S$），外部に含まれる部分を S_2 とする（すなわち $S_2 = S - S_1$）．$\boldsymbol{B} = \boldsymbol{\nabla} \times \boldsymbol{A}$ より $\boldsymbol{\nabla} \cdot \boldsymbol{B} = 0$ が成り立つので，ガウスの定理より

$$0 = \int_V d^3\boldsymbol{r} \boldsymbol{\nabla} \cdot \boldsymbol{B} = \int_{S_1} dS \boldsymbol{n}_1 \cdot \boldsymbol{B} + \int_{S_2} dS \boldsymbol{n}_2 \cdot \boldsymbol{B} \tag{1.142}$$

が成り立つ．ここで $\boldsymbol{n}_1$, $\boldsymbol{n}_2$ はそれぞれ面 S_1, S_2 上の点での長さ1の外向き法線ベクトルである．V を境界をはさむ無限に狭い領域に選ぶと面 S_1 と面 S_2 は

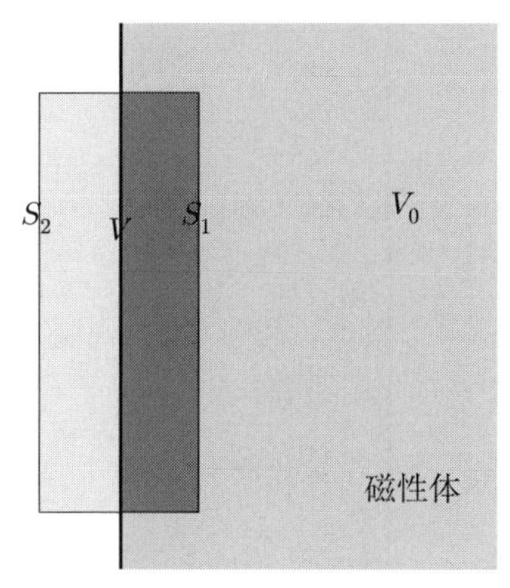

図 1.9　磁性体の内部と外部にまたがる領域 V とその表面 S_1，S_2

外向きが逆であることをのぞいて同一の面であるため

$$\boldsymbol{n}_1 = -\boldsymbol{n}_2 \tag{1.143}$$

が成り立つ．境界面近傍での磁性体内部での磁束密度を $\boldsymbol{B}_1$，外部での磁束密度を $\boldsymbol{B}_2$ とおくと

$$\int_{S_1} dS\boldsymbol{n}_1 \cdot (\boldsymbol{B}_1 - \boldsymbol{B}_2) = 0 \tag{1.144}$$

が成り立つ．式 (1.144) は境界面上の任意の領域 S_1 について成立するので，磁束密度の境界に垂直な成分は

磁束密度の連続性

$$\boldsymbol{n}_1 \cdot \boldsymbol{B}_1 = \boldsymbol{n}_1 \cdot \boldsymbol{B}_2 \tag{1.145}$$

のように連続であることが示される．ここで $\boldsymbol{n}_1$ は境界面に垂直で磁性体の外部から内部へ向かう向きの単位ベクトルである．

図 1.10 のように閉曲線 $C = C_1 + C_2$ で囲まれた曲面 $S = S_1 + S_2$ を考える．閉曲線 C のうち磁性体の内部 V_0 に含まれる部分を C_1 (すなわち $C_1 = V_0 \cap C$)，外部に含まれる部分を C_2 とする（すなわち $C_2 = C - C_1$）．また曲面 S のうち，磁性体の内部 V_0 に含まれる部分を S_1（すなわち $S_1 = V_0 \cap S$），外部に含まれる部分を S_2（すなわち $S_2 = S - S_1$）とし，S_1 と S_2 の接する部分の曲線を C_3 とする（すなわち $C_3 = S_1 \cap S_2$）．式 (1.125) とクーロンゲージのもとで

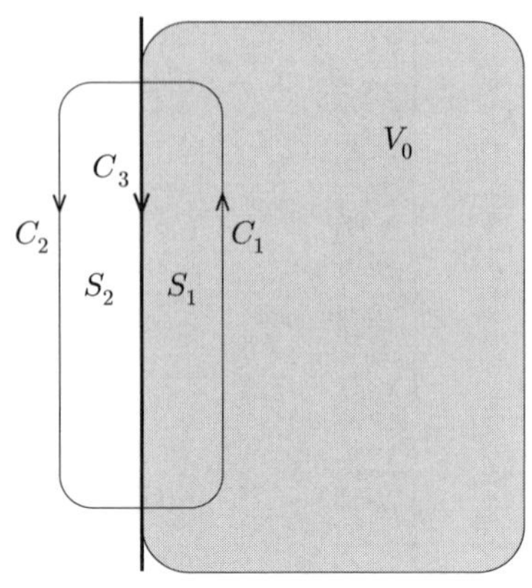

図1.10　磁性体の内部 V_0 と外部の両方にまたがる経路 $C = C_1 + C_2$ を境界とする面 $S = S_1 + S_2$

は $\boldsymbol{\nabla} \times \boldsymbol{B}_m(\boldsymbol{r}) = -\Delta \boldsymbol{A}_m(\boldsymbol{r})$ が成り立つことより

$$\frac{1}{\mu_0}\boldsymbol{\nabla}\times\boldsymbol{B}_m = \int_{S_0} dS'\boldsymbol{n}\delta^3(\boldsymbol{r}-\boldsymbol{r}')\boldsymbol{j}_M(\boldsymbol{r}') + \int_{V_0} d^3\boldsymbol{r}'\delta^3(\boldsymbol{r}-\boldsymbol{r}')\boldsymbol{J}_M(\boldsymbol{r}') \quad (1.146)$$

が成り立つ．この両辺を領域 S で表面積分し，左辺にストークスの定理を用いると

$$\frac{1}{\mu_0}\left(\int_{C_1} d\boldsymbol{r}\cdot\boldsymbol{B}_m + \int_{C_2} d\boldsymbol{r}\cdot\boldsymbol{B}_m\right) = \int_S dS\boldsymbol{n}\cdot\int_{S_0} dS'\boldsymbol{n}\delta^3(\boldsymbol{r}-\boldsymbol{r}')\boldsymbol{j}_M(\boldsymbol{r}') + \int_S dS\boldsymbol{n}\cdot\int_{V_0} d^3\boldsymbol{r}'\delta^3(\boldsymbol{r}-\boldsymbol{r}')\boldsymbol{J}_M(\boldsymbol{r}') \quad (1.147)$$

となる．ここで $d\boldsymbol{S}$ は領域 S 上の点 $\boldsymbol{r}$ における微小面積要素ベクトルである．$S_1 = V_0 \cap S$ と $\boldsymbol{J}_M = \boldsymbol{\nabla} \times \bar{\boldsymbol{M}}$ より右辺の第二項は

$$\int_{S_1} dS\boldsymbol{n}\cdot\boldsymbol{J}_M = \int_{C_1} d\boldsymbol{r}\cdot\bar{\boldsymbol{M}} + \int_{C_3} d\boldsymbol{r}\cdot\bar{\boldsymbol{M}} \quad (1.148)$$

となる．右辺の第一項は $\boldsymbol{j}_M(\boldsymbol{r}') = -\boldsymbol{n}' \times \bar{\boldsymbol{M}}(\boldsymbol{r}')$ を用いて2重の面積分で表される．この積分を実行すると第一項は

$$-\int_{C_3} d\boldsymbol{r}\cdot\bar{\boldsymbol{M}}(\boldsymbol{r}) \quad (1.149)$$

となることがわかる（章末問題3）．以上をまとめると C_3 上の線積分は相殺して

$$\frac{1}{\mu_0}\left(\int_{C_1} d\boldsymbol{r}\cdot\boldsymbol{B}_m(\boldsymbol{r}) + \int_{C_2} d\boldsymbol{r}\cdot\boldsymbol{B}_m(\boldsymbol{r})\right) = \int_{C_1} d\boldsymbol{r}\cdot\bar{\boldsymbol{M}}(\boldsymbol{r}) \quad (1.150)$$

を得る．自由な電荷による電流密度 $\boldsymbol{J}_f$ から作られる磁束密度 $\boldsymbol{B}_{\text{ext}}$ は

$$\frac{1}{\mu_0}\int_C d\boldsymbol{r}\cdot\boldsymbol{B}_{\text{ext}} = \int_S dS\cdot\boldsymbol{J}_f \tag{1.151}$$

を満たす．磁束密度 $\boldsymbol{B}$ は $\boldsymbol{B} = \boldsymbol{B}_{\text{ext}} + \boldsymbol{B}_m$ であり，磁性体内部と外部の磁場はそれぞれ

$$\boldsymbol{H} = \frac{1}{\mu_0}\boldsymbol{B} - \bar{\boldsymbol{M}}, \quad \boldsymbol{H} = \frac{1}{\mu_0}\boldsymbol{B} \tag{1.152}$$

であることを用いると式 (1.150) と式 (1.151) より

$$\int_C d\boldsymbol{r}\cdot\boldsymbol{H}(\boldsymbol{r}) = \int_S dS\boldsymbol{n}\cdot\boldsymbol{J}_f(\boldsymbol{r}) \tag{1.153}$$

が成り立つことがわかる．S を境界面をはさむ幅が無限に狭い領域に選ぶと式 (1.60) から磁場の境界面に平行な成分の連続性が導かれる．まず右辺は経路 C で囲まれる領域 S をつらぬく電流である．それを J_S と呼ぶことにしよう．このとき電流の符号は経路 C に対して右ねじの法則で進む向きを正ととるものとする．一方で，経路 C を無限に狭い領域にとった極限では $C_1 = -C_3$, $C_2 = C_3$ と同一視できる．したがって，境界上の経路 C_3 の近傍で磁性体内部の磁場を $\boldsymbol{H}_1$，磁性体外部の磁場を $\boldsymbol{H}_2$ とおくと

$$\int_{C_3} d\boldsymbol{r}\cdot(-\boldsymbol{H}_1 + \boldsymbol{H}_2) = J_S \tag{1.154}$$

が境界面上の任意の経路 C_1 に対して成り立つことがわかった．ここでさらに領域 S を幅が無限に狭いだけでなく，長さも無限に短い領域に選ぼう．言い換えると経路 C_3 を無限に短い経路にとろう．その経路の長さを ΔL とすると

$$\Delta L \quad \boldsymbol{t}\cdot(-\boldsymbol{H}_1 + \boldsymbol{H}_2) = J_S \tag{1.155}$$

が導かれる．ここで $\boldsymbol{t}$ は経路 C_3 に対応する境界面上の点での長さ 1 の接線ベクトルである．両辺を ΔL で割ると，右辺は表面電流密度の無限小領域 S の法線方向（右ねじの向き）の射影成分となる．右ねじの向きであることをよりあらわに表現するため，境界面上の単位法線ベクトルで磁性体外部から内部に向かう向きのものを $\boldsymbol{n}_1$ とおき，表面電流密度ベクトルを $\boldsymbol{j}$ と書くと

$$\frac{J_S}{\Delta L} = (\boldsymbol{t}\times\boldsymbol{n}_1)\cdot\boldsymbol{j} \tag{1.156}$$

と言い換えられる．したがって，磁場の連続条件として最終的に以下のものが導かれる．

磁場の連続性

$$\boldsymbol{t}\cdot\boldsymbol{H}_2=\boldsymbol{t}\cdot\boldsymbol{H}_1+(\boldsymbol{t}\times\boldsymbol{n}_1)\cdot\boldsymbol{j} \tag{1.157}$$

ここで $\boldsymbol{H}_1$, $\boldsymbol{H}_2$ はそれぞれ磁性体内部と外部の磁場，$\boldsymbol{t}$ は長さ1の境界面の接線ベクトル，$\boldsymbol{n}_1$ は長さ1の境界面の法線ベクトルで磁性体外部から内部へ向く向きのものである．

なお，以上は真空中でかこまれた磁性体についての境界条件であったが，上の公式は $\boldsymbol{H}_1$, $\boldsymbol{H}_2$ を異なる透磁率をもつ磁性体1，磁性体2の磁場，$\boldsymbol{n}_1$ を磁性体2から磁性体1へ向かう向きの境界面に垂直で長さが1のベクトルとしても全く同様に成り立つ．

§1.7　磁性体の例

誘電体物質に電場をかけたとき，束縛電子や固有の電気双極子モーメントが電場に応答し分極が生じるが応答を表す電気感受率 χ は常に $\chi>0$ となる．それに対して磁性体の場合は磁化率 χ_M によって，物質の磁気的性質が3つに大別される．$\chi_M>0$ で値が1より小さいときを常磁性体，$\chi_M>0$ で値が大きいものを強磁性体，$\chi_M<0$ であるものを反磁性体と呼ぶ．

磁性体に磁石を近づけたとき，常磁性体と強磁性体には引力，反磁性体には斥力が働く．この理由は以下のように説明できる．前に見たように磁場 $\boldsymbol{B}$ のもとで磁気モーメントのもつ $\boldsymbol{m}$ のエネルギー U は

$$U=-\boldsymbol{m}\cdot\boldsymbol{B}=-\chi_M\boldsymbol{B}^2 \tag{1.158}$$

となる．磁石の近傍では磁場が強く，磁石から離れると磁場が弱くなることを考えると，常磁性体や強磁性体では $\chi_M>0$ であるから磁石に近づけば近づくほどエネルギーが低い．反対に反磁性では $\chi_M<0$ であるから磁石から遠ざかれば遠ざかるほどエネルギーが低い．磁性体はエネルギーが下がる方向に力 $\boldsymbol{F}=-\boldsymbol{\nabla}U$ を受けるから，それぞれ引力および斥力を受ける．

1.7.1 常磁性体

原子・分子に束縛された電子はスピンや軌道運動や磁気モーメントにともなう磁気双極子モーメントをもつ．それぞれのモーメントが独立に熱運動しているとすると，磁場がかかっていないときにはバラバラの方向を向いており，巨視的な磁気双極子モーメント密度はゼロである．磁束密度 $\boldsymbol{B}$ をかけるとひとつひとつの磁気双極子モーメント $\boldsymbol{m}$ のもつエネルギー U は

$$U = -\boldsymbol{m} \cdot \boldsymbol{B} = -mB\cos\theta \tag{1.159}$$

で与えられる．ここで m, B は双極子モーメントおよび磁束密度の大きさである．また θ は双極子モーメントと磁場のなす角度である．したがって，双極子モーメントと磁場が同じ向きを向いた方がエネルギーが低くなる．これは

$$\boldsymbol{m} \longrightarrow \boldsymbol{p}$$
$$\boldsymbol{B} \longrightarrow \boldsymbol{E}$$

と置きかえてみれば分かるように，以前に考察した極性分子における電気感受率の場合と同じ状況になっている．同様の議論を行うと巨視的な磁気双極子モーメント密度は

$$\langle \boldsymbol{M} \rangle = \frac{Nm^2}{3kT}\boldsymbol{B}, \quad \chi_M = \frac{Nm^2}{3kT} \tag{1.160}$$

したがって，磁気感受率 χ_M は

$$\chi_M = \frac{\dfrac{\mu_0 Nm^2}{3kT}}{1 - \dfrac{\mu_0 Nm^2}{3kT}} \tag{1.161}$$

となる．ここで N は原子・分子に束縛された電子のもつ磁気双極子モーメントの数密度，T は温度，k はボルツマン定数である．この法則をキュリーの法則という．

表 1.5 に室温での常磁性体の磁気感受率 χ_M の例を示す．

表 1.5 常磁性体の磁気感受率

物質	空気	O_2	Al
$\chi_M \times 10^6$	0.36	1.91	20.6

1.7.2　強磁性体

鉄など磁石に強くひきつけられる物質は強磁性体と呼ばれるが，その磁気的性質は本質的に量子力学的な効果であると考えられている．通常よく行われる説明を紹介しよう．

金属に束縛された電子は，スピンによる固有の磁気双極子モーメントをもっており，強磁性体の場合は近接の2つのスピンの向きが揃うとエネルギーが下がる性質をもっている．なぜこのような性質が生じるかは正確には量子力学を用いて説明する必要があるが，直感的には以下のように考えればよい．電子はフェルミオンであるため2つの電子は同じ状態を占有することができないというパウリの排他律に従う．2つの電子についてそのスピン自由度が同じ状態をしめるときは，電子の軌道自由度部分が違う状態にいなければならない．スピン自由度が違う状態をしめるときは，電子の軌道自由度部分が同じ状態にいてもよい．ところが電子どうしはクーロン反発エネルギーをもつため同じ軌道にいる電子どうしはエネルギーが高くなる．したがって，電子のスピンの向きが揃わないほうがエネルギー的に得をするというわけである．したがって，磁場がかかったときも各スピンはバラバラではなく，向きが揃いたがる性質をもっているため常磁性体にくらべてはるかに大きな応答をする．物質によっては隣り合うスピンの向きが逆の方がエネルギー的に得をするものもある．このような物質を反強磁性体と呼ぶ．ただし磁性は奥が深く，反強磁性体でも不純物をいれスピンをもつ電子の数を変化させる（ドープする）と強磁性の性質をもつものも知られており，強磁性の本質は何かという問題はいまでも完全には解明されていない．

強磁性体における電子のスピンが揃いたがる性質によって，臨界温度 T_c 以下では外場の磁場がなくても自発的な巨視的な磁気双極子モーメント密度（自発磁化）が生じる．また臨界温度よりも高い温度のとき臨界温度に近づくに従って，磁気感受率が温度の関数として次のようにべき的に発散する．

$$\chi_M \propto \frac{1}{T - T_c} \tag{1.162}$$

これをキュリー・ワイスの法則と呼ぶ．

表1.6に強磁性体のキュリー温度と室温での自発磁化の最大値の例を示す．

自発磁化の最大値は物質内の磁気モーメントがすべてそろったときに起こる．このときの磁化を飽和磁化という．飽和していないときは強磁性体は磁区

表 1.6 強磁性体のキュリー温度と飽和磁化

物質	T_c (K)	飽和磁化 $M \times 10^{-3}$ (A m^{-1})
Fe	1044	1713 (293K)
Co	1440	1440 (293K)
Ni	55	490.2

と呼ばれる小さな領域に分かれ，それぞれの磁区内では磁気モーメントがそろっている．外部から磁場をかけその大きさを大きくしていくと次第に磁化がそろい，十分大きな磁場に対してはすべての磁区の磁化がそろい飽和磁化に達する．この過程は不可逆過程なので磁場の値を変化させたときヒステリシスが存在する．その様子を図 1.11 に表す．外部磁場を大きくしたときに磁化が増加するのでこれは透磁率と解釈できる．正確には B-H 磁化曲線の原点での傾きの $\dfrac{1}{\mu_0}$ 倍を μ_1 と書き，これを初期比透磁率と呼ぶ．鉄の初期比透磁率の値は 200 から 300 である．

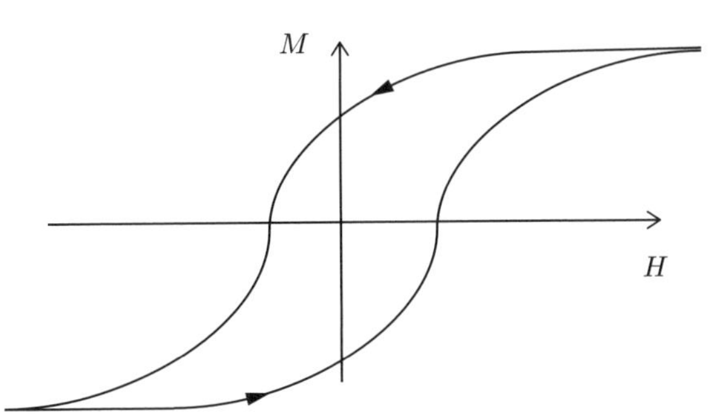

図 1.11 外部磁場 H を変化させたときの強磁性体の磁化 M のヒステリシス

長い円筒状の強磁性体にコイルを巻き付けたものに電流を流してみるとどうなるであろうか．対称性から磁場は円筒が伸びる方向と同じ方向に向いている．強磁性体中のアンペールの法則 (1.135) を用いると真空中でのコイルの電流の作る磁場と同様の議論を行うと磁束密度の大きさはコイルの外部ではゼロ， 内部では

$$B = n\mu_1 I \tag{1.163}$$

となる．ここで n は単位長さ当たりの巻き付き数，I は電流の大きさである．鉄の場合 $\mu_1 = 200$–300 なので真空中の場合と比べて同じコイルから 200–300

倍の磁場が作り出せることがわかる．

1.7.3 反磁性体

物質における磁性の現象は正しくは量子力学で記述されるが，ここではあくまで直感的な理解のために古典力学の範囲での説明を試みる．

反磁性体は磁化 $\boldsymbol{m}$ と磁場

$$\boldsymbol{m} = \chi_M \boldsymbol{B} \tag{1.164}$$

の関係を持ち，磁気感受率 χ_M が負であるものをいう．微視的なモデルとして物質中の電子が自由電子であると見なせる場合，または原子から力を受けて運動しているが，一つひとつの電子は独立に運動すると見なせる場合に単純化して考察しよう．このとき1つの電子の位置を $\boldsymbol{r}(t)$，電子の質量を m，電荷を $q=-e$ とすると，磁場がかかったときの運動方程式は

$$m\frac{d^2\boldsymbol{r}(t)}{dt^2} = \boldsymbol{F}(\boldsymbol{r}(t)) + q\frac{d\boldsymbol{r}(t)}{dt} \times \boldsymbol{B} \tag{1.165}$$

で与えられる．

この問題を取り扱うには次のラーモアの定理が役立つ．

ラーモアの定理

ある系において電荷 q，質量 m の荷電粒子の運動方程式の解がわかっているとする．その系に磁束密度の大きさ B の弱い磁場をかけたときの運動はもとの運動に対して磁場の方向を軸とする回転運動を付け加えたものになる．回転運動の角振動数 ω_L は

$$\omega_L = \frac{|q|B}{2m} \tag{1.166}$$

で与えられる．これをラーモア振動数と呼ぶ．

証明　磁場の方向を z 軸方向にとる．慣性系に対して z 軸の周りに角振動数 ω で回転する座標系での運動方程式を考えよう．慣性系での基底ベクトルを x, y, z 方向の単位ベクトル $\boldsymbol{e}_1, \boldsymbol{e}_2, \boldsymbol{e}_3$ とする．電子の位置ベクトル $\boldsymbol{r}$，磁場

がないときに受ける力 $\boldsymbol{F}$，および磁束密度は

$$\boldsymbol{r} = \sum_{i=1}^{3} r_i \boldsymbol{e}_i, \quad \boldsymbol{F} = \sum_{i=1}^{3} F_i \boldsymbol{e}_i, \quad \boldsymbol{B} = B\boldsymbol{e}_3 \tag{1.167}$$

と表される．ここで $r_i, F_i\,(i = 1,2,3)$ は位置ベクトルと力の各方向成分で B は磁束密度の z 方向成分である．z 軸の周りに角振動数 ω で回転する座標系の基底ベクトルを $\boldsymbol{e}_i'\,(i = 1,2,3)$ とすると

$$\begin{aligned}&\boldsymbol{e}_1' = \cos(\omega t)\boldsymbol{e}_1 + \sin(\omega t)\boldsymbol{e}_2, \quad \boldsymbol{e}_2' = -\sin(\omega t)\boldsymbol{e}_1 + \cos(\omega t)\boldsymbol{e}_2 \\ &\boldsymbol{e}_3' = \boldsymbol{e}_3\end{aligned} \tag{1.168}$$

と表される．これより

$$\frac{d\boldsymbol{e}_1'}{dt} = \omega\boldsymbol{e}_2, \qquad \frac{d\boldsymbol{e}_2'}{dt} = -\omega\boldsymbol{e}_1, \qquad \frac{d\boldsymbol{e}_3'}{dt} = 0, \tag{1.169}$$

$$\frac{d^2\boldsymbol{e}_1'}{dt^2} = -\omega^2\boldsymbol{e}_1, \qquad \frac{d^2\boldsymbol{e}_2'}{dt^2} = -\omega^2\boldsymbol{e}_2, \qquad \frac{d^2\boldsymbol{e}_3'}{dt^2} = 0 \tag{1.170}$$

が成り立つ．

回転座標系での位置ベクトルと力の成分を $r_i', F_i'\,(i = 1,2,3)$ とおくと

$$\boldsymbol{r} = \sum_{i=1}^{3} r_i' \boldsymbol{e}_i', \quad \boldsymbol{F} = \sum_{i=1}^{3} F_i' \boldsymbol{e}_i', \quad \boldsymbol{B} = B\boldsymbol{e}_3' \tag{1.171}$$

と表される．これらの表式を運動方程式に代入すると簡単な計算の後に慣性系での運動方程式の成分表示は

$$m\frac{d^2 r_i}{dt^2} = F_i + qB\sum_{j=1}^{3}\epsilon_{ij3}\frac{dr_j}{dt} \quad (i = 1,2,3) \tag{1.172}$$

と書ける．ここで ϵ_{ijk} は完全反対称テンソルである．同様に回転座標系での慣性系での運動方程式の成分表示は

$$\begin{aligned}m\frac{d^2 r_i'}{dt^2} =& F_i' + (2m\omega + qB)\sum_{j=1}^{3}\epsilon_{ij3}\frac{dr_j}{dt} \\ &- (m\omega^2 + q\omega B)(\delta_{i3}r_3' - r_i') \quad (i = 1,2,3)\end{aligned} \tag{1.173}$$

と書ける．ここで δ_{ij} はクロネッカーのデルタ記号である．さて $\omega = \omega_L$ とおくと，運動方程式の右辺の第2項は相殺して

$$m\frac{d^2 r_i'}{dt^2} = F_i' + O(B^2) \quad (i = 1,2,3) \tag{1.174}$$

となる．したがって，十分弱い磁場のときは磁場について2次の項は無視できるので回転座標系での運動方程式はもとの慣性系において磁場がないときの運動方程式と一致する．これより弱い磁場がかかったときの荷電粒子の運動は磁場がかかっていないときの運動に磁場の方向を回転軸とするラーモア振動数ω_Lでの回転運動を付け加えたものになる．(証明終わり)

ラーモアの定理により原子に束縛された電子（電荷$q = -e$）に対してz軸方向に磁場がかかったとき，$n(\boldsymbol{r})$を電荷の数密度分布とすると電流密度分布の増加$\boldsymbol{\Delta J}$は

$$\boldsymbol{\Delta J}(\boldsymbol{r}) = \omega_L \boldsymbol{e}_3 \times qn(r)\boldsymbol{r} \tag{1.175}$$

となる．ここで$\boldsymbol{e}_3$はz軸方向の単位ベクトルである．すると磁場により誘起される磁気モーメント$\boldsymbol{m}$は

$$\begin{aligned}\boldsymbol{m} &= \frac{1}{2}\int d^3\boldsymbol{r}\,(\boldsymbol{r} \times \boldsymbol{\Delta J}(\boldsymbol{r})) \\ &= \frac{1}{2}\int d^3\boldsymbol{r} q\omega_L n(\boldsymbol{r})(r^2\boldsymbol{e}_3 - (\boldsymbol{r}\cdot\boldsymbol{e}_3)\boldsymbol{r}) \\ &= -\frac{q^2B}{4m}\int d^3\boldsymbol{r} n(\boldsymbol{r})(-xz\boldsymbol{e}_1 - yz\boldsymbol{e}_2 + (x^2+y^2)\boldsymbol{e}_3)\end{aligned} \tag{1.176}$$

で与えられる．ここで$\boldsymbol{e}_1, \boldsymbol{e}_2$はそれぞれ$x, y$方向の単位ベクトルである．電子の場合は$q = -e$であるから球対称な密度分布をもつ原子の場合$z$軸方向の成分のみが残り

$$\boldsymbol{m} = -\frac{e^2B}{4m}\langle x^2+y^2\rangle\boldsymbol{e}_3 = -\frac{e^2B}{4m}\frac{2}{3}\langle\boldsymbol{r}^2\rangle\boldsymbol{e}_3 = -\frac{e^2B}{6m}\langle\boldsymbol{r}^2\rangle\boldsymbol{e}_3 \tag{1.177}$$

となる．ここで記号$\langle f(\boldsymbol{r})\rangle$は数密度分布による平均値

$$\langle f(\boldsymbol{r})\rangle = \int d^3\boldsymbol{r} n(\boldsymbol{r})f(\boldsymbol{r}) \tag{1.178}$$

を省略して表したものである．以上の結果から磁場のかかった方向と逆向きに磁化が発生することが分かった．これをラーモア反磁性と呼ぶ．原子の密度をN，原子番号をZとすると磁気感受率χ_Mは

$$\chi_M = -\frac{NZe^2}{6m}\langle\boldsymbol{r}^2\rangle \tag{1.179}$$

表 1.7 反磁性体の磁気感受率

物質	H_2	Bi	H_2O	Cu
$\chi_M \times 10^6$	-0.0029	-16.5	-8.9	-9.5

となる.

表 1.7 に反磁性体の例を示す.

§1 の章末問題

問題 1　原点を中心とする極座標表示とルジャンドル多項式展開を用いて式 (1.67) から式 (1.68) を導出せよ.

問題 2　表 1.2 にある 1 気圧, 20℃ でのアルゴン気体の比誘電率の値から電気分極率と真空の誘電率の比 $\frac{\alpha}{\epsilon_0}$ を求めよ. またその値からクラウジウス・モソッティ関係式を用いて 82K での液体アルゴンの比誘電率を予言し, 表 1.2 の実験値と比較せよ. ただし, アルゴン気体の数密度は 0.251×10^{26} $[\mathrm{m}^{-3}]$, 液体アルゴンの数密度は 0.207×10^{29} $[\mathrm{m}^{-3}]$ とする.

問題 3　式 (1.148) の右辺の第一項は $\boldsymbol{j}_M(\boldsymbol{r}') = -\boldsymbol{n}' \times \bar{\boldsymbol{M}}(\boldsymbol{r}')$ を用いて 2 重の面積分で表される. 2 つの面積分を統一的に扱うため, 空間座標 $\boldsymbol{r}$ を 3 つのパラメータ s, t, u を用いて $\boldsymbol{r}(s,t,u)$ でパラメトライズされ, かつ曲面 S はパラメータ $u = u_0$, 曲面 S_0 はパラメータ $s = s_0$ で特徴づけられるとする. すると第一項は

$$
\begin{aligned}
I = &- \int dsdt \left(\frac{\partial \boldsymbol{r}(s,t,u_0)}{\partial s} \times \frac{\partial \boldsymbol{r}(s,t,u_0)}{\partial t} \right) \\
&\cdot \left(\int dt'du \left(\frac{\partial \boldsymbol{r}(s_0,t',u)}{\partial t'} \times \frac{\partial \boldsymbol{r}(s_0,t',u)}{\partial u} \right) \right. \\
&\qquad \left. \times \bar{\boldsymbol{M}}(\boldsymbol{r}')\delta^3\left(\boldsymbol{r}(s,t,u_0) - \boldsymbol{r}(s_0,t',u)\right) \right)
\end{aligned}
\tag{1.180}
$$

と書ける. この積分を実行することにより式 (1.149) を導出せよ.

問題 4　真空中に半径 R, 誘電率 ϵ の導体球をおき, 外から z 軸方向に電場 $\boldsymbol{E} = (0, 0, E_0)$ をかけた. このときに生じる球の内部と外部に生じる電場を求めよ.

ヒント：無限遠での静電ポテンシャルは外から与えた電場に対応する静電ポテンシャルの寄与以外はゼロ, 原点（球の中心）での静電ポテンシャルが有限であるとして, 球の表面での電場の境界条件を満たすことを要求するとよい. 静電ポテンシャル $\varphi(\boldsymbol{r})$ の満たす方程式 $\Delta\varphi = 0$ の一般解は $(x, y, z) = r(\sin\theta\cos\phi, \sin\theta\sin\phi, \cos\theta)$ なる極座標で表すと

$$
\varphi(r,\theta) = \sum_{l=0}^{\infty} (A_l r^l + B_l r^{-(l+1)}) P_l(\cos\theta) \tag{1.181}
$$

で与えられることを使ってよい (A_l, B_l は定数)．ここで，P_l はルジャンドル多項式で

$$P_0(x) = 1, \quad P_1(x) = x, \quad P_2(x) = \frac{1}{2}(3x^2 - 1), \ldots \tag{1.182}$$

である．

問題 5　電荷密度 ρ で一様に帯電した半径 R の球が角速度 ω で回転しているときの磁気双極子モーメントおよびそれが遠方に作る磁場を求めよ．

第2章　物質中のマクスウェル (Maxwell) 方程式

前章で，物質中での静電場，静磁場が巨視的なスケールでは巨視的な電気双極子密度と巨視的な磁気双極子密度からつくられる有効電荷と有効電流によって支配されることを見た．この章では，上の理解をもとに時間変化がある場合への拡張を考える．

§2.1　物質中のマクスウェル方程式

前章まで巨視的な双極子モーメント密度を $\bar{\boldsymbol{P}}, \bar{\boldsymbol{M}}$ と表記してきたが，この章以降は簡単のためそれを省略し，単に $\boldsymbol{P}, \boldsymbol{M}$ と表すことにする．物質中に巨視的な電気双極子モーメント密度 $\boldsymbol{P}(t, \boldsymbol{r})$，巨視的な磁気双極子モーメント密度 $\boldsymbol{M}(t, \boldsymbol{r})$ があるとき以下の巨視的な有効電荷密度 ρ_M，巨視的な有効電流密度 $\boldsymbol{J}_M$ が存在する．

$$\rho_M := -\boldsymbol{\nabla} \cdot \boldsymbol{P}, \quad \boldsymbol{J}_M := \frac{\partial \boldsymbol{P}}{\partial t} + \boldsymbol{\nabla} \times \boldsymbol{M} \tag{2.1}$$

第1章で静的な場合の導出を行ったが，時間変化のある場合は有効電流密度を与える式の右辺第一項にあるように電気双極子密度の時間微分の項が付け加わることによって電荷の保存則の式

$$\frac{\partial \rho_M}{\partial t} + \boldsymbol{\nabla} \cdot \boldsymbol{J}_M = 0 \tag{2.2}$$

が満たされる．厳密にいえば有効電荷密度や有効電流密度は，電気四重極モーメント密度をはじめとしてより高次のモーメントからの寄与があるが，ここではその効果は小さいとして無視している．物質の効果はすべてこの電荷密度と電流密度に押し込められるとすると，これらの作る電磁場 $\boldsymbol{E}_M, \boldsymbol{B}_M$ は $\rho_M, \boldsymbol{J}_M$ を源とする以下の形の真空中のマクスウェル方程式を満たす．

$$\epsilon_0 \boldsymbol{\nabla} \cdot \boldsymbol{E}_M = \rho_M \tag{2.3}$$

$$\boldsymbol{\nabla} \cdot \boldsymbol{B}_M = 0 \tag{2.4}$$

$$\boldsymbol{\nabla} \times \boldsymbol{E}_M = -\frac{\partial \boldsymbol{B}_M}{\partial t} \tag{2.5}$$

$$\boldsymbol{\nabla} \times \boldsymbol{B}_M = \mu_0 \boldsymbol{J}_M + \mu_0 \epsilon_0 \frac{\partial \boldsymbol{E}_M}{\partial t} \tag{2.6}$$

式 (2.1) を代入すると上の方程式は

$$\epsilon_0 \boldsymbol{\nabla} \cdot \boldsymbol{E}_M = -\boldsymbol{\nabla} \cdot \boldsymbol{P} \tag{2.7}$$

$$\boldsymbol{\nabla} \cdot \boldsymbol{B}_M = 0 \tag{2.8}$$

$$\boldsymbol{\nabla} \times \boldsymbol{E}_M = -\frac{\partial \boldsymbol{B}_M}{\partial t} \tag{2.9}$$

$$\boldsymbol{\nabla} \times \boldsymbol{B}_M = \mu_0 \left(\frac{\partial \boldsymbol{P}}{\partial t} + \boldsymbol{\nabla} \times \boldsymbol{M} \right) + \mu_0 \epsilon_0 \frac{\partial \boldsymbol{E}_M}{\partial t} \tag{2.10}$$

となる．一方で自由な電荷による電荷密度 ρ_f，電流密度 $\boldsymbol{J}_f$ の作る電磁場 $\boldsymbol{E}_{\text{ext}}, \boldsymbol{B}_{\text{ext}}$ は以下の真空中のマクスウェル方程式を満たす．

$$\epsilon_0 \boldsymbol{\nabla} \cdot \boldsymbol{E}_{\text{ext}} = \rho_f \tag{2.11}$$

$$\boldsymbol{\nabla} \cdot \boldsymbol{B}_{\text{ext}} = 0 \tag{2.12}$$

$$\boldsymbol{\nabla} \times \boldsymbol{E}_{\text{ext}} = -\frac{\partial \boldsymbol{B}_{\text{ext}}}{\partial t} \tag{2.13}$$

$$\boldsymbol{\nabla} \times \boldsymbol{B}_{\text{ext}} = \mu_0 \boldsymbol{J}_f + \mu_0 \epsilon_0 \frac{\partial \boldsymbol{E}_{\text{ext}}}{\partial t} \tag{2.14}$$

物質中の電場と磁場は $\boldsymbol{E} = \boldsymbol{E}_{\text{ext}} + \boldsymbol{E}_M$, $\boldsymbol{B} = \boldsymbol{B}_{\text{ext}} + \boldsymbol{B}_M$ である．上の方程式を組み合わせると

$$\boldsymbol{\nabla} \cdot (\epsilon_0 \boldsymbol{E} + \boldsymbol{P}) = \rho_f \tag{2.15}$$

$$\boldsymbol{\nabla} \cdot \boldsymbol{B} = 0 \tag{2.16}$$

$$\boldsymbol{\nabla} \times \boldsymbol{E} = -\frac{\partial \boldsymbol{B}}{\partial t} \tag{2.17}$$

$$\boldsymbol{\nabla} \times (\boldsymbol{B} - \mu_0 \boldsymbol{M}) = \mu_0 \boldsymbol{J}_f + \mu_0 \frac{\partial (\epsilon_0 \boldsymbol{E} + \boldsymbol{P})}{\partial t} \tag{2.18}$$

を得る．ここで $\boldsymbol{D} = \epsilon_0 \boldsymbol{E} + \boldsymbol{P}$，$\boldsymbol{H} = \dfrac{\boldsymbol{B}}{\mu_0} - \boldsymbol{M}$ と定義すると

$$\boldsymbol{\nabla} \cdot \boldsymbol{D} = \rho_f \tag{2.19}$$

$$\boldsymbol{\nabla} \cdot \boldsymbol{B} = 0 \tag{2.20}$$

$$\boldsymbol{\nabla} \times \boldsymbol{E} = -\frac{\partial \boldsymbol{B}}{\partial t} \tag{2.21}$$

$$\boldsymbol{\nabla} \times \boldsymbol{H} = \boldsymbol{J}_f + \frac{\partial \boldsymbol{D}}{\partial t} \tag{2.22}$$

という物質中のマクスウェル方程式が導かれる．この方程式を解くには $\boldsymbol{E}$ と $\boldsymbol{D}$，$\boldsymbol{H}$ と $\boldsymbol{B}$ の関係を知らなければならない．個々の物質の性質によって，あ

る電場と磁場のもとでの電気双極子モーメント密度と磁気双極子モーメント密度は一意的に決まるので原理的には解けるが，そのためには微視的なレベルの物理を知ることが必要である．次節ではその代わりに双極子モーメント密度が電場や磁場に比例すると仮定し，その間の関係を与える現象論的な関数（応答関数）を導入して一般論を展開する．

§2.2　物質場と応答関数

電場や磁場を物質に印加した際に，電気双極子や磁気双極子が生じる現象を物理的にとらえるために，応答関数を導入する．これによって，時間的に変動する電磁場が物質に誘起する電気双極子を，電磁場に対する物質の時間応答としてとらえることが可能になる．

電磁波と物質との相互作用にはさまざまなものがある．一番わかりやすいのは有極性分子だろう．例として水分子を考える．水分子は2個の水素原子が酸素原子と108度の角度をなして結合している．水素はプラスに帯電し，酸素はマイナスに帯電しているために，水分子には酸素原子の位置から2つの水素原子の中点に向かう向きをもつ永久双極子モーメントが存在する．水分子には図2.1に示すように，3つの固有振動モードが存在する．そのうち，図2.1(a)は対称伸縮振動モード（固有振動数 $\nu_0 = \dfrac{\omega_0}{2\pi} = 1.069 \times 10^8 \mathrm{Hz}$）と呼ばれ，文字通り酸素と水素間の距離が対称に伸縮する振動モードとなっている．仮に，水分子を対称伸縮振動させたとすると水分子の双極子モーメントは固有振動数 ν_0 で時間変化することになる．式(2.1)で示したように分極の時間変化は微視的電流を与えるので電磁場を誘起することになる．逆に電場を水分子にかけるとローレンツ力により水素と酸素の距離が変化する．印加電場を対称伸縮振動モードの固有振動数 ν_0 に合わせて時間変化させると，対称伸縮振動モードが誘起されることになる．これは水分子が電磁波＝光を共鳴的に吸収したことに他ならない．このように振動モードを電場で駆動することによって電気双極子が誘起されることがわかる．

他の重要な例として原子の電子準位がある．例として水素原子を考える．量子力学によると水素原子中で陽子に束縛された電子は1s, 2s, 2p, 3s, 3p, 3d, ... のような固有状態をもつ．それぞれの固有状態のエネルギーを $h\nu_{1\mathrm{s}}$, $h\nu_{2\mathrm{s}}$, $h\nu_{2\mathrm{p}}, \ldots$ のように書こう．仮に，電子状態として1s状態と2p状態の重

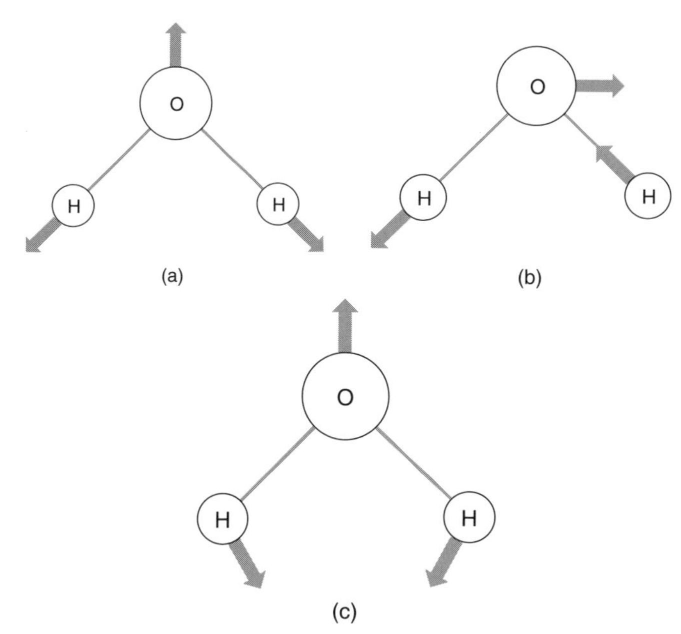

図 2.1 $\mathbf{H_2O}$ 分子の基準振動モード (a) 対称伸縮振動モード, (b) 逆対称伸縮振動モード, (c) 変角振動モード

ね合わせ状態をつくることができたとするとこのような重ね合わせ状態による双極子モーメントの期待値は，振動数 $\nu_{21} = \nu_2 - \nu_1$ で振動する．したがって，上の水分子の伸縮振動モードの例と同じく電磁場を誘起することになる．逆に，水素原子の電子が 1s 準位にいる基底状態に ν_{21} の振動数の光を照射すると，水素原子はその光を吸収して 1s 状態と 2p 状態の重ね合わせ状態がつくられる．このことは，ν_{21} の振動数の光を原子が共鳴的に吸収することを表している．したがって，原子の電子を電場で駆動することによって電気双極子が誘起されることがわかる．

以上の例から，電磁場によって誘起される双極子モーメントを記述する一つの物理モデルとして，振動電場によって駆動される固有振動数 $\nu_0 = \dfrac{\omega_0}{2\pi}$ をもつ振動子が考えられる．以下では応答関数の概念を説明した後にローレンツ振動子モデルを導入し，その物理的な性質について述べる．

2.2.1　誘電体中のマクスウェル方程式

自由な電荷や電流がなく磁気的な電流も存在しない物質を誘電体と呼ぶ．誘電体中のマクスウェル方程式は式 (2.15)〜式 (2.18) から

$$\nabla \cdot (\epsilon_0 \boldsymbol{E} + \boldsymbol{P}) = 0 \tag{2.23}$$

$$\nabla \cdot \boldsymbol{B} = 0 \tag{2.24}$$

$$\nabla \times \boldsymbol{E} = -\frac{\partial \boldsymbol{B}}{\partial t} \tag{2.25}$$

$$\nabla \times \boldsymbol{B} = \mu_0 \frac{\partial(\epsilon_0 \boldsymbol{E} + \boldsymbol{P})}{\partial t} \tag{2.26}$$

となる．ファラデーの法則 (2.25) に左から $\nabla\times$ を作用させると，

$$\begin{aligned}\nabla \times (\nabla \times \boldsymbol{E}) &= -\frac{\partial}{\partial t}(\nabla \times \boldsymbol{B}) \\ \nabla^2 \boldsymbol{E} - \frac{1}{c^2}\frac{\partial^2}{\partial t^2}\boldsymbol{E} &= \frac{1}{\epsilon_0 c^2}\frac{\partial^2}{\partial t^2}\boldsymbol{P} - \frac{1}{\epsilon_0}\nabla(\nabla \cdot \boldsymbol{P})\end{aligned} \tag{2.27}$$

ここでの式変形には，式 (2.26) と式 (2.23) および $\epsilon_0\mu_0 = \frac{1}{c^2}$ を用いている．今，$\boldsymbol{P}$ は空間的に一様な関数であるとすると，

$$\nabla \cdot \boldsymbol{P} = \nabla \cdot \boldsymbol{E} = 0 \tag{2.28}$$

であるから，最終的に，式 (2.27) は下記のようになる．

$$\left(\nabla^2 - \frac{1}{c^2}\frac{\partial^2}{\partial t^2}\right)\boldsymbol{E} = \frac{1}{\epsilon_0 c^2}\frac{\partial^2}{\partial t^2}\boldsymbol{P} \tag{2.29}$$

左辺は $\boldsymbol{E}$ に関する波動方程式の形をしており，右辺は $\mu_0 \dfrac{\partial \boldsymbol{J_M}}{\partial t}$ のように変形できる．したがって，分極電流の1階微分が源となって，電場 $\boldsymbol{E}$ が生成されて伝搬していくことがわかる．以下では，周波数依存性を議論することが多いので，場や源を時間に関するフーリエ変換で表示しよう．

$$\boldsymbol{E}(t) = \frac{1}{2\pi}\int_{-\infty}^{\infty} \widetilde{\boldsymbol{E}}(\omega)e^{-i\omega t}d\omega \tag{2.30}$$

$$\boldsymbol{B}(t) = \frac{1}{2\pi}\int_{-\infty}^{\infty} \widetilde{\boldsymbol{B}}(\omega)e^{-i\omega t}d\omega \tag{2.31}$$

$$\boldsymbol{P}(t) = \frac{1}{2\pi}\int_{-\infty}^{\infty} \widetilde{\boldsymbol{P}}(\omega)e^{-i\omega t}d\omega \tag{2.32}$$

$\boldsymbol{E}(t)$，$\boldsymbol{B}(t)$，$\boldsymbol{P}(t)$ は観測量なので実関数である．したがって，フーリエ変換 $\widetilde{\boldsymbol{E}}(\omega)$，$\widetilde{\boldsymbol{B}}(\omega)$，$\widetilde{\boldsymbol{P}}(\omega)$ は複素数である．誘電体のマクスウェル方程式 (2.23)〜(2.26) にこれらのフーリエ変換を代入すると，

$$\nabla \cdot (\epsilon_0 \widetilde{\boldsymbol{E}} + \widetilde{\boldsymbol{P}}) = 0 \tag{2.33}$$

$$\nabla \cdot \widetilde{\boldsymbol{B}} = 0 \tag{2.34}$$

$$\nabla \times \widetilde{\boldsymbol{E}} = i\omega \widetilde{\boldsymbol{B}} \tag{2.35}$$

$$\nabla \times \widetilde{\boldsymbol{B}} = -i\mu_0 \omega (\epsilon_0 \widetilde{\boldsymbol{E}} + \widetilde{\boldsymbol{P}}) \tag{2.36}$$

が得られる．一様な誘電体の場合は式 (2.28) と同様に，

$$\nabla \cdot \widetilde{\boldsymbol{P}} = \nabla \cdot \widetilde{\boldsymbol{E}} = 0 \tag{2.37}$$

が得られる．この場合，式 (2.29) は，

$$\left(\nabla^2 + \frac{\omega^2}{c^2} \right) \widetilde{\boldsymbol{E}}(\omega) = -\frac{\omega^2}{\epsilon_0 c^2} \widetilde{\boldsymbol{P}}(\omega) \tag{2.38}$$

となる．

2.2.2 応答関数

本来，分極 $\boldsymbol{P}(t)$ は電場がかかった瞬間に即時応答的に生成されるものではなく，電場がかかってから時間をかけて“ジワジワ”生成されてくるものである．この応答が電場に対して線形であると仮定すると，分極 $\boldsymbol{P}(t)$ は以下のような“畳み込み積分”で表現される．本項では，分極は空間的に一様であるとする．

$$\boldsymbol{P}(t) = \epsilon_0 \int_{-\infty}^{\infty} \chi(t-t') \boldsymbol{E}(t') dt' \tag{2.39}$$

$$:= \epsilon_0 (\chi(t) \otimes \boldsymbol{E}(t)) \tag{2.40}$$

また，分極 $\boldsymbol{P}(t)$ の応答は過去の電場だけに依存し，未来の電場には依らない．したがって，線形係数である「応答関数」$\chi(t)$ は因果律式 (2.41) を満たすものとする．

$$\chi(t) = \begin{cases} 0, & t < 0 \\ \chi(t), & t \geq 0 \end{cases} \tag{2.41}$$

ここで，$\boldsymbol{P}$，$\boldsymbol{E}$ は実関数なので応答関数 $\chi(t)$ も実関数となる．電磁場と同様に，応答関数 $\chi(t)$ のフーリエ変換 $\tilde{\chi}(\omega)$ を考える．$\tilde{\chi}(\omega)$ は一般的に複素関数であり，複素電気感受率と呼ばれる．導出からわかるように，複素電気感受率は物質と電磁場との相互作用によって決定されるものである．

$$\chi(t) = \frac{1}{2\pi}\int_{-\infty}^{\infty}\tilde{\chi}(\omega)e^{-i\omega t}d\omega \tag{2.42}$$

分極 $\boldsymbol{P}(t)$ は応答関数 $\chi(t)$ と電場 $\boldsymbol{E}(t)$ の畳み込み積分で書けるので，フーリエ変換の間に以下の線形関係式が成り立つ．

$$\widetilde{\boldsymbol{P}}(\omega) = \epsilon_0\tilde{\chi}(\omega)\widetilde{\boldsymbol{E}}(\omega) \tag{2.43}$$

一様な誘電体中の電磁場は，前項での最後で導出した電場のフーリエ変換 $\widetilde{\boldsymbol{E}}(\omega)$ に関する微分方程式によって記述される．複素電気感受率を代入すると，

$$\boldsymbol{\nabla}^2\widetilde{\boldsymbol{E}}(\omega) + \frac{\omega^2}{c^2}(1+\tilde{\chi}(\omega))\widetilde{\boldsymbol{E}}(\omega) = 0 \tag{2.44}$$

が得られる．これはいわゆるヘルムホルツ方程式であり，境界値条件を定めると容易に解くことができる．複素比誘電率 $\tilde{\epsilon}_r(\omega)$，複素誘電関数（複素誘電率）$\tilde{\epsilon}(\omega)$，および複素屈折率 $\tilde{n}(\omega)$ を導入すると，物質中の電磁場を記述するのに便利である．これらは以下のように定義される．

$$\tilde{\epsilon}_r(\omega) := 1+\tilde{\chi}(\omega) \tag{2.45}$$

$$\tilde{\epsilon}(\omega) := \epsilon_0\tilde{\epsilon}_r(\omega) \tag{2.46}$$

$$\tilde{n}^2(\omega) := \tilde{\epsilon}_r(\omega) \tag{2.47}$$

複素誘電関数は複素電気感受率を逆フーリエ変換し，応答関数が負の時間で0になることを用いると，

$$\tilde{\epsilon}(\omega) = \epsilon_0\left(1+\int_0^{\infty}\chi(\tau)e^{i\omega\tau}d\tau\right) \tag{2.48}$$

となる．電束密度 $\boldsymbol{D}$ のフーリエ変換 $\widetilde{\boldsymbol{D}}(\omega)$ は，複素誘電関数を用いて，

$$\widetilde{\boldsymbol{D}}(\omega) = \tilde{\epsilon}(\omega)\widetilde{\boldsymbol{E}}(\omega) \tag{2.49}$$

と与えられる．複素屈折率 $\tilde{n}(\omega)$ を用いると，式 (2.44) は以下のように書ける．

$$\boldsymbol{\nabla}^2\widetilde{\boldsymbol{E}}(\boldsymbol{r},\omega) + \frac{\omega^2\tilde{n}^2(\omega)}{c^2}\widetilde{\boldsymbol{E}}(\boldsymbol{r},\omega) = 0 \tag{2.50}$$

$\tilde{n}(\omega)$ が実数の場合（$\tilde{n}(\omega) = n(\omega)$），電場 $\widetilde{\boldsymbol{E}}(\boldsymbol{r},\omega)$ が波数 $\boldsymbol{k}$ 方向に伝搬する平面波解

$$\widetilde{\boldsymbol{E}}(\boldsymbol{r},\omega) = \widetilde{\boldsymbol{E}}_0 e^{i\boldsymbol{k}\cdot\boldsymbol{r}} \tag{2.51}$$

を考えると，式 (2.50) から，物質中の電磁波の波数 $\boldsymbol{k}$ が満たすべき分散関係が得られる.

$$k^2 = |\boldsymbol{k}|^2 = \frac{\omega^2 n^2(\omega)}{c^2} \tag{2.52}$$

これから，物質中の電磁波の位相速度は $c_p = \dfrac{\omega}{|\boldsymbol{k}|} = \dfrac{c}{n(\omega)}$ で与えられる.

§2.3 複素誘電関数とクラマース・クローニッヒ関係式

2.3.1 複素電気感受率と Kramers–Kronig の関係式

前項で見たように分極の応答関数のフーリエ変換から導かれた電気感受率 $\tilde{\chi}(\omega)$ や誘電関数 $\tilde{\epsilon}(\omega)$ は複素関数である．本項では，これらの複素関数としての性質について調べてみよう．以下では，$\tilde{\chi}(\omega)$ や $\tilde{\epsilon}(\omega)$ の実部と虚部を明示的に下記のように書くことにする.

$$\tilde{\chi}(\omega) = \chi_1(\omega) + i\chi_2(\omega) \tag{2.53}$$

$$\tilde{\epsilon}(\omega) = \epsilon_1(\omega) + i\epsilon_2(\omega) \tag{2.54}$$

まず，複素電気感受率 $\tilde{\chi}(\omega)$ について考えよう．式 (2.48) において応答関数 $\chi(t)$ が実関数であることを考えると，

$$\tilde{\chi}(-\omega) = \tilde{\chi}^*(\omega), \quad \chi_1(-\omega) = \chi_1(\omega), \quad \chi_2(-\omega) = -\chi_2(\omega) \tag{2.55}$$

が成り立つ．すなわち，複素電気感受率の実部は偶関数，虚部は奇関数となっている．同様なことは，複素誘電関数 $\tilde{\epsilon}(\omega)$ についても成り立つ．応答関数の逆フーリエ変換

$$\tilde{\chi}(\omega) = \int_{-\infty}^{\infty} \chi(t) e^{i\omega t} dt \tag{2.56}$$

について，解析接続 $\tilde{\omega} = \omega_1 + i\omega_2$：（$\omega_1, \omega_2$ は実数）を行う：

$$\tilde{\chi}(\tilde{\omega}) = \int_{-\infty}^{\infty} \chi(t) e^{i\omega_1 t} e^{-\omega_2 t} dt \tag{2.57}$$

ここで，応答関数について，物理的な要請

- 有限な関数
- $\chi(t) = 0\ (t < 0)$
- $t \to \infty$ のとき，$|\chi(t)| \to 0$

を課す．$t \geq 0$ の場合，$\omega_2 > 0$ だとすると，$|e^{-\omega_2 t}| < 1$ が成り立つ．さらに $|e^{i\omega_1 t}| = 1$ を考慮すると，積分の中の引数は有限で，$t \to \infty$ で 0 になる．

したがって，$\tilde{\omega}$ の複素平面の上半面 ($\omega_2 > 0$) では，$\tilde{\chi}(\tilde{\omega})$ は解析的であり，かつ有限 ($|\tilde{\chi}| < \infty$) であることがわかる．

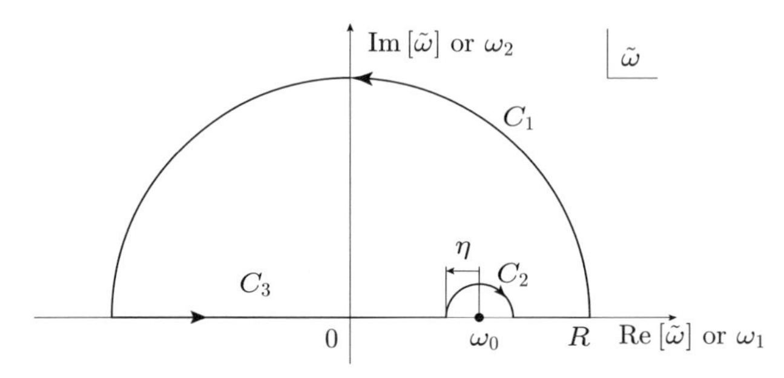

図 2.2　Kramers–Kronig の関係式導出のための複素積分の経路

図 2.2 のような複素平面内の経路上の積分と考える．C_2 は実軸上の点 $\omega = \omega_0$ を半径 η の半円でう回する経路である．上半面で $\tilde{\chi}(\omega)$ は解析的なので，

$$\oint_{C_1+C_2+C_3} \frac{\tilde{\chi}(\tilde{\omega})}{\tilde{\omega} - \omega_0} d\tilde{\omega} = 0 \tag{2.58}$$

が成り立つ．有限 ($|\tilde{\chi}| < \infty$) なので

$$\int_{C_1} \frac{\tilde{\chi}(\tilde{\omega})}{\tilde{\omega} - \omega_0} d\tilde{\omega} \to 0 \qquad (R \to \infty) \tag{2.59}$$

である．次に，C_2 の経路上で $\tilde{\omega} = \omega_0 + \eta e^{i\theta}$ と置き換えると，

$$\int_{C_2} \frac{\tilde{\chi}(\tilde{\omega})}{\tilde{\omega} - \omega_0} d\tilde{\omega} = i \int_{\pi}^{0} d\theta \tilde{\chi}(\omega_0 + \eta e^{i\theta}) \to -i\pi\tilde{\chi}(\omega_0) \qquad (\eta \to 0) \tag{2.60}$$

が得られる．最後に，$\eta \to 0$ の極限で C_3 の経路上の積分は主値積分

$$\int_{C_3} \frac{\tilde{\chi}(\tilde{\omega})}{\tilde{\omega} - \omega_0} d\tilde{\omega} \to \mathcal{P} \int_{-\infty}^{\infty} \frac{\tilde{\chi}(\tilde{\omega})}{\tilde{\omega} - \omega_0} d\tilde{\omega} \qquad (\eta \to 0) \tag{2.61}$$

に置き換えられる．以上より，関係式

$$\mathcal{P}\int_{-\infty}^{\infty}\frac{\tilde{\chi}(\tilde{\omega})}{\tilde{\omega}-\omega_0}d\tilde{\omega}-i\pi\tilde{\chi}(\omega_0)=0 \tag{2.62}$$

が得られる．これはDirac identity

$$\lim_{\eta\to 0}\frac{1}{x\pm i\eta}=\mathcal{P}\left\{\frac{1}{x}\right\}\mp i\pi\delta(x) \tag{2.63}$$

の導出と同じである．関係式 (2.62) について，$\omega_0\to\omega,\ \tilde{\omega}\to\omega'$ と置き換えれば,

Kramers–Kronigの関係式—応答関数

$$\tilde{\chi}(\omega)=\frac{1}{i\pi}\mathcal{P}\int_{-\infty}^{\infty}\frac{\tilde{\chi}(\omega')}{\omega'-\omega}d\omega' \tag{2.64}$$

が得られる．あるいは，実部と虚部に分けて $\tilde{\chi}(\omega)=\chi_1(\omega)+i\chi_2(\omega)$ とすれば,

Kramers–Kronigの関係式—応答関数

$$\chi_1(\omega)=\frac{1}{\pi}\mathcal{P}\int_{-\infty}^{\infty}\frac{\chi_2(\omega')}{\omega'-\omega}d\omega' \tag{2.65}$$

$$\chi_2(\omega)=-\frac{1}{\pi}\mathcal{P}\int_{-\infty}^{\infty}\frac{\chi_1(\omega')}{\omega'-\omega}d\omega' \tag{2.66}$$

が得られる．

2.3.2 複素誘電関数

誘電率が $\tilde{\epsilon}(\omega)=\epsilon_0(1+\tilde{\chi}(\omega))$ であることを考えると,

$$\tilde{\epsilon}(\omega)=\epsilon_1(\omega)+i\epsilon_2(\omega) \tag{2.67}$$

$$=(\epsilon_0+\epsilon_0\chi_1(\omega))+i\epsilon_0\chi_2(\omega) \tag{2.68}$$

すなわち,

$$\begin{cases}\epsilon_1(\omega)=\epsilon_0+\epsilon_0\chi_1(\omega)\\ \epsilon_2(\omega)=\epsilon_0\chi_2(\omega)\end{cases} \tag{2.69}$$

である．式 (2.65), (2.66) より

Kramers–Kronigの関係式—誘電関数

$$\epsilon_1(\omega) = \epsilon_0 + \frac{1}{\pi}\mathcal{P}\int_{-\infty}^{\infty} \frac{\epsilon_2(\omega')}{\omega' - \omega} d\omega' \tag{2.70}$$

$$\epsilon_2(\omega) = -\frac{1}{\pi}\mathcal{P}\int_{-\infty}^{\infty} \frac{\epsilon_1(\omega') - \epsilon_0}{\omega' - \omega} d\omega' \tag{2.71}$$

が得られる．以前，得られたように ϵ_1 は偶関数，ϵ_2 は奇関数なので，

$$\epsilon_1(\omega) - \epsilon_0 = \frac{1}{\pi}\mathcal{P}\int_{0}^{\infty} \frac{\epsilon_2(\omega')}{\omega' - \omega} d\omega' + \frac{1}{\pi}\mathcal{P}\int_{-\infty}^{0} \frac{\epsilon_2(\omega')}{\omega' - \omega} d\omega' \tag{2.72}$$

$$= \frac{2}{\pi}\mathcal{P}\int_{0}^{\infty} \frac{\omega'\epsilon_2(\omega')}{\omega'^2 - \omega^2} d\omega' \tag{2.73}$$

となる．ϵ_2 とまとめると，

Kramers–Kronigの関係式—誘電関数

$$\epsilon_1(\omega) = \epsilon_0 + \frac{2}{\pi}\mathcal{P}\int_{0}^{\infty} \frac{\omega'\epsilon_2(\omega')}{\omega'^2 - \omega^2} d\omega' \tag{2.74}$$

$$\epsilon_2(\omega) = -\frac{2}{\pi\omega}\mathcal{P}\int_{0}^{\infty} \frac{\omega'^2\left(\epsilon_1(\omega') - \epsilon_0\right)}{\omega'^2 - \omega^2} d\omega' \tag{2.75}$$

また，実軸上で得られた関係式 (2.55) は複素平面上の上半面へ以下のように自然に拡張される

$$\tilde{\epsilon}(-\tilde{\omega}^*) = \tilde{\epsilon}^*(\tilde{\omega}). \tag{2.76}$$

注意

- $\tilde{\epsilon}(\tilde{\omega})$ は上半面でのみ解析的であるため (2.55) の自然な拡張は $\tilde{\epsilon}(-\tilde{\omega}) = \tilde{\epsilon}^*(\tilde{\omega})$ ではない．
- 特に $\tilde{\omega}$ が純虚数のとき

$$\tilde{\epsilon}(i\omega_2) = \tilde{\epsilon}^*(i\omega_2) \tag{2.77}$$

つまり虚軸上で関数 $\tilde{\epsilon}(\omega)$ は実数である（$\tilde{\omega} = i\omega_2$ のとき $\mathrm{Im}\tilde{\epsilon} = 0$）．

- 実軸上は原点を除いて特異点がない（後で述べるように，金属の $\tilde{\epsilon}$ は原点に極を持つ）.

電束密度のフーリエ変換も，

$$\widetilde{\boldsymbol{D}}(\tilde{\omega}) = \tilde{\epsilon}(\tilde{\omega})\widetilde{\boldsymbol{E}}(\tilde{\omega}) \tag{2.78}$$

のように与えられる．式 (2.76) と式 (2.78) は，$\boldsymbol{D}(t)$ が実数であることを保証している．簡単のために，電場が単一の角振動数成分しか持たない場合を考えて，このことを証明しよう．電場は実関数であるから，複素平面に接続されたフーリエ変換とその複素共役成分によって，

$$\boldsymbol{E}(t) = \widetilde{\boldsymbol{E}}e^{-i\tilde{\omega}t} + \widetilde{\boldsymbol{E}}^* e^{i\tilde{\omega}^* t} \tag{2.79}$$

と与えられる．第 2 項は角振動数 $-\tilde{\omega}^*$ のフーリエ成分なので

$$\boldsymbol{D}(t) = \tilde{\epsilon}(\tilde{\omega})\widetilde{\boldsymbol{E}}e^{-i\tilde{\omega}t} + \tilde{\epsilon}(-\tilde{\omega}^*)\widetilde{\boldsymbol{E}}^* e^{i\tilde{\omega}^* t} \tag{2.80}$$

が得られる．右辺第 2 項目は，式 (2.76) より $\epsilon^*(\omega)\widetilde{\boldsymbol{E}}^* e^{i\omega^* t}$ となるので，第 1 項の複素共役となる．したがって，$\boldsymbol{D}(t)$ は実関数となる．

2.3.3 電気伝導率（金属の場合）

オームの法則

$$\tilde{\boldsymbol{j}}(\omega) = \tilde{\sigma}(\omega)\widetilde{\boldsymbol{E}}(\omega) \tag{2.81}$$

からわかる通り，$\tilde{\sigma}(\omega)$ は線形応答関数である．そのため，直ちに $\tilde{\sigma}(\omega) = \sigma_1 + i\sigma_2$ に対して，

Kramers–Kronig の関係式—電気伝導率

$$\sigma_1(\omega) = \frac{1}{\pi}\mathcal{P}\int_{-\infty}^{\infty} \frac{\sigma_2(\omega')}{\omega' - \omega}d\omega' \tag{2.82}$$

$$\sigma_2(\omega) = -\frac{1}{\pi}\mathcal{P}\int_{-\infty}^{\infty} \frac{\sigma_1(\omega')}{\omega' - \omega}d\omega' \tag{2.83}$$

が成り立つ．

マクスウェル方程式

$$\nabla \times \boldsymbol{B} = \boldsymbol{j} + \frac{\partial \boldsymbol{D}}{\partial t} \tag{2.84}$$

を時間に対してフーリエ変換すると，

$$\begin{aligned} \nabla \times \widetilde{\boldsymbol{B}} &= \tilde{\boldsymbol{j}} - i\omega\tilde{\epsilon}(\omega)\widetilde{\boldsymbol{E}} \\ &= (\widetilde{\sigma}(\omega) - i\omega\tilde{\epsilon}(\omega))\widetilde{\boldsymbol{E}} \\ &= -i\omega\tilde{\epsilon}'(\omega)\widetilde{\boldsymbol{E}} \end{aligned} \tag{2.85}$$

となる．すなわち，$\tilde{\sigma}$ の取り扱いは，誘電率の取り扱いに対して，原点に特異点があるように扱うことで処理できる：

$$\tilde{\epsilon}'(\omega) = \tilde{\epsilon}(\omega) + i\frac{\tilde{\sigma}}{\omega} \tag{2.86}$$

$\tilde{\epsilon}'$ についての Kramers–Kronig の関係式は，低周波では $\sigma_2 = 0, \sigma_1 = \sigma_{\mathrm{DC}}$ として，

$$\epsilon_1' = \epsilon_1 \tag{2.87}$$

$$\begin{aligned} \epsilon_2' = \epsilon_2 + \frac{\sigma_1}{\omega} &= -\frac{1}{\pi}\mathcal{P}\int_{-\infty}^{\infty} \frac{\epsilon_1(\omega') - \epsilon_0}{\omega' - \omega} d\omega' + \frac{1}{\omega\pi}\mathcal{P}\int_{-\infty}^{\infty} \frac{\sigma_2(\omega')}{\omega' - \omega} d\omega' \\ &= -\frac{1}{\pi}\mathcal{P}\int_{-\infty}^{\infty} \frac{\epsilon_1(\omega') - \epsilon_0 - \sigma_2(\omega')/\omega}{\omega' - \omega} d\omega' \\ &= -\frac{1}{\pi}\mathcal{P}\int_{-\infty}^{\infty} \frac{\epsilon_1'(\omega') - \epsilon_0}{\omega' - \omega} d\omega' \end{aligned} \tag{2.88}$$

となる．

2.3.4　総和則

関数 $f(\omega)$ を以下で定義する．

$$\chi_1(\omega) = -\frac{e^2}{\epsilon_0 m}\int_0^{\infty} d\omega' \frac{f(\omega')}{\omega^2 - \omega'^2} \tag{2.89}$$

$f(\omega)$ を振動子強度と呼ぶ．f と χ_2 の関係は

$$f(\omega) = \frac{2m\omega\epsilon_0}{\pi e^2}\chi_2(\omega) \tag{2.90}$$

で与えられる．クラマース・クローニッヒ関係式で ω が非常に大きい極限をとると

$$\chi_1(\omega) = -\frac{e^2}{m\omega^2\epsilon_0}\int_0^\infty d\omega' f(\omega') \tag{2.91}$$

を得る．一方で，十分振動数が大きい極限では別の見方ができる．物質中の電子は，物質中の他の原子や電子から力を受けて運動している． 入射する電磁波の振動数が十分に大きい極限では，一周期の間に電子が物質内から受ける力積 (= 力 × 時間) は極めて小さいため，あたかも自由な電子が電磁波を受けて応答するようにみなせる．その場合の運動方程式は

$$m\frac{d^2\boldsymbol{r}(t)}{dt^2} = -e\boldsymbol{E}_0 e^{-i\omega t} \tag{2.92}$$

である．この解は

$$\boldsymbol{r}(t) = \frac{e}{m\omega^2}\boldsymbol{E}_0 e^{-i\omega t} \tag{2.93}$$

となる．物質内の電子の数密度を N とすると，巨視的な電気双極子モーメント密度は

$$\boldsymbol{P}(\boldsymbol{r}(t)) = -Ne\boldsymbol{r}(t) = -\frac{Ne^2}{m\omega^2}\boldsymbol{E}_0 e^{-i\omega t} \tag{2.94}$$

と求められるので，複素電気感受率は

$$\tilde{\chi}(\omega) = \chi_1(\omega) = \frac{Ne^2}{m\omega^2\epsilon_0} \tag{2.95}$$

と表される．式 (2.91) と式 (2.95) は，同じ量を別の見方で求めたものなので両者を比較すると

$$\int_0^\infty d\omega f(\omega) = \frac{2m\epsilon_0}{\pi e^2}\int_0^\infty d\omega'\omega'\chi_1(\omega') = N \tag{2.96}$$

を得る．すなわち，振動子強度の和が電子密度に等しい．これを振動子強度の総和則という．

§2.4 ローレンツ振動子モデルとデバイモデル

2.4.1 ローレンツ振動子モデル

半導体や絶縁体などの物質の電磁波に対する応答を考えよう．そこでは原子や分子が独立に単位体積あたりある密度 N で分布し，一つひとつは Z 個の束

縛電子をもっていると考えられる．これらの束縛電子一つひとつが独立に外部電場に応答するとしよう．いま一つの原子や分子の中の Z 個の電子をいくつかの振動子の集まりでモデル化し，外場のもとでの運動を以下の方程式で表すことにする．i 番目の振動子の運動は

$$m\left(\frac{d^2\boldsymbol{r}_i(t)}{dt^2}+\gamma_i\frac{d\boldsymbol{r}_i(t)}{dt}+\omega_i^2\boldsymbol{r}_i(t)\right)=-\sqrt{f_i}e\boldsymbol{E}(t) \tag{2.97}$$

で表される．ここで $\boldsymbol{r}_i(t)$ は振動子の変位，m は振動子の質量，$-\sqrt{f_i}e$ は有効電荷，ω_i は固有振動数，γ_i は減衰定数である．このモデルをローレンツ振動子モデルと呼ぶ．

フーリエ変換を用いて

$$\boldsymbol{r}_i(t) = \int\frac{d\omega}{2\pi}\tilde{\boldsymbol{r}}_i(\omega)e^{-i\omega t} \tag{2.98}$$

$$\boldsymbol{E}(t) = \int\frac{d\omega}{2\pi}\widetilde{\boldsymbol{E}}(\omega)e^{-i\omega t} \tag{2.99}$$

と表すと，角振動数 ω で $e^{-i\omega t}$ のように振動する強制振動の解のフーリエ成分は

$$\tilde{\boldsymbol{r}}_i(\omega)=-\frac{\sqrt{f_i}e}{m}\frac{1}{\omega_i^2-\omega^2-i\omega\gamma_i}\widetilde{\boldsymbol{E}}(\omega) \tag{2.100}$$

で与えられる．電気双極子モーメント密度を

$$\boldsymbol{P}(t) = \int\frac{d\omega}{2\pi}\widetilde{\boldsymbol{P}}(\omega)e^{-i\omega t} \tag{2.101}$$

とフーリエ変換しよう．原子，または分子の数密度を N とし，

$$\widetilde{\boldsymbol{P}}(\omega)=-N\sum_i\sqrt{f_i}e\boldsymbol{r}_i(\omega)=\epsilon_0\tilde{\chi}(\omega)\widetilde{\boldsymbol{E}}(\omega) \tag{2.102}$$

を得る．したがって，複素電気感受率は

$$\tilde{\chi}(\omega)=\frac{Ne^2}{\epsilon_0 m}\sum_i\frac{f_i}{\omega_i^2-\omega^2-i\omega\gamma_i} \tag{2.103}$$

となる．誘電率は $\tilde{\epsilon}(\omega)=\epsilon_0(1+\tilde{\chi}(\omega))$ で定義されるのでローレンツ振動子モデルにおける誘電率は以下で与えられる．

ローレンツ振動子モデルにおける誘電率

$$\tilde{\epsilon}(\omega) = \epsilon_0 \left[1 + \frac{Ne^2}{\epsilon_0 m} \sum_i \frac{f_i}{\omega_i^2 - \omega^2 - i\omega\gamma_i} \right] \tag{2.104}$$

原子，または分子中の電子の数が Z であるから

$$\sum_i f_i = Z \tag{2.105}$$

が成り立つ．$N \sum_i f_i = NZ$ は電子密度を表すので，式 (2.96) の総和則と同じ結果となる．

一つの振動モードに着目しよう．その振動数を ω_i，振動強度を f_i とおいて電気感受率を求めると

$$\chi_1(\omega) = \frac{Ne^2 f_i}{\epsilon_0 m} \frac{\omega_i^2 - \omega^2}{(\omega_i^2 - \omega^2)^2 + \omega^2\gamma_i^2} = \frac{\chi_1(0)\omega_i^2(\omega_i^2 - \omega^2)}{(\omega_i^2 - \omega^2)^2 + \omega^2\gamma_i^2} \tag{2.106}$$

$$\chi_2(\omega) = \frac{Ne^2 f_i}{\epsilon_0 m} \frac{\omega\gamma_i}{(\omega_i^2 - \omega^2)^2 + \omega^2\gamma_i^2} = \frac{\chi_1(0)\omega_i^2\omega\gamma_i}{(\omega_i^2 - \omega^2)^2 + \omega^2\gamma_i^2} \tag{2.107}$$

となる．ここで $\chi_1(0) = \dfrac{Ne^2 f_i}{\epsilon_0 m\omega_i^2}$ とおいた．図 2.3 に $\chi_1(\omega), \chi_2(\omega)$ の ω 依存性を示す．これより感受率の実部 χ_1 は $\omega^2 < \omega_i^2$ では正，$\omega^2 > \omega_i^2$ では負となる．虚部 χ_2 は $\omega^2 = \omega_i^2$ でピークをもつことがわかる．

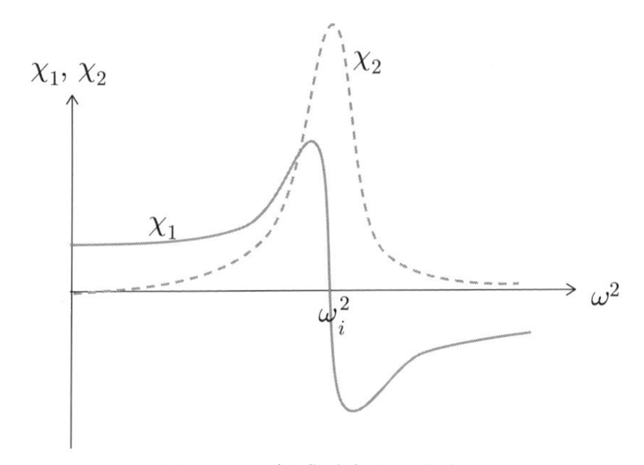

図 2.3　電気感受率の ω 依存性

2.4.2　デバイモデル

水分子など固有の電気双極子をもち，自由にその向きが変化できるとき単位体積当たりの電気双極子を $\boldsymbol{p}$ とする．電場がかかっていないときは，1つひとつの分子の電気双極子モーメントの向きは，周囲との相互作用による熱的なゆらぎにより時間とともにバラバラになり，十分時間が経つとゼロになる．このことから，巨視的な分極の時間発展は

$$\frac{d\boldsymbol{p}}{dt} = -\frac{1}{\tau}\boldsymbol{p} \tag{2.108}$$

と記述されると期待される．ここで τ は緩和時間である．電場がかかったときは時間発展方程式はどう変更されるだろうか．十分時間が経ったのちには分子の固有電気双極子モーメントの大きさを p_0，電場を $\boldsymbol{E}$, 分子の数密度を N として，巨視的分極は $\boldsymbol{P} = \epsilon_0\chi_0\boldsymbol{E}$ となる．ここで $\chi_0 = \dfrac{Np_0^2}{3\epsilon_0 kT}$ とおいた．したがって電場のもとでの巨視的分極の時間発展方程式は

$$\tau\frac{d\boldsymbol{P}}{dt} = -\boldsymbol{P} + \epsilon_0\chi_0\boldsymbol{E} \tag{2.109}$$

となる．

電場と分極をフーリエ変換を用いて

$$\boldsymbol{E}(t) = \int\frac{d\omega}{2\pi}\widetilde{\boldsymbol{E}}(\omega)e^{-i\omega t} \tag{2.110}$$

$$\boldsymbol{P}(t) = \int\frac{d\omega}{2\pi}\widetilde{\boldsymbol{P}}(\omega)e^{-i\omega t} \tag{2.111}$$

と表すと

$$\widetilde{\boldsymbol{P}}(\omega) = \epsilon_0\chi_0\frac{1}{1-i\omega\tau}\widetilde{\boldsymbol{E}}(\omega) \tag{2.112}$$

を得る．応答関数，および誘電率は

$$\tilde{\chi}(\omega) = \frac{\chi_0}{1-i\omega\tau} \tag{2.113}$$

$$\tilde{\epsilon}(\omega) = \epsilon_0\left(1+\frac{\chi_0}{1-i\omega\tau}\right) \tag{2.114}$$

と求められる．

§2.5　数学に関する補足

複素関数

複素数の変数に対して，複素数値をとる関数のことを複素関数と呼ぶ．複素変数を z とおき，その実部を x，虚部を y とする．すなわち

$$z = x + iy \tag{2.115}$$

である．複素関数を $f(z)$ と表すとき，z に対応する関数の値も複素数なので，その実部を u，虚部を v とするとき，u, v は 2 つの実数 (x, y) で決まり

$$f(z) = u(x, y) + iv(x, y) \tag{2.116}$$

が成り立つ．すなわち，複素関数は単に 2 つの実数を変数とする実関数の組み合わせと見ることもできる．

またzの複素共役 $\bar{z}$ を

$$\bar{z} = x - iy \tag{2.117}$$

と記すことにする．

2 次元平面上の点は 2 つの実数を用いて (x, y) と表されるが，これは複素数 z と一対一対応があるので 2 次元平面のことを複素平面と呼ぶこともできる．2 次元の極座標表示を用いて

$$x = r\cos\theta, \quad y = r\sin\theta \tag{2.118}$$

と表すと，複素座標 $z, \bar{z}$ は次のように表される．

$$z = re^{i\theta}, \quad \bar{z} = re^{-i\theta} \tag{2.119}$$

複素微分

複素関数に対して

$$\lim_{\Delta z \to 0} \frac{f(z + \Delta z) - f(z)}{\Delta z} \tag{2.120}$$

が存在するとき微分可能であるという．また，そのときの値を $f(z)$ の複素微分 $f'(z)$ と定義する．例として次の2つの複素微分を求めてみよう．

例1　$f(z) = z^2$ のとき

複素関数 $f(z)$ の複素微分は

$$f'(z) = \lim_{\Delta z \to 0} \frac{(z + \Delta z)^2 - z^2}{\Delta z} = \lim_{\Delta z \to 0} (2z + \Delta z) = 2z \tag{2.121}$$

となる．このとき，$\Delta z \to 0$ の極限は z が複素平面上でどの角度からゼロに近づくかの近づき方によらず，一意的に答えは決まる．したがって，$f(z)$ は微分可能である．

例2　$f(z) = |z|^2 = z\bar{z}$ のとき

複素関数 $f(z)$ の複素微分は

$$f'(z) = \lim_{\Delta z \to 0} \frac{(z + \Delta z)(\bar{z} + \Delta \bar{z}) - z\bar{z}}{\Delta z} = z \lim_{\Delta z \to 0} \left(\frac{\Delta \bar{z}}{\Delta z} \right) + \bar{z} \tag{2.122}$$

となる．このとき，第一項の極限は Δz のゼロへの近づき方で結果が変わるため，一意的に答えが決まらない．したがって，$f(z)$ は微分可能でない．

$f(z)$ がどのような関数のとき微分可能であるかの条件をもう少し詳しく見ていこう．そこで複素微分 $f'(z)$ を実関数 $u(x,y), v(x,y)$ の x, y による偏微分で表してみる．そのため，まず $f(z + \Delta z) - f(z)$ を微小量 $\Delta x, \Delta y$ についてテイラー展開の1次まで求めてみよう．

$$\begin{aligned}
& f(z + \Delta z) - f(z) \\
= \ & u(x + \Delta x, y + \Delta y) + iv(x + \Delta x, y + \Delta y) - u(x,y) - iv(x,y) \\
= \ & \frac{\partial u}{\partial x}\Delta x + \frac{\partial u}{\partial y}\Delta y + i\frac{\partial v}{\partial x}\Delta x + i\frac{\partial v}{\partial y}\Delta y + \cdots
\end{aligned} \tag{2.123}$$

上の式で“ $+\cdots$ ”は $\Delta x, \Delta y$ についての高次の項である．ここで，$\Delta x = \dfrac{\Delta z + \Delta \bar{z}}{2}$, $\Delta y = \dfrac{i(-\Delta z + \Delta \bar{z})}{2}$ を用いると

$$\begin{aligned}
& f(z + \Delta z) - f(z) \\
= & \left(\frac{\partial u}{\partial x} - i\frac{\partial u}{\partial y} + i\frac{\partial v}{\partial x} + \frac{\partial v}{\partial y} \right) \frac{\Delta z}{2} + \left(\frac{\partial u}{\partial x} + i\frac{\partial u}{\partial y} + i\frac{\partial v}{\partial x} - \frac{\partial v}{\partial y} \right) \frac{\Delta \bar{z}}{2} + \cdots \\
= & \left[\left(\frac{\partial u}{\partial x} + \frac{\partial v}{\partial y} \right) + i\left(-\frac{\partial u}{\partial y} + \frac{\partial v}{\partial x} \right) \right] \frac{\Delta z}{2}
\end{aligned}$$

$$+\left[\left(\frac{\partial u}{\partial x}-\frac{\partial v}{\partial y}\right)+i\left(\frac{\partial u}{\partial y}+\frac{\partial v}{\partial x}\right)\right]\frac{\Delta\bar{z}}{2}+\cdots \tag{2.124}$$

となる．$f(z)$ が微分可能であるためには極限が一意的に存在する，すなわち $\Delta\bar{z}$ に比例する項がゼロである必要がある．これより微分可能性の必要条件として

$$\frac{\partial u}{\partial x}=\frac{\partial v}{\partial y},\quad \frac{\partial u}{\partial y}=-\frac{\partial v}{\partial x} \tag{2.125}$$

を得る．これをコーシー・リーマンの方程式と呼ぶ．コーシー・リーマンの方程式は微分可能性の必要条件であるだけでなく十分条件でもある．複素関数が，ある領域内 D の全ての点で微分可能であるとき，$f(z)$ は D 内で正則であるという．したがって，次の定理が成り立つ．

コーシー・リーマンの定理

複素関数 $f(z)$ の実部を $u(x,y)$，虚部を $v(x,y)$ とおく．複素平面内のある領域 D で，u,v の偏微分が存在し

$$\frac{\partial u}{\partial x}=\frac{\partial v}{\partial y},\quad \frac{\partial u}{\partial y}=-\frac{\partial v}{\partial x} \tag{2.126}$$

を満たすならば，関数 $f(z)$ は領域 D 内で正則である．

$u(x,y),v(x,y)$ の 2 階偏微分が可能であるとき，コーシー・リーマンの微分方程式を組み合わせることによって u,v は以下のラプラス方程式をそれぞれ満たすことは容易に示せる．

$$\frac{\partial^2 u}{\partial x^2}+\frac{\partial^2 u}{\partial y^2}=0,\quad \frac{\partial^2 v}{\partial x^2}+\frac{\partial^2 v}{\partial y^2}=0 \tag{2.127}$$

複素積分

複素平面上の経路 C を考える．この経路に沿っての複素積分を

$$\int_C dz f(z) \tag{2.128}$$

と書き表す．具体的に定義するにはパラメータ表示が有用である．経路 C 上の点をパラメータ t を使って $z(t)$ と表示する．すると先ほどの複素積分は

$$\int_C dzf(z) = \int dt \frac{dz(t)}{dt} f(z(t)) \tag{2.129}$$

と表される．この積分の値は，パラメータ t の選び方によらないことは実関数の線積分と同様に明らかである．

$f(z) = u(x,y) + iv(x,y)$, $z = x + iy$ の関係を用いて実関数の積分に書き換えると

$$\begin{aligned}\int_C dzf(z) &= \int dt \left(\frac{dx(t)}{dt} u(x(t), y(t)) - \frac{dy(t)}{dt} v(x(t), y(t)) \right) \\ &\quad + i \int dt \left(\frac{dx(t)}{dt} v(x(t), y(t)) + \frac{dy(t)}{dt} u(x(t), y(t)) \right) \\ &= \int_C (udx - vdy) + i \int_C (vdx + udy) \end{aligned} \tag{2.130}$$

を得る．最後の表式は xy 平面上の線積分をパラメータを出さない形で表したものである．

グリーンの定理

以下の積分公式が成り立つ．

グリーンの定理

単純閉曲線 C 上の実関数 $P(x,y), Q(x,y)$ に対し，

$$\oint_C (Pdx + Qdy) = \int_D dxdy \left(-\frac{\partial P}{\partial y} + \frac{\partial Q}{\partial x} \right) \tag{2.131}$$

が成り立つ．ここで D は C を境界に持つ領域である．

また，$\oint_C$ は $\int_C$ と同じであるが，丸の記号をつけることによって線積分の経路が一般の経路ではなく特に閉曲線であることを分かりやすく示すものである．この定理は (P,Q) を2次元空間上のベクトル場と思えば，本質的にストークスの定理と同じであるので，ここでは証明を省略する．

コーシーの積分定理

複素積分の定義とグリーンの定理より，次の定理が導かれる．

コーシーの積分定理

複素関数 $f(z)$ が領域 D で正則であるとする．D 内の単純閉曲線 C に対して，

$$\oint_C dz f(z) = 0 \tag{2.132}$$

式 (2.130) とグリーンの定理を組み合わせると

$$\begin{aligned}\oint_C dz f(z) &= \oint_C (udx - vdy) + i\oint_C (vdx + udy)\\ &= \int_S dxdy\left(-\frac{\partial u}{\partial y} - \frac{\partial v}{\partial x}\right) + i\int_S dxdy\left(-\frac{\partial v}{\partial y} + \frac{\partial u}{\partial x}\right)\end{aligned} \tag{2.133}$$

ここで，S は C を境界に持つ D 内の領域である．最後の 2 次元積分の非積分関数は，正則関数の満たすコーシー・リーマンの微分方程式よりゼロである．よって，コーシーの積分定理が示せた．

コーシーの積分公式

コーシーの積分定理を応用して次の公式を導くことができる．

コーシーの積分公式

領域 D で正則な関数 $f(z)$ に対し領域 D 内の閉曲線 C を考える．C で囲まれた領域の内部の任意の点 z_0 に対して

$$f(z_0) = \oint_C \frac{dz}{2\pi i}\frac{f(z)}{z - z_0} \tag{2.134}$$

が成り立つ．

コーシーの積分定理を用いると図 2.4 のような特異点 z_0 を避ける経路 $(-C) + C_1 + C_0 + (-C_1)$ 上の積分は経路で囲まれた内部の領域では被積分関数が正則であるため

$$f(z_0) = -\oint_{(-C)+C_1+C_0+(-C_1)} \frac{dz}{2\pi i}\frac{f(z)}{z - z_0} = 0 \tag{2.135}$$

となる．これを最初の積分に加えると

$$\oint_C \frac{dz}{2\pi i}\frac{f(z)}{z-z_0} = \oint_{C_0} \frac{dz}{2\pi i}\frac{f(z)}{z-z_0} \tag{2.136}$$

が示せる．すなわち，特異点に触れない限りある閉曲線 C に沿った複素積分の経路 C をどのように連続的に変形しても積分の値は変わらない．そこで，C_0 を特異点のまわりの極めて小さな半径 ϵ をもつ円周に選ぼう．

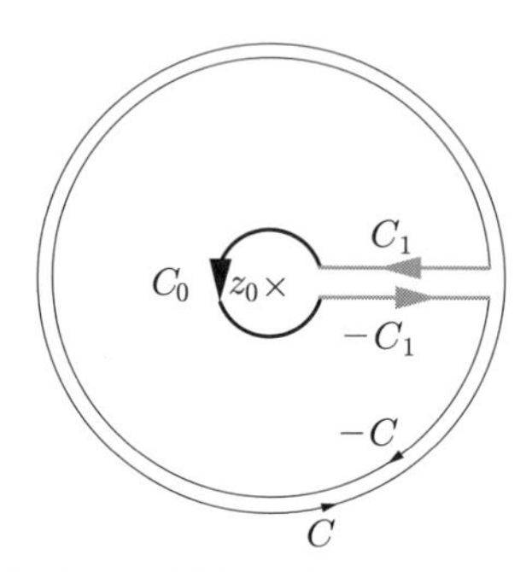

図 2.4　経路 C と特異点 z_0 を避ける経路 $(-C)+C_1+C_0+(-C_1)$.

$f(z)$ を z のまわりでテイラー展開すると

$$f(z) = f(z_0) + \sum_{n=1}^{\infty} \frac{1}{n!} f^{(n)}(z_0)(z-z_0)^n \tag{2.137}$$

となる．ここで $f^{(n)}(z_0)$ は f の n 回微分の z_0 での値である．さて，経路 C_0 上の点を点 z_0 まわりの極座標表示を用いて角度 θ をパラメータで

$$z = z_0 + \epsilon e^{i\theta} \tag{2.138}$$

と表す．これを用いて式 (2.136) をパラメータ表示すると

$$\oint_{C_0} \frac{d\theta}{2\pi i}\frac{dz}{d\theta}\frac{f(z)}{z-z_0} = \int_0^{2\pi} \frac{d\theta}{2\pi i} i\epsilon e^{i\theta} \frac{f(z_0)+\sum_{n=1}^{\infty}\frac{1}{n!}f^{(n)}(z_0)(\epsilon e^{i\theta})^n}{\epsilon e^{i\theta}}$$
$$= \int_0^{2\pi} \frac{d\theta}{2\pi}\left(f(z_0) + \sum_{n=1}^{\infty}\frac{1}{n!}f^{(n)}(z_0)(\epsilon e^{i\theta})^n\right) = f(z_0) \tag{2.139}$$

となる．この積分のうち最初の項を除くと角度積分でゼロとなり第一項だけの寄与が残った．

よって，コーシーの積分公式が導かれた．

§2 の章末問題

問題 1　式 (2.43) を証明せよ．

問題 2　次の応答関数 $\chi(t)$ に対して，複素電気感受率 $\tilde{\chi}(\omega)$ を求めよ．ただし，$\delta(t)$ はデルタ関数，$\theta(t)$ は以下で定義される階段関数である．

$$\theta(t) = \begin{cases} 0 & t < 0 \\ 0.5 & t = 0 \\ 1 & t > 0 \end{cases} \tag{2.140}$$

(1)　$\chi(t) = \tilde{\chi}_0 \delta(t)$

(2)　$\chi(t) = \tilde{\chi}_0 \theta(t)$

(3)　$\chi(t) = \tilde{\chi}_0 \theta(t) \exp(-t/\tau) \sin(\omega_0 t)$

(4)　$\chi(t) = \tilde{\chi}_0 \theta(t) \exp(-t/\tau)$

ヒント：式 (2.42) の逆変換を用いる．

問題 3　（ローレンツ振動子とポラリトン）単一のローレンツ振動子モデルで記述される一様な誘電体を考える．

$$\tilde{\epsilon}(\omega) = \epsilon_0 \epsilon_r(\omega) = \epsilon_0 \left[1 + \frac{f\omega_p^2}{\omega_0^2 - \omega^2 - i\omega\gamma}\right] \tag{2.141}$$

ω_p はプラズマ振動数である．振動子強度 f は $|f| \ll 1$ とする．簡単のためにまず $\gamma = 0$ としよう．

(1) ヘルムホルツ方程式 (2.44) にこのローレンツ振動子による感受率を代入して，$\boldsymbol{E}(\omega)$ に対する微分方程式を導け．

(2) 平面波を考えた時に，波数 $k = |\boldsymbol{k}|$ と ω の間の関係式（分散関係）を導け．この分散関係を満たす波は電磁波と分極波の連成振動であり，ポラリトンと呼ばれる．

(3) 分散関係から $\omega = 0, \omega_L$ の時 $k = 0$ となることがわかる．ω_L を求めよ．分散関係から $\omega_0 < \omega < \omega_L$ の領域では k は純虚数となることを示せ．

(4) 分散関係をグラフに描け．この時, $0 < \omega < \omega_0$ の分散を下枝ポラリトン, $\omega > \omega_L$ の分散を上枝ポラリトンと呼ぶ．位相速度は光速を超えることがあるか，考察せよ．

(5) $\gamma \neq 0$ とし，ポラリトンの波束を考える．次章で学ぶ群速度 $v_g = \partial\omega/\partial k$ は屈折率 $n = \mathrm{Re}(\tilde{n})$ を用いて，

$$v_g = \frac{c}{n + \omega \frac{dn}{d\omega}}$$

と書けることを示し，ポラリトンの場合の群速度について概略を描け．

(6) 前問において，群速度は光速を超えることはあるか，考察せよ．

ヒント：屈折率に虚部があると，周波数依存するロスが現れ，波束の形が崩れてしまう．この場合でも群速度は定義により計算できるが，本来の意味を失ってしまうことに注意せよ．

問題4　（Cole–Cole プロット）デバイモデルで記述される物質の誘電率が式 (2.114) のように求まったとする．$\omega \to 0$，$\omega \to \infty$ の極限の誘電率を ϵ_s，ϵ_∞ とおく．

(1) 誘電率の実部，虚部を $\epsilon_1(\omega)$，$\epsilon_2(\omega)$ と置いたとき，$\epsilon_2(\omega)$ の最大値は $\omega = 1/\tau$ の時に得られることを示せ．

(2) $\epsilon_1(\omega)$ と $\epsilon_2(\omega)$ は，

$$\left(\epsilon_1(\omega) - \frac{\epsilon_s + \epsilon_\infty}{2}\right)^2 + (\epsilon_2(\omega))^2 = \left(\frac{\epsilon_s - \epsilon_\infty}{2}\right)^2 \tag{2.142}$$

を満たすことを示せ．

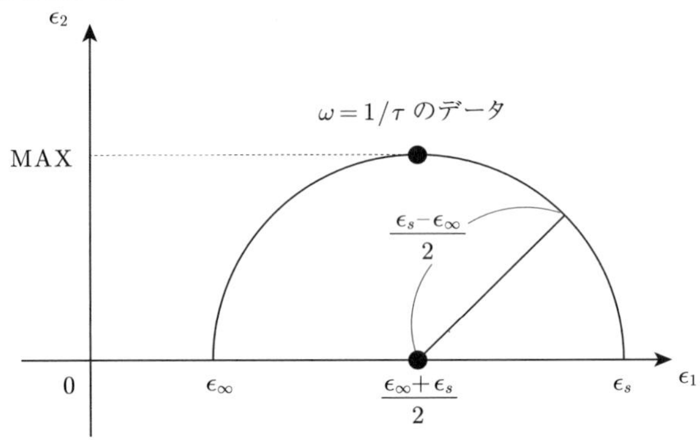

この結果は図のように実部と虚部の角振動数に対するパラメトリックプロットが半円となることを表している．このプロットを，Cole–Cole プロットと呼ぶ．これから，誘電率がすべての周波数に対して得られていない場合でも，Cole–Cole プロットに対するフィッティングにより，デバイ緩和の大きさ $\chi_0 \left(= \frac{\epsilon_s}{\epsilon_0} - 1\right)$ や緩和時間 τ がわかることを意味している．

第3章　真空中および物質中での電磁波の伝搬，偏光

この章では，物質中での電磁波の様子について考察する．スカラーポテンシャルとベクトルポテンシャルを用いて，マクスウェル方程式から波動方程式を導く．その際，後の議論に役立つローレンツゲージ[1]とクーロンゲージという**2**つのゲージ条件を導入する．真空中の電磁波の解として平面波，球面波，ビーム解を紹介する．特に平面波に対して偏光状態の記述法とビーム解に対して光の角運動量などについても解説する．

§3.1　真空中のマクスウェル方程式とポテンシャル

真空中のマクスウェル方程式は以下で与えられた．

$$\epsilon_0 \boldsymbol{\nabla} \cdot \boldsymbol{E} = \rho_f, \tag{3.1}$$

$$\boldsymbol{\nabla} \cdot \boldsymbol{B} = 0 \tag{3.2}$$

$$\boldsymbol{\nabla} \times \boldsymbol{E} = -\frac{\partial \boldsymbol{B}}{\partial t}, \tag{3.3}$$

$$\boldsymbol{\nabla} \times \boldsymbol{B} = \mu_0 \boldsymbol{J}_f + \epsilon_0 \mu_0 \frac{\partial \boldsymbol{E}}{\partial t} \tag{3.4}$$

ここで，スカラーポテンシャルϕとベクトルポテンシャル$\boldsymbol{A}$を導入すると，電場と磁束密度は

$$\boldsymbol{E} = -\boldsymbol{\nabla}\phi - \frac{\partial \boldsymbol{A}}{\partial t} \tag{3.5}$$

$$\boldsymbol{B} = \boldsymbol{\nabla} \times \boldsymbol{A} \tag{3.6}$$

となり，式(3.2), (3.3)は自動的に満たされる．そこで式(3.5), (3.6)を式(3.1), (3.4)に代入すると

$$\epsilon_0 \left(-\Delta\phi - \frac{\partial}{\partial t} \boldsymbol{\nabla} \cdot \boldsymbol{A} \right) = \rho_f \tag{3.7}$$

---

[1]「ローレンツゲージ」は「ロレンツゲージ」とも書く．このローレンツは，「ローレンツ変換」のローレンツとは別人の名前である．混乱を避けるために，最近は「ロレンツゲージ」と書くことが多い．

$$\left(\frac{1}{c^2}\frac{\partial^2}{\partial t^2}-\Delta\right)\boldsymbol{A}+\boldsymbol{\nabla}\left(\boldsymbol{\nabla}\cdot\boldsymbol{A}\right)+\frac{1}{c^2}\frac{\partial}{\partial t}\boldsymbol{\nabla}\phi=\mu_0\boldsymbol{J}_f \tag{3.8}$$

を得る．ここで $\Delta=\sum_{i=1}^{3}\frac{\partial^2}{\partial r^{i2}}$ である．また，$\epsilon_0\mu_0=\frac{1}{c^2}$ を用いた．

スカラーポテンシャルとベクトルポテンシャルに対し以下の変換を施しても電場と磁場は不変である．

$$\phi\to\phi'=\phi-\frac{\partial\xi}{\partial t} \tag{3.9}$$

$$\boldsymbol{A}\to\boldsymbol{A}'=\boldsymbol{A}+\boldsymbol{\nabla}\xi \tag{3.10}$$

ここで ξ は任意のスカラー関数である．この変換をゲージ変換と呼ぶ．ゲージ変換の自由度を用いてスカラーポテンシャルとベクトルポテンシャルがある条件（ゲージ条件と呼ぶ）を満たすように選ぶことによって上記のマクスウェル方程式を簡単な形に帰着することができる．次の節でそれを見ていこう．

§3.2　ローレンツゲージとクーロンゲージ

3.2.1　ローレンツゲージ

最初にローレンツゲージと呼ばれるゲージ条件について述べる．式(3.7), (3.8) は簡単な式変形により

$$\left(\frac{1}{c^2}\frac{\partial^2}{\partial t^2}-\Delta\right)\phi-\frac{\partial}{\partial t}\left(\frac{1}{c^2}\frac{\partial\phi}{\partial t}+\boldsymbol{\nabla}\cdot\boldsymbol{A}\right)=\frac{1}{\epsilon_0}\rho_f \tag{3.11}$$

$$\left(\frac{1}{c^2}\frac{\partial^2}{\partial t^2}-\Delta\right)\boldsymbol{A}+\boldsymbol{\nabla}\left(\frac{1}{c^2}\frac{\partial\phi}{\partial t}+\boldsymbol{\nabla}\cdot\boldsymbol{A}\right)=\mu_0\boldsymbol{J}_f \tag{3.12}$$

と書き換えられる．そこで式(3.11), (3.12) に共通に現れる量をゼロとおく，すなわち

$$\frac{1}{c^2}\frac{\partial\phi}{\partial t}+\boldsymbol{\nabla}\cdot\boldsymbol{A}=0 \tag{3.13}$$

という条件を課せば方程式が単純化されることが見て取れる．このゲージ条件をローレンツゲージと呼ぶ．ローレンツゲージでのマクスウェル方程式は

$$\left(\frac{1}{c^2}\frac{\partial^2}{\partial t^2}-\Delta\right)\phi=\frac{1}{\epsilon_0}\rho_f \tag{3.14}$$

$$\left(\frac{1}{c^2}\frac{\partial^2}{\partial t^2} - \Delta\right)\boldsymbol{A} = \mu_0 \boldsymbol{J}_f \tag{3.15}$$

となり，スカラーポテンシャルとベクトルポテンシャルがそれぞれ電荷密度と電流密度で決まる独立な微分方程式が得られる．ローレンツゲージは電荷密度および電流密度による電磁場の放射を記述する上で便利である．

最後にゲージ変換の自由度を用いて任意のスカラーポテンシャルおよびベクトルポテンシャルが必ずローレンツゲージを満たすようにできるかについて考察しよう．いま，与えられた $\phi, \boldsymbol{A}$ が任意のポテンシャルで必ずしもローレンツゲージを満たさないとしよう．これに対してゲージ変換 (3.9), (3.10) を施したのちの $\phi', \boldsymbol{A}'$ がローレンツゲージを満たしたとする．そのためには ξ が微分方程式

$$\left(\frac{1}{c^2}\frac{\partial^2}{\partial t^2} - \Delta\right)\xi = \frac{1}{c^2}\frac{\partial \phi}{\partial t} + \boldsymbol{\nabla}\cdot\boldsymbol{A} \tag{3.16}$$

を満たす必要がある．任意の $\phi, \boldsymbol{A}$ に対して，この方程式の解は常に求めることができる．実際，式 (3.14) と (3.15), (3.16) は右辺で与えられた関数を源とする波動方程式であるため，本質的には同じ形の偏微分方程式であることが見て取れる．後で電磁場の放射を議論する際に，与えられた電流密度や電荷密度に対してスカラーポテンシャルやベクトルポテンシャルの解を具体的に求めるので読者は第 5 章を参照してもらいたい．ここではその結果は示さず, 解が具体的に構成できるということだけを述べるにとどめよう．

3.2.2 クーロンゲージ

次にクーロンゲージについて述べる．ゲージ条件

$$\boldsymbol{\nabla}\cdot\boldsymbol{A} = 0 \tag{3.17}$$

をクーロンゲージと呼ぶ．このゲージのもとで式 (3.7), (3.8) は

$$\Delta\phi = -\frac{\rho_f}{\epsilon_0} \tag{3.18}$$

$$\left(\frac{1}{c^2}\frac{\partial^2}{\partial t^2} - \Delta\right)\boldsymbol{A} = -\frac{1}{c^2}\frac{\partial}{\partial t}\boldsymbol{\nabla}\phi + \mu_0 \boldsymbol{J}_f \tag{3.19}$$

となる．式 (3.18) は，静電ポテンシャルを求めるときと同じポアソン方程式なので，その解は

$$\phi(\boldsymbol{r},t)=\int d^3\boldsymbol{r}'\,\frac{\rho(\boldsymbol{r}',t)}{4\pi\epsilon_0|\boldsymbol{r}-\boldsymbol{r}'|} \tag{3.20}$$

で与えられる．

特に，電荷密度，電流密度がゼロの場合を詳しく議論しよう．このときは $\phi=0$ となりマクスウェル方程式は

$$\left(\frac{1}{c^2}\frac{\partial^2}{\partial t^2}-\Delta\right)\boldsymbol{A}=0 \tag{3.21}$$

に帰着される．この解を用いて，電場および磁束密度は

$$\boldsymbol{E}=-\frac{\partial \boldsymbol{A}}{\partial t} \tag{3.22}$$

$$\boldsymbol{B}=\boldsymbol{\nabla}\times\boldsymbol{A} \tag{3.23}$$

で与えられる．式(3.21)の解として，特定の角振動数を持つ

$$\boldsymbol{A}(\boldsymbol{r},t)=\boldsymbol{A}(\boldsymbol{r},\omega)\exp(-i\omega t) \tag{3.24}$$

という形の解を考える．これを式(3.21)に代入すると

$$\left(\Delta+k^2\right)\boldsymbol{A}=0 \tag{3.25}$$

となる．ここで $k=\dfrac{\omega}{c}$ とおいた．この形の方程式をヘルムホルツ方程式と呼ぶ．したがって，電流密度，電荷密度がゼロのときのクーロンゲージでのベクトルポテンシャルはヘルムホルツ方程式の解で，クーロンゲージ条件

$$\boldsymbol{\nabla}\cdot\boldsymbol{A}(\boldsymbol{r},\omega)=0 \tag{3.26}$$

を満たすものである．このベクトル場を用いて電磁場は

$$\boldsymbol{E}(\boldsymbol{r},\omega)=i\omega\boldsymbol{A}(\boldsymbol{r},\omega) \tag{3.27}$$

$$\boldsymbol{B}(\boldsymbol{r},\omega)=\boldsymbol{\nabla}\times\boldsymbol{A}(\boldsymbol{r},\omega) \tag{3.28}$$

となるので，

$$\boldsymbol{B}(\boldsymbol{r},\omega)=-i\frac{1}{\omega}\boldsymbol{\nabla}\times\boldsymbol{E}(\boldsymbol{r},\omega)=-i\frac{1}{kc}\boldsymbol{\nabla}\times\boldsymbol{E}(\boldsymbol{r},\omega) \tag{3.29}$$

という関係が得られる．また，ラプラシアン Δ と $\boldsymbol{\nabla}$ が交換することから $\boldsymbol{E}(\boldsymbol{r},\omega)$, $\boldsymbol{B}(\boldsymbol{r},\omega)$ ともにヘルムホルツ方程式を満たすことは明らかである．さ

らに式 (3.29) の両辺の回転をとり，簡単なベクトル解析の後に $\boldsymbol{E}$ の発散がゼロで，$\boldsymbol{E}$ がヘルムホルツ方程式を満たすことを用いると

$$\boldsymbol{E}(\boldsymbol{r},\omega) = i\frac{\omega}{k^2}\boldsymbol{\nabla}\times\boldsymbol{B}(\boldsymbol{r},\omega) = i\frac{c}{k}\boldsymbol{\nabla}\times\boldsymbol{B}(\boldsymbol{r},\omega) \tag{3.30}$$

が得られる．

最後にゲージ変換の自由度を用いて必ずクーロンゲージを満たすようにとれるかどうかを議論しよう．与えられたゲージポテンシャル $\boldsymbol{A}$ に対して，

$$\boldsymbol{A} \to \boldsymbol{A}' = \boldsymbol{A} + \boldsymbol{\nabla}\xi \tag{3.31}$$

とゲージ変換したとき，$\boldsymbol{A}'$ がクーロンゲージの条件を満たすためには

$$0 = \boldsymbol{\nabla}\cdot\boldsymbol{A}' = \boldsymbol{\nabla}\cdot\boldsymbol{A} + \Delta\xi \tag{3.32}$$

が必要である．これには

$$\xi = \int d^3\boldsymbol{r}'\,\frac{\boldsymbol{\nabla}\cdot\boldsymbol{A}(\boldsymbol{r}',t)}{4\pi|\boldsymbol{r}-\boldsymbol{r}'|} \tag{3.33}$$

と選べばよい．よって，常にゲージ変換の自由度を使ってクーロンゲージを満たすようにできることがわかった．

§3.3 電磁場の作用積分

ここで本題から離れて電磁場の作用積分について議論しよう．初めての読者はこの節は飛ばして読んでかまわない．力学において運動方程式は作用積分の変分がゼロという最小作用の原理からも導かれる．電磁気学においても最小作用の原理からマクスウェル方程式が導かれるかという問題について考えてみよう．真空中など誘電率・透磁率が定数の場合の電磁場の作用積分 I は，ラグランジアン密度の4次元積分を用いて以下のように定義される I_1, I_2, I_3 を用いて

$$I_1 = \int dt \int d^3\boldsymbol{r}\left[\frac{1}{2}\left(\epsilon\boldsymbol{E}^2 - \frac{1}{\mu}\boldsymbol{B}^2\right)\right] \tag{3.34}$$

$$I_2 = \int dt \int d^3\boldsymbol{r}\left[-\phi\rho + \boldsymbol{A}\cdot\boldsymbol{J}\right] \tag{3.35}$$

$$I_3 = \int dt \int d^3\boldsymbol{r}\left[\frac{\theta}{8\pi^2}\sqrt{\frac{\epsilon}{\mu}}\boldsymbol{E}\cdot\boldsymbol{B}\right] \tag{3.36}$$

$$I = I_1 + I_2 + I_3 \tag{3.37}$$

と表される．I_1 は通常の電磁場の作用，I_2 は電磁場と電荷密度 ρ や電流密度 $\boldsymbol{J}$ の相互作用に対する作用であるが，I_3 は θ 項と呼ばれる作用で θ は定数である．ϵ, μ はそれぞれ誘電率と透磁率で真空の場合は $\epsilon = \epsilon_0$, $\mu = \mu_0$ である．スカラーポテンシャル，ベクトルポテンシャルを用いて電磁場を表すと

$$\boldsymbol{E} = -\boldsymbol{\nabla}\phi - \frac{\partial \boldsymbol{A}}{\partial t} \tag{3.38}$$

$$\boldsymbol{B} = \boldsymbol{\nabla} \times \boldsymbol{A} \tag{3.39}$$

と表される．以下の議論では力学変数は $\boldsymbol{E}, \boldsymbol{B}$ ではなく，スカラーポテンシャル ϕ，ベクトルポテンシャル $\boldsymbol{A}$ であると考えて作用の変分をとることにする．さて，まずはじめに θ 項 I_3 の変分をとろう．θ 項のラグランジアン密度 L_3 は

$$L_3 = -\frac{\theta}{8\pi^2}\sqrt{\frac{\epsilon}{\mu}}\left(\boldsymbol{\nabla}\phi + \frac{\partial \boldsymbol{A}}{\partial t}\right) \cdot (\boldsymbol{\nabla} \times \boldsymbol{A}) \tag{3.40}$$

と書ける．簡単な計算により

$$L_3 = -\frac{\theta}{8\pi^2}\sqrt{\frac{\epsilon}{\mu}}\left[\boldsymbol{\nabla} \cdot \left(\phi(\boldsymbol{\nabla} \times \boldsymbol{A}) + \frac{1}{2}\boldsymbol{A} \times \frac{\partial \boldsymbol{A}}{\partial t}\right) + \frac{1}{2}\frac{\partial}{\partial t}\left(\boldsymbol{A} \cdot (\boldsymbol{\nabla} \times \boldsymbol{A})\right)\right] \tag{3.41}$$

と全微分で書かれるため表面積分がない限り変分には寄与せず運動方程式に影響しない．ただし，作用において

$$\theta \to a(x) \tag{3.42}$$

のようにパラメータ θ 自身が定数ではなく，物理的な場で置き換えられた場合は，運動方程式に寄与する．アクシオンと呼ばれる場は，そのような相互作用を自然に与える[1)]．また θ が定数のときでも，運動方程式自体は変わらないが，物質の境界面では θ 項による境界条件の変更を通じて物理的効果が生じる．それはさておき，作用の変分を計算して，運動方程式を導いてみよう．まず準備

[1)] 幾つかの固体物質では，磁場によって分極が誘起されたり，電場によって磁化が誘起されるような通常の物質とは異なる振る舞いを示すものがある．これらは電気磁気効果と呼ばれ，この効果を電磁気学に取り入れるのにアクシオン場を使うことができる．F. Wilczek の論文 (Phys. Rev. Lett. **58**, 1799 (1987)) や A. M. Essin らの論文 (Phys. Rev. Lett. **102**, 146805 (2009)) が参考になる．

として，3 次元空間内でのある領域を V，その境界を S とする．作用 I_1 の変分をとると

$$\begin{aligned}\delta I_1 &= -\int dt d^3\boldsymbol{r}\left[\epsilon\left(\boldsymbol{\nabla}\delta\phi+\frac{\partial}{\partial t}\delta\boldsymbol{A}\right)\cdot\boldsymbol{E}+\frac{1}{\mu}\left(\boldsymbol{\nabla}\times\delta\boldsymbol{A}\right)\cdot\boldsymbol{B}\right]\\ &= -\int dt\int_V d^3\boldsymbol{r}\left[\boldsymbol{\nabla}\cdot\left(\epsilon\delta\phi\boldsymbol{E}+\frac{1}{\mu}\delta\boldsymbol{A}\times\boldsymbol{B}\right)+\frac{\partial}{\partial t}\left(\epsilon\delta\boldsymbol{A}\cdot\boldsymbol{E}\right)\right]\\ &\quad+\int dt\int_V d^3\boldsymbol{r}\left[\delta\phi\left(\epsilon\boldsymbol{\nabla}\cdot\boldsymbol{E}\right)+\delta\boldsymbol{A}\cdot\left(-\frac{1}{\mu}\boldsymbol{\nabla}\times\boldsymbol{B}+\epsilon\frac{\partial}{\partial t}\boldsymbol{E}\right)\right]\end{aligned} \tag{3.43}$$

を得る．次に作用 I_2 の変分は,

$$\delta I_2 = \int dt\int_V d^3\boldsymbol{r}\left[-\delta\phi\rho+\delta\boldsymbol{A}\cdot\boldsymbol{J}\right] \tag{3.44}$$

となる．δI_1 と δI_2 の和をとりガウスの定理を用いると

$$\begin{aligned}\delta(I_1+I_2) = &\int dt\int_S dS\boldsymbol{n}\cdot\left(\epsilon\delta\phi\boldsymbol{E}+\frac{1}{\mu}\delta\boldsymbol{A}\times\boldsymbol{B}\right)+\int dt\int_V d^3\boldsymbol{r}\Bigg[\delta\phi\left(\epsilon\boldsymbol{\nabla}\cdot\boldsymbol{E}-\rho\right)\\ &+\delta\boldsymbol{A}\cdot\left(-\frac{1}{\mu}\left(\boldsymbol{\nabla}\times\boldsymbol{B}\right)+\boldsymbol{J}+\epsilon\frac{\partial}{\partial t}\boldsymbol{E}\right)\Bigg]\end{aligned} \tag{3.45}$$

となる．ここで $\boldsymbol{n}$ は表面 S に外向きで垂直な単位ベクトルである．したがって，最小作用の原理から，任意の変分 $\delta\phi$, $\delta\boldsymbol{A}$ に対して式 (3.45) の第 2 項の寄与がゼロであることより，領域 V 内での運動方程式は

$$\epsilon\boldsymbol{\nabla}\cdot\boldsymbol{E} = \rho \tag{3.46}$$

$$\boldsymbol{\nabla}\times\boldsymbol{B} = \mu\boldsymbol{J}+\epsilon\mu\frac{\partial}{\partial t}\boldsymbol{E} \tag{3.47}$$

となり，マクスウェル方程式と一致することがわかる．

§3.4 真空中および物質中の電磁波の平面波解

3.4.1 真空中の電磁波の平面波解

真空中の電磁波の平面波解を求めよう．そのためクーロンゲージで考察する．式 (3.21) の解として

$$\boldsymbol{A}(\boldsymbol{r},t) = \boldsymbol{A}^{(0)}\exp\left(i(\boldsymbol{k}\cdot\boldsymbol{r}-\omega t)\right) \tag{3.48}$$

という形のものを考えよう．ここで $\boldsymbol{k}$ は波数ベクトル，ω は角振動数，$\boldsymbol{A}^{(0)}$ は定数ベクトルである．ヘルムホルツ方程式より

$$|\boldsymbol{k}|^2 = \frac{\omega^2}{c^2} \tag{3.49}$$

であり，クーロンゲージより

$$\boldsymbol{k} \cdot \boldsymbol{A}^{(0)} = 0 \tag{3.50}$$

を満たす．この解より電磁場は

$$\boldsymbol{E} = i\omega \boldsymbol{A}^{(0)} \exp\left(i(\boldsymbol{k}\cdot\boldsymbol{r} - \omega t)\right) \tag{3.51}$$

$$\boldsymbol{B} = i\boldsymbol{k} \times \boldsymbol{A}^{(0)} \exp\left(i(\boldsymbol{k}\cdot\boldsymbol{r} - \omega t)\right) \tag{3.52}$$

で与えられる．これより平面波において磁束密度と電場に対して

$$\boldsymbol{B} = \frac{1}{\omega}\boldsymbol{k} \times \boldsymbol{E} \tag{3.53}$$

という関係が成り立つことがわかる．

3.4.2　物質中の電磁波の平面波解

次に物質中での電磁波の平面波解を求めよう．物質中のマクスウェル方程式は以下で与えられる．

$$\nabla \cdot \boldsymbol{D} = \rho_f, \qquad \nabla \cdot \boldsymbol{B} = 0 \tag{3.54}$$

$$\nabla \times \boldsymbol{E} = -\frac{\partial \boldsymbol{B}}{\partial t}, \qquad \nabla \times \boldsymbol{H} = \boldsymbol{J}_f + \frac{\partial \boldsymbol{D}}{\partial t} \tag{3.55}$$

ここでは特に自由な電荷がない場合の平面波解を考えよう．そこで，以下のような形の解について考察する．

$$\boldsymbol{E} = \boldsymbol{E}^{(0)} \exp(i(\boldsymbol{k}\cdot\boldsymbol{r} - \omega t)) \tag{3.56}$$

$$\boldsymbol{B} = \boldsymbol{B}^{(0)} \exp(i(\boldsymbol{k}\cdot\boldsymbol{r} - \omega t)) \tag{3.57}$$

場 $\boldsymbol{D}$, $\boldsymbol{H}$ は下記の物質方程式によって与えられる．

$$\boldsymbol{D} = \epsilon(\omega)\boldsymbol{E} = \boldsymbol{D}^{(0)} \exp(i(\boldsymbol{k}\cdot\boldsymbol{r} - \omega t)) \tag{3.58}$$

$$\boldsymbol{H} = \frac{1}{\mu(\omega)}\boldsymbol{B} = \boldsymbol{H}^{(0)} \exp(i(\boldsymbol{k}\cdot\boldsymbol{r} - \omega t)) \tag{3.59}$$

ここでϵ, μはそれぞれ物質の誘電率および透磁率，$\omega, \boldsymbol{k}$は平面波の角振動数および波数ベクトルである．電磁波の境界値問題では，物質を特徴付ける量としてしばしば，ϵやμの積や比の平方根で

$$n(\omega) = c\sqrt{\epsilon(\omega)}\sqrt{\mu(\omega)} \tag{3.60}$$

$$Z(\omega) = \sqrt{\mu(\omega)/\epsilon(\omega)} \tag{3.61}$$

と定義される屈折率$n(\omega)$と特性インピーダンス$Z(\omega)$が使われる．真空中の場合は，$n(\omega) = 1$，$Z(\omega) = Z_0 = 376.7(\Omega)$となる．一般に物質中では誘電率や透磁率，または屈折率や特性インピーダンスが電磁波の振動数に依存しうることに注意しよう．また，電磁場は本来は実数であるが，ここでは数学的な取り扱いの便宜上，複素化してある．観測にかかる物理的な電磁場は上の解の実部をとることで得られるものと考える．自由な電荷のないときのマクスウェル方程式は実数係数の線形方程式であるから複素化した場に対して得た解の実部もまた方程式の解になっている．

自由な電荷がない場合の物質中のマクスウェル方程式に代入すると

$$\boldsymbol{k}\cdot\boldsymbol{E}^{(0)} = 0 \tag{3.62}$$

$$\boldsymbol{k}\cdot\boldsymbol{B}^{(0)} = 0 \tag{3.63}$$

$$\boldsymbol{k}\times\boldsymbol{E}^{(0)} = \omega\boldsymbol{B}^{(0)} \tag{3.64}$$

$$\frac{1}{\mu(\omega)}\boldsymbol{k}\times\boldsymbol{B}^{(0)} = -\epsilon(\omega)\omega\boldsymbol{E}^{(0)} \tag{3.65}$$

$\boldsymbol{k}$と式(3.65)との外積をとると

$$\boldsymbol{k}(\boldsymbol{k}\cdot\boldsymbol{B}^{(0)}) - (\boldsymbol{k}\cdot\boldsymbol{k})\boldsymbol{B}^{(0)} = -\epsilon(\omega)\mu(\omega)\omega\boldsymbol{k}\times\boldsymbol{E}^{(0)} \tag{3.66}$$

式(3.64), (3.63)を用いると

$$-|\boldsymbol{k}|^2\boldsymbol{B}^{(0)} = -\epsilon(\omega)\mu(\omega)\omega^2\boldsymbol{B}^{(0)} \tag{3.67}$$

を得る．これより

$$|\boldsymbol{k}|^2 = \epsilon(\omega)\mu(\omega)\omega^2 \tag{3.68}$$

と式(3.62)を満たす任意の波数ベクトル $\boldsymbol{k}$，および電場の偏極ベクトル $\boldsymbol{E}^{(0)}$ に対して磁束密度の偏極ベクトル $\boldsymbol{B}^{(0)}$ を

$$\boldsymbol{B}^{(0)} = \frac{1}{\omega}\boldsymbol{k} \times \boldsymbol{E}^{(0)} \tag{3.69}$$

とおけば物質中のマクスウェル方程式の解となる．物質中の角振動数 ω をもつ電磁波の伝搬速度を $v(\omega)$ とおくと

$$v(\omega) = \frac{\omega}{k} = \frac{c}{n(\omega)} \tag{3.70}$$

となる．

物質中では一般には誘電率と透磁率が角振動数 ω に依存することから，角振動数 ω をもつ電磁波の伝搬速度は ω に依存する．このため，あとで見るようにその物質に電磁波が入射したとき波長ごとに異なる角度に屈折し分離される現象が起こる．この現象のことを分散と呼ぶ．また角振動数と波数との関係を分散関係と呼ぶ.

水中での光の速さは，水の屈折率のために真空中の66%ぐらいの速さになる．このことから，光の速度に近い荷電粒子はチェレンコフ光と呼ばれる一種の衝撃波を生じる．スーパーカミオカンデにおける水チェレンコフ検出器を用いたニュートリノ実験では，ニュートリノが水の中の核子や電子との弱い相互作用により発生，または散乱された光速に近いミュー粒子や電子がチェレンコフ光を放出する．その光を観測することによって，もとのニュートリノに関するさまざまな情報を得ることができる.

3.4.3　位相速度と群速度

前節で述べた特定の波数 k をもつ電磁波の伝搬速度を位相速度と呼ぶ．それに対してある波数 k 付近の角振動数の波を重ね合わせて作られる波の波形全体の移動速度を群速度と呼ぶ．電場，または磁場のある成分の偏極ベクトルは忘れて時間および空間依存性のみに着目して波形を議論しよう．x 方向に伝搬する角振動数 k の平面波を重み $f(k)$ で重ね合わせて作られる波束を $\phi(x,t)$ とおくと

$$\phi(x,t) = \int dk f(k) \exp\left(i\left(kx - \omega(k)t\right)\right) \tag{3.71}$$

$\omega(k)$ は分散関係で決まる波数 k のときの角振動数である.

いま $f(k)$ は k_0 にピークをもち，非常に狭い幅 Δ 程度の広がりをもつ関数とする．例として

$$f(k)=\exp\left(-\frac{(k-k_0)^2}{2\Delta^2}\right) \tag{3.72}$$

を選ぶことにする．より一般的な場合も幅が十分に狭ければピーク付近では上の関数で近似できる．幅 Δ が十分に狭いとき，その領域内で $\omega(k)$ の k 依存性は k についての線形近似

$$\omega(k)=\omega_0+v_g(k-k_0) \tag{3.73}$$

で十分近似できる．ここで

$$\omega_0=\omega(k_0),\quad v_g:=\left.\frac{d\omega(k)}{dk}\right|_{k=k_0} \tag{3.74}$$

とおいた．すると波束は以下の積分で与えられる．

$$\phi(x,t)=\int dk\exp\left(-\frac{(k-k_0)^2}{2\Delta^2}+i\left(kx-(\omega_0+v_g(k-k_0))t\right)\right) \tag{3.75}$$

k についての完全平方化を行い，ガウス積分を実行すると

$$\phi(x,t)=\sqrt{2\pi\Delta^2}e^{i(k_0x-\omega_0t)}\exp\left(-\frac{\Delta^2}{2}(x-v_gt)^2\right) \tag{3.76}$$

となる．

波束の伝搬の様子を図 3.1 に示す．波の位相は相変わらず位相速度 $\dfrac{\omega_0}{k_0}$ で進むが，波束の形は群速度 v_g すなわち

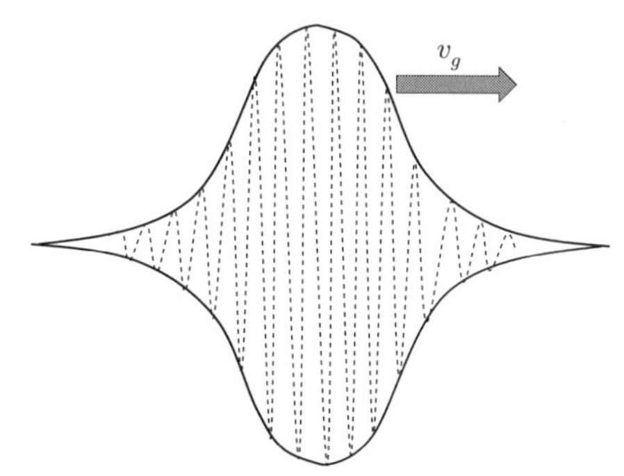

図 3.1　波束の伝搬の様子．振幅の絶対値は群速度 v_g で進む．

$$v_g = \left.\frac{d\omega(k)}{dk}\right|_{k=k_0} \tag{3.77}$$

で伝搬することがわかる．

§3.5　真空中の電磁波の球面波解

3.5.1　球面波

この節では，空間に電荷や電流は存在しない真空中でのマクスウェル方程式を考え，原点から生じ，球面のように広がっていく光（電磁波）を記述するような解を考えよう．境界条件が平面ではなく球面である場合にこのような解は重要になる．第5章の電磁放射や第6章の散乱においてもこのような解は重要な役割を果たす．マクスウェル方程式は

$$\boldsymbol{\nabla}\cdot\boldsymbol{E} = 0, \qquad \boldsymbol{\nabla}\cdot\boldsymbol{B} = 0 \tag{3.78}$$

$$\boldsymbol{\nabla}\times\boldsymbol{E} = -\frac{\partial\boldsymbol{B}}{\partial t}, \qquad \boldsymbol{\nabla}\times\boldsymbol{B} = \frac{1}{c^2}\frac{\partial\boldsymbol{E}}{\partial t} \tag{3.79}$$

クーロンゲージでの解

クーロンゲージ $\boldsymbol{\nabla}\cdot\boldsymbol{A} = 0$ での解を考える．先にみたように空間に電荷や電流が存在しない場合はスカラーポテンシャルを $\phi_c = 0$ とすることができるので，ベクトルポテンシャル $\boldsymbol{A}_c$ だけを用いて，電場と磁場は，

$$\boldsymbol{E} = -\frac{\partial\boldsymbol{A}_c}{\partial t}, \quad \boldsymbol{B} = \boldsymbol{\nabla}\times\boldsymbol{A}_c \tag{3.80}$$

となる．また，マクスウェル方程式に代入すると，

$$\left[\boldsymbol{\nabla}^2 - \frac{1}{c^2}\frac{\partial^2}{\partial t^2}\right]\boldsymbol{A}_c = 0 \tag{3.81}$$

が得られる．ここで，原点から生じ，球面のように広がっていく電磁場の解として

$$\boldsymbol{A}_c(\boldsymbol{r}, t) = \boldsymbol{\nabla}\times[u(\boldsymbol{r}, t)\boldsymbol{r}] \tag{3.82}$$

を仮定しよう．このベクトルポテンシャルは動径ベクトル $\boldsymbol{r}$ に垂直であることは，$\boldsymbol{\nabla}\times\boldsymbol{r} = 0$ から明らかである．読者はこの形の解を考えることを唐突に感じるかもしれない．この解と空間回転についての関係を後に解説する．

簡単な計算から,

$$\boldsymbol{\nabla} \times \boldsymbol{r} \left[\boldsymbol{\nabla}^2 - \frac{1}{c^2} \frac{\partial^2}{\partial t^2} \right] u(\boldsymbol{r}, t) = 0 \tag{3.83}$$

が得られる. 波動方程式を満たすスカラー場 $u(\boldsymbol{r}, t)$ が得られれば, それにより, 式 (3.82) によりベクトルポテンシャルが決まる.

TE 球面波

スカラー場 $u(\boldsymbol{r}, t)$ が得られた場合に, 電場や磁場がどうなるか考えよう. 式 (3.80) により, 電場, 磁場は次のように与えられる.

$$\boldsymbol{E}_{\mathrm{TE}} = \boldsymbol{r} \times \boldsymbol{\nabla} \frac{\partial u}{\partial t}, \quad \boldsymbol{B}_{\mathrm{TE}} = -\boldsymbol{\nabla} \times [\boldsymbol{r} \times \boldsymbol{\nabla} u] \tag{3.84}$$

この解は

$$\boldsymbol{E}_{\mathrm{TE}} \cdot \boldsymbol{r} = 0 \tag{3.85}$$

を満たす. 電場が動径方向に垂直なことから TE 球面波と呼ばれる. また, $\boldsymbol{E}_{\mathrm{TE}} \cdot \boldsymbol{B}_{\mathrm{TE}} = 0$ であるが, 磁場は必ずしも動径方向に垂直でないことに注意しよう. これは, 3.10 節「数学に関する補足」で説明するように極座標でのラプラシアン $\boldsymbol{\nabla}^2$ が

$$\boldsymbol{\nabla}^2 u = \frac{1}{r^2} \frac{\partial}{\partial r} \left(r^2 \frac{\partial u}{\partial r} \right) + \frac{1}{r^2 \sin\theta} \frac{\partial}{\partial \theta} \left(\sin\theta \frac{\partial u}{\partial \theta} \right) + \frac{1}{r^2 \sin^2\theta} \frac{\partial^2 u}{\partial \phi^2} \tag{3.86}$$

$$= \frac{1}{r^2} \frac{\partial}{\partial r} \left(r^2 \frac{\partial u}{\partial r} \right) - \frac{1}{r^2} \boldsymbol{L}^2 u \tag{3.87}$$

で与えられることを用いて, $\boldsymbol{B}_{\mathrm{TE}} \cdot \boldsymbol{r}$ を計算すれば良い. ここで $\boldsymbol{L}^2$ は

$$\boldsymbol{L}^2 = -\left(\frac{1}{\sin\theta} \frac{\partial}{\partial \theta} \left(\sin\theta \frac{\partial u}{\partial \theta} \right) + \frac{1}{\sin^2\theta} \frac{\partial^2 u}{\partial \phi^2} \right) \tag{3.88}$$

で定義される. 計算の結果は,

$$\boldsymbol{B}_{\mathrm{TE}} \cdot \boldsymbol{r} = \boldsymbol{L}^2 u \tag{3.89}$$

となる. ここで, 3.10 節「数学に関する補足」で詳しく解説するように $\boldsymbol{L} = -i\boldsymbol{r} \times \boldsymbol{\nabla}$ は自然単位系 ($\hbar = 1$) における軌道角運動量演算子である. 式 (3.89) からスカラー場の軌道角運動量の 2 乗が磁束密度の動径方向成分を与えていることがわかる.

3.5.2　TM 球面波

空間に電荷や電流は存在しない真空中でのマクスウェル方程式の解 $\boldsymbol{E}$, $\boldsymbol{B}$ を用いて，$\boldsymbol{E}' = -c\boldsymbol{B}$，$\boldsymbol{B}' = \dfrac{\boldsymbol{E}}{c}$ と変換（双対変換）して得られた $\boldsymbol{E}'$, $\boldsymbol{B}'$ もまた同じマクスウェル方程式の解となっている．これを双対性と呼ぶ．

TE 球面波解から双対変換によって得られる解は，

$$c\boldsymbol{B}_{\mathrm{TM}} = \boldsymbol{r} \times \boldsymbol{\nabla} \frac{\partial w}{\partial t}, \quad \boldsymbol{E}_{\mathrm{TM}} = c\boldsymbol{\nabla} \times [\boldsymbol{r} \times \boldsymbol{\nabla} w] \tag{3.90}$$

となる．ここで波動方程式を満たす新しいスカラー場 w を導入した．この場合，明らかに

$$\boldsymbol{B}_{\mathrm{TM}} \cdot \boldsymbol{r} = 0 \tag{3.91}$$

であり，$\boldsymbol{E}_{\mathrm{TM}} \cdot \boldsymbol{B}_{\mathrm{TM}} = 0$，および

$$\boldsymbol{E}_{\mathrm{TM}} \cdot \boldsymbol{r} = -c\boldsymbol{L}^2 w \tag{3.92}$$

が成り立つ．この解は，磁場が動径方向に垂直なことから TM 球面波と呼ばれる．この電磁場解は TE 球面波とは異なるベクトルポテンシャルを持っている．電磁場を再現するためには，スカラーポテンシャルも必要であり，ローレンツゲージ

$$\boldsymbol{A}_L = \frac{1}{c}\frac{\partial(\boldsymbol{r}w)}{\partial t}, \quad \phi_L = -c\boldsymbol{\nabla} \cdot (\boldsymbol{r}w), \quad \boldsymbol{\nabla} \cdot \boldsymbol{A}_L + \frac{1}{c^2}\frac{\partial(\boldsymbol{r}w)}{\partial t} = 0 \tag{3.93}$$

によって電磁場が書かれることがわかる．このように，双対変換はゲージ変換も伴っていることがわかる．

3.5.3　球面波を記述するスカラー場

球面波の詳細はスカラー場が決めている．各振動数 ω の単色光を考えると，スカラー場 $u = \hat{u}(r, \theta, \phi)\exp(-i\omega t)$ の空間部分はヘルムホルツ方程式

$$\frac{1}{r^2}\frac{\partial}{\partial r}\left(r^2 \frac{\partial \hat{u}}{\partial r}\right) - \frac{1}{r^2}\boldsymbol{L}^2 \hat{u} + \frac{\omega^2}{c^2}\hat{u} = 0 \tag{3.94}$$

を満たす．

$$\hat{u}(r, \theta, \phi) = R(r)Y(\theta, \phi) \tag{3.95}$$

と変数分離すると，

$$\boldsymbol{L}^2 Y = l(l+1)Y \tag{3.96}$$

$$\frac{d^2R}{dr^2}+\frac{2}{r}\frac{dR}{dr}+\left[k^2-\frac{l(l+1)}{r^2}\right]R=0 \tag{3.97}$$

が得られる．ここでkは波数$k=\dfrac{\omega}{c}$である．

角度方向の微分方程式 (3.96) の解は球面調和関数$Y_{lm}(\theta,\phi)$で与えられる．詳しくは3.10節「数学に関する補足」を参照せよ．また動径方向の微分方程式は 変数rをk倍した量$x=kr$を新たな変数とおくと，まさに3.10節に与える球ベッセル関数の微分方程式に帰着する．解は球ベッセル関数の独立な基底である球ハンケル関数$h_l^{(1)}(kr)$およびその複素共役$h_l^{(2)}(kr)$で与えられる．これにより，一般解は

$$\hat{u}(r,\theta,\phi)=\sum_{l=0}^{\inf}\sum_{m=-l}^{m=+l}\left[A_l(k)h_l^{(1)}(kr)+B_l(k)h_l^{(2)}(kr)\right]Y_{lm}(\theta,\phi) \tag{3.98}$$

で与えられる．球ハンケル関数の最初の幾つかの項は

$$\begin{aligned} h_0^{(1)}(kr)&=-i\frac{e^{ikr}}{kr}\\ h_1^{(1)}(kr)&=-\left[1+\frac{i}{kr}\right]\frac{e^{ikr}}{kr}\\ h_2^{(1)}(kr)&=i\left[1+\frac{3i}{kr}-\frac{3}{(kr)^2}\right]\frac{e^{ikr}}{kr} \end{aligned} \tag{3.99}$$

と与えられるので，$h_l^{(1)}(kr)$の項は中心から放射される解に対応し，$h_l^{(2)}(kr)$は外から中心に向かう解に対応する．

第5章で扱う電気双極子放射は$l=1,m=0$のTM球面波であることが示される．十分遠方では，動径方向の電場成分は小さくなり，近似的に磁場も，電場も，動径方向に垂直な成分しか持たない横波の球面波として扱うことができる．また，第6章のミー散乱においては，この球面波の性質を使って散乱断面積を求める．

最後に式 (3.82) の形の解と空間回転との関係について解説しておこう．原点を中心とする座標の回転は微小な回転パラメータ$\boldsymbol{\omega}$を用いて

$$\boldsymbol{r}\to\boldsymbol{r}'=\boldsymbol{r}+\boldsymbol{\omega}\times\boldsymbol{r} \tag{3.100}$$

と表される．ここで$\boldsymbol{\omega}$は任意の微小ベクトルで$\boldsymbol{\omega}^2$は常に無視できるものとする．ラプラシアンΔは回転不変なのでスカラー関数$u(\boldsymbol{r})$がヘルムホルツ方程

式の解なら，その解を座標回転した関数 $u(\boldsymbol{r}')$ もヘルムホルツ方程式の解である．2つの関数の差をテイラー展開して

$$u(\boldsymbol{r}') - u(\boldsymbol{r}) = (\omega \times \boldsymbol{r}) \cdot \boldsymbol{\nabla} u(\boldsymbol{r}) = \boldsymbol{\omega} \cdot (\boldsymbol{r} \times \boldsymbol{\nabla} u(\boldsymbol{r})) \tag{3.101}$$

が得られる．$\boldsymbol{\omega}$ が任意のベクトルであることから

$$\boldsymbol{V}(\boldsymbol{r}) = \boldsymbol{r} \times \boldsymbol{\nabla} u(\boldsymbol{r}) = \boldsymbol{\nabla} \times (\boldsymbol{r} u(\boldsymbol{r})) \tag{3.102}$$

で定義されるベクトル場もヘルムホルツ方程式の解である．式 (3.102) の右辺の表式はまさに式 (3.82) の形そのものである．定義からこのベクトル場の発散 $\boldsymbol{\nabla} \cdot \boldsymbol{V} = 0$ となることは明らかである．したがって，幾何学的にはヘルムホルツ方程式を満たす発散のないベクトルポテンシャルは，ヘルムホルツ方程式を満たすスカラーポテンシャル u を微小回転したときの変化量を表すと解釈できる．また，このベクトル場は $\boldsymbol{r} \cdot \boldsymbol{V} = 0$ を満たすことも式 (3.102) から自明である．変化分を生成する演算子 $\boldsymbol{r} \times \boldsymbol{\nabla}$ を

$$\boldsymbol{L} = -i\boldsymbol{r} \times \boldsymbol{\nabla} \tag{3.103}$$

と書き，「軌道運動量演算子」と呼ぶ．この演算子の極座標表示での表式と3次元ラプラシアンとの関係は3.10節で説明する．

§3.6　偏光状態

3.6.1　偏光状態

電磁波の平面波解における複素電場ベクトル $\boldsymbol{E}^{(0)}$ は $\boldsymbol{k}$ に垂直であり，2次元の自由度がある．この自由度を偏光と呼ぶ．本項では，電磁波の偏光やその操作に関する記述法について述べる．

電磁波の伝搬方向 $\boldsymbol{k}$ と垂直な面内に互いに直交する単位ベクトル $\boldsymbol{e}_1, \boldsymbol{e}_2$ を選ぶと電場ベクトル $\boldsymbol{E}^{(0)}$ は

$$\boldsymbol{E}(\boldsymbol{r}, t) = (E_1 \boldsymbol{e}_1 + E_2 \boldsymbol{e}_2) e^{i(\boldsymbol{k} \cdot \boldsymbol{x} - \omega t)} \tag{3.104}$$

とかける．ここで E_1，E_2 は複素数であり，これらの位相 $\phi_1 = \arg(E_1)$，$\phi_2 = \arg(E_2)$ により電磁波の異なる偏り成分（$\boldsymbol{e}_1$ 方向と $\boldsymbol{e}_2$ 方向）の間の位相差が表現される．

§3.6 【基本】偏光状態

(1) E_1 と E_2 が同位相の場合を「直線偏光」と呼ぶ．
式 (3.104) で位相をゼロとおけば，E_1，E_2 は実数で，

$$\boldsymbol{E}(\boldsymbol{x},t) = (E_1\boldsymbol{e}_1 + E_2\boldsymbol{e}_2)\, e^{i(\boldsymbol{k}\cdot\boldsymbol{x}-\omega t)} \tag{3.105}$$

と与えられる．

(2) E_1 と E_2 が異なる位相を持つ場合を「楕円偏り」と呼ぶ．
最も簡単な場合は $E = E_1 = |E_2|$，$\arg\left(\dfrac{E_1}{E_2}\right) = \pm\dfrac{\pi}{2}$ の時で，

$$\boldsymbol{E}(\boldsymbol{x},t) = E(\boldsymbol{e}_1 \pm i\boldsymbol{e}_2)e^{i(\boldsymbol{k}\cdot\boldsymbol{x}-\omega t)} \tag{3.106}$$

$$\Rightarrow \mathrm{Re}[\boldsymbol{E}(\boldsymbol{x},t)] = E(\boldsymbol{e}_1\cos(\boldsymbol{k}\cdot\boldsymbol{x}-\omega t) \mp \boldsymbol{e}_2\sin(\boldsymbol{k}\cdot\boldsymbol{x}-\omega t)) \tag{3.107}$$

となり，円偏光となる．式 (3.106)，(3.107) より

$$\boldsymbol{e}^+ := \frac{\boldsymbol{e}_1 + i\boldsymbol{e}_2}{\sqrt{2}} \tag{3.108}$$

$$\boldsymbol{e}^- := \frac{\boldsymbol{e}_1 - i\boldsymbol{e}_2}{\sqrt{2}} \tag{3.109}$$

とすると $\boldsymbol{e}^+$ が左回り円偏光（反時計回り），$\boldsymbol{e}^-$ が右回り円偏光（時計回り）を表すことがわかる．$\boldsymbol{e}^+$，$\boldsymbol{e}^-$ は明らかに 1 次独立なので $\boldsymbol{e}_1$，$\boldsymbol{e}_2$ の代わりに $\boldsymbol{e}^+$，$\boldsymbol{e}^-$ を電場ベクトルの方向を表す基底にとることもできる．このため，

$$\boldsymbol{E}(\boldsymbol{x},t) = (E^+\boldsymbol{e}^+ + E^-\boldsymbol{e}^-)e^{i(\boldsymbol{k}\cdot\boldsymbol{x}-\omega t)} \tag{3.110}$$

ともかける．

(3) E^+ と E^- が同位相の場合
時間原点を適当に選びなおすことにより E^+，E^- ともに実数にできるが，

$$E^+\boldsymbol{e}^+ + E^-\boldsymbol{e}^- = (E^+ + E^-)\boldsymbol{e}_1 + i(E^+ - E^-)\boldsymbol{e}_2 \tag{3.111}$$

なので，これは $\boldsymbol{e}_1$ 軸方向の長さが $E^+ + E^-$，$\boldsymbol{e}_2$ 軸方向の長さが $E^+ - E^-$ の「楕円偏り」を表す．

(4) E^+ と E^- の位相が同じで絶対値も等しい場合
式 (3.111) で右辺第 2 項が消えるので「直線偏り」となる．

3.6.2　ジョーンズベクトルによる偏光の記述

以下では基底ベクトルの向きを x, y 軸にとって，$\boldsymbol{e}_x$，$\boldsymbol{e}_y$ としよう．電場ベクトルが複素数 E_x，E_y を用いて

$$\boldsymbol{E}(\boldsymbol{x},t) = (E_x\boldsymbol{e}_x + E_y\boldsymbol{e}_y)e^{i(\boldsymbol{k}\cdot\boldsymbol{x}-\omega t)} \tag{3.112}$$

と表されるとき，ジョーンズベクトル $\boldsymbol{J}$ を以下のように定義する．

$$\boldsymbol{J} := \begin{pmatrix} E_x \\ E_y \end{pmatrix}. \tag{3.113}$$

上の定義よりわかるように，ジョーンズベクトルは一般に複素ベクトルである．また,

$$\boldsymbol{J}_1 \cdot \boldsymbol{J}_2^* = E_{1x}\, E_{2x}^* + E_{1y}\, E_{2y}^* = 0 \tag{3.114}$$

が満たされるとき $\boldsymbol{J}_1$ と $\boldsymbol{J}_2$ は直交する，という．

例　基底ベクトルの例

(a) $\boldsymbol{J}_x = \begin{pmatrix} 1 \\ 0 \end{pmatrix}$ x 方向の直線偏光，$\boldsymbol{J}_y = \begin{pmatrix} 0 \\ 1 \end{pmatrix}$ y 方向の直線偏光

(b) $\boldsymbol{J}_{+45^\circ} = \dfrac{1}{\sqrt{2}}\begin{pmatrix} 1 \\ 1 \end{pmatrix}$ x 軸に対して 45° 傾いた直線偏光，$\boldsymbol{J}_{-45^\circ} = \dfrac{1}{\sqrt{2}}\begin{pmatrix} 1 \\ -1 \end{pmatrix}$ x 軸に対して -45° 傾いた直線偏光

(c) $\boldsymbol{J}_l = \dfrac{1}{\sqrt{2}}\begin{pmatrix} 1 \\ i \end{pmatrix}$ 左回り円偏光，$\boldsymbol{J}_r = \dfrac{1}{\sqrt{2}}\begin{pmatrix} 1 \\ -i \end{pmatrix}$ 右回り円偏光

任意のジョーンズベクトルは，$\boldsymbol{J}_x$ と $\boldsymbol{J}_y$，あるいは $\boldsymbol{J}_r$ と $\boldsymbol{J}_l$ の組で記述できる．

$$\boldsymbol{J} = \alpha_x\boldsymbol{J}_x + \alpha_y\boldsymbol{J}_y = \alpha_r\boldsymbol{J}_r + \alpha_l\boldsymbol{J}_l \tag{3.115}$$

また，$\boldsymbol{J}_x$ と $\boldsymbol{J}_y$ および $\boldsymbol{J}_r$ と $\boldsymbol{J}_l$ がそれぞれ直交していることは式(3.114) より容易に確認することができる．

3.6.3 光学素子とジョーンズ行列

光学素子 f を通過することにより電磁波の偏光状態は $f : \boldsymbol{J} \to \boldsymbol{J}'$ と変化するが，この写像 f の $\boldsymbol{J}_x$，$\boldsymbol{J}_y$ による表現をジョーンズ行列と呼ぶ．すなわち，

$$\begin{pmatrix} J'_x \\ J'_y \end{pmatrix} = T \begin{pmatrix} J_x \\ J_y \end{pmatrix}, \qquad (T : \text{光学素子 } f \text{ のジョーンズ行列}) \tag{3.116}$$

光学素子を通しても光の偏光状態が変化しない場合，その偏光状態はその光学素子の基準モード (normal mode) であるという．このような，基準モードはジョーンズ行列の固有ベクトルとして与えられる．光学素子の基準モードを知ることは，光学素子の正しい使い方に直結する事項なので重要である．以下では，光学素子の例と偏光解析のジョーンズ行列を用いた方法について例を示そう．

例 1　直線偏光子

$$T_x = \begin{pmatrix} 1 & 0 \\ 0 & 0 \end{pmatrix}, \quad T_y = \begin{pmatrix} 0 & 0 \\ 0 & 1 \end{pmatrix} \tag{3.117}$$

T_x，T_y はそれぞれ，x 方向，y 方向の直線偏光子を表す．

$$T_x \boldsymbol{J}_x = \boldsymbol{J}_x, \quad T_x \boldsymbol{J}_y = 0, \quad T_x \boldsymbol{J}_r = \frac{1}{\sqrt{2}} \boldsymbol{J}_x \tag{3.118}$$

角度 θ だけ x 軸から傾いた直線偏光子は 2 次元平面の回転行列 $R(\theta)$ を用いて

$$T' = R(\theta) T_x R(-\theta)$$

と書ける．ここで

$$R(\theta) = \begin{pmatrix} \cos\theta & -\sin\theta \\ \sin\theta & \cos\theta \end{pmatrix}$$

である．

例 2　遅相子 (wave retarder)

$$T_\Gamma = \begin{pmatrix} 1 & 0 \\ 0 & e^{-i\Gamma} \end{pmatrix} \tag{3.119}$$

◇　　$T_{\Gamma=\pi/2}$ は $\dfrac{1}{4}$ 波長板を表す．

$$T_{\Gamma=\pi/2} = \begin{pmatrix} 1 & 0 \\ 0 & -i \end{pmatrix} \tag{3.120}$$

この $\dfrac{1}{4}$ 波長板に x 軸に対して $45°$ 傾いた直線偏光を入射すると，

$$T_{\Gamma=\pi/2}\boldsymbol{J}_{+45°} = \frac{1}{\sqrt{2}}\begin{pmatrix} 1 \\ -i \end{pmatrix} = \boldsymbol{J}_r \tag{3.121}$$

となり，右回り円偏光に変換されることがわかる．同様に，x 軸に対して $45°$ 傾いた直線偏光に $T_{\Gamma=\pi/2}$ を2回作用させると

$$T_{\Gamma=\pi/2}T_{\Gamma=\pi/2}\boldsymbol{J}_{+45°} = \frac{1}{\sqrt{2}}\begin{pmatrix} 1 \\ -1 \end{pmatrix} = \boldsymbol{J}_{-45°} \tag{3.122}$$

となり，x 軸に対して $-45°$ 傾いた直線偏光に変換されることがわかる．

◇　　$T_{\Gamma=\pi}$ は $\dfrac{1}{2}$ 波長板を表す．

$$T_{\Gamma=\pi} = \begin{pmatrix} 1 & 0 \\ 0 & -1 \end{pmatrix} \tag{3.123}$$

$\dfrac{1}{2}$ 波長板に x 軸に対して $45°$ 傾いた直線偏光を入射すると，

$$T_{\Gamma=\pi}\boldsymbol{J}_{+45°} = \frac{1}{\sqrt{2}}\begin{pmatrix} 1 \\ -1 \end{pmatrix} = \boldsymbol{J}_{-45°} \tag{3.124}$$

となり，x 軸に対して $-45°$ 傾いた直線偏光に変換されることがわかる．

例 3　偏光回転子 (polarization rotator)

$$T_\theta = \begin{pmatrix} \cos\theta & -\sin\theta \\ \sin\theta & \cos\theta \end{pmatrix} \tag{3.125}$$

$\theta = \dfrac{\pi}{2}$ の時 x 軸に対して $-45°$ 傾いた直線偏光に $T_{\theta=\pi/2}$ を作用させると，

$$T_{\theta=\pi/2}\boldsymbol{J}_{-45°} = \begin{pmatrix} 0 & -1 \\ 1 & 0 \end{pmatrix}\frac{1}{\sqrt{2}}\begin{pmatrix} 1 \\ -1 \end{pmatrix} = \frac{1}{\sqrt{2}}\begin{pmatrix} 1 \\ 1 \end{pmatrix} = \boldsymbol{J}_{+45°} \tag{3.126}$$

となり，x 軸に対して $45°$ 傾いた直線偏光に変換されることがわかる．

例 4 円偏光の解析

ジョーンズ行列の応用として $\frac{1}{4}$ 波長板の後ろに x 方向偏光子を 45° 傾けておいたものを考えてみる．45° 傾いた偏光子は式 (3.117) を回転変換することによって得られる．

$$T_{x,\theta=45^\circ} = R\left(-\frac{\pi}{4}\right) T_x R\left(\frac{\pi}{4}\right) = \frac{1}{2}\begin{pmatrix} 1 & -1 \\ 1 & 1 \end{pmatrix}\begin{pmatrix} 1 & 0 \\ 0 & 0 \end{pmatrix}\begin{pmatrix} 1 & 1 \\ -1 & 1 \end{pmatrix}$$
$$= \frac{1}{2}\begin{pmatrix} 1 & 1 \\ 1 & 1 \end{pmatrix} \tag{3.127}$$

となる．これより，$\frac{1}{4}$ 波長板の後ろに x 方向偏光子を 45° 傾けておいたものをジョーンズ行列 T_+ で表すと

$$T_+ = T_{x,\theta=45^\circ}\ T_{\Gamma=\pi/2} = \frac{1}{2}\begin{pmatrix} 1 & 1 \\ 1 & 1 \end{pmatrix}\begin{pmatrix} 1 & 0 \\ 0 & -i \end{pmatrix}$$
$$= \frac{1}{2}\begin{pmatrix} 1 & -i \\ 1 & -i \end{pmatrix} \tag{3.128}$$

となる．この光学素子 T_+ に左回り円偏光 $\boldsymbol{J}_l$ を入射させると

$$T_+\ \boldsymbol{J}_l = \frac{1}{2}\begin{pmatrix} 1 & -i \\ 1 & -i \end{pmatrix}\frac{1}{\sqrt{2}}\begin{pmatrix} 1 \\ i \end{pmatrix} = \frac{1}{\sqrt{2}}\begin{pmatrix} 1 \\ 1 \end{pmatrix} \tag{3.129}$$

となり，$|T_+\ \boldsymbol{J}_r| = 1$ となるので T_+ に左回り円偏光が入射すると全て 45° 直線偏光に変換されることがわかる．一方，T_+ に右回り円偏光を入射すると，

$$T_+\ \boldsymbol{J}_r = \begin{pmatrix} 0 \\ 0 \end{pmatrix} \tag{3.130}$$

となる．このため，光学素子 T_+ 透過後の電磁波強度を測定することにより円偏光基底における入射光の偏光 $\boldsymbol{J} = \alpha_r \boldsymbol{J}_r + \alpha_l \boldsymbol{J}_l$ 中の左回り円偏光成分の強度 $|\alpha_l|$ を知ることができる．同様に，$\frac{1}{4}$ 波長板の後ろに x 方向偏光子を −45° 傾けておいたもののジョーンズ行列を T_- と表すと，

$$T_- = \frac{1}{2}\begin{pmatrix} 1 & i \\ -1 & -i \end{pmatrix} \tag{3.131}$$

となり，T_- は右回り円偏光 $\boldsymbol{J}_r = 1/\sqrt{2}\ {}^t(1\ \ -i)$ を全て $-45°$ 直線偏光に変換し，左回り円偏光 $\boldsymbol{J}_l$ を遮る素子であることがわかる．これらのことより，光学素子 T_+ および T_- 透過後の電磁波強度を測定することにより，入射光の左回り円偏光成分および右回り円偏光成分の強度を知ることができることがわかる．しかし，この方法だけでは完全に偏光状態を決めることは難しく，章末コラムで示すストークスパラメーターがよく使われる．

§3.7　ビーム伝播

これまで扱ってきたのは，空間的に無限に広がった波面を持つ平面波であった．しかし，レーザーや指向性の電磁波のように，進行方向に対して垂直な面内では空間的に局在した電磁波も存在する．本節では，このようなビーム伝播する電磁波の波束が満たす方程式について議論しよう．

角振動数 ω をもつ真空中の電磁波は，マクスウェル方程式より以下を満たす．

$$(\Delta + k^2)\boldsymbol{E}(\boldsymbol{r}, \omega) = 0 \tag{3.132}$$

$$\boldsymbol{\nabla} \cdot \boldsymbol{E}(\boldsymbol{r}, \omega) = 0 \tag{3.133}$$

$$\boldsymbol{B}(\boldsymbol{r}, \omega) = -i\frac{1}{kc}\boldsymbol{\nabla} \times \boldsymbol{E}(\boldsymbol{r}, \omega) \tag{3.134}$$

ただし $k = \dfrac{\omega}{c}$ である．これに対して z 方向に進む平面波 $\boldsymbol{E} = \boldsymbol{E}_0 e^{ikz}$ ($\boldsymbol{E}_0$ は定数ベクトル) が上の方程式の解となることはすでに見た．ここでは，これを拡張して振幅の大きさに対して緩やかな $\boldsymbol{r}$ 依存性をもたせ

$$\boldsymbol{E}(\boldsymbol{r}) = \boldsymbol{E}_0(\boldsymbol{r})e^{ikz} \tag{3.135}$$

の解を探そう．ただし，$\boldsymbol{E}_0$ の座標依存性は極めて緩やかであるとする．式 (3.135) を式 (3.132) に代入すると

$$\left(\frac{\partial^2}{\partial x^2} + \frac{\partial^2}{\partial y^2} + 2ik\frac{\partial}{\partial z} + \frac{\partial^2}{\partial z^2}\right)\boldsymbol{E}_0(\boldsymbol{r}) = 0 \tag{3.136}$$

が成り立つことがわかる．

ここで，おおよそのオーダーカウンティングをしよう．平面波 e^{ikz} の z 方向の変化率は ik であり，振幅 $\boldsymbol{E}_0(\boldsymbol{r})$ はそれよりも極めて緩やかな座標依存性

をもつので，振幅 $\boldsymbol{E}_0(\boldsymbol{r})$ の x, y 方向の変化率を (微小量 $\epsilon \ll 1$ を導入して)$k\epsilon$ のオーダーとしよう．すると式 (3.136) の第一項，第二項は「もとの振幅」× $k^2\epsilon^2$ のオーダーである．方程式が成り立つためには第三項も「もとの振幅」× $k^2\epsilon^2$ のオーダーであるため $\boldsymbol{E}_0(\boldsymbol{r})$ の z 方向の変化率は $k\epsilon^2$ となる．このとき，第四項の「もとの振幅」× $k^2\epsilon^4$ のオーダーとなり，ϵ の高次を無視する近似で考慮しなくてよい．したがって，ϵ^2 までの近似では

$$\left(\frac{\partial^2}{\partial x^2}+\frac{\partial^2}{\partial y^2}+2ik\frac{\partial}{\partial z}\right)\boldsymbol{E}_0(\boldsymbol{r})=0 \tag{3.137}$$

の解を求めればよいことになる．この解が求まったとしよう．そこで，次にその解を式 (3.133) に代入して偏極ベクトルの向きを求めてみよう．すると

$$\frac{\partial}{\partial x}E_{0x}(\boldsymbol{r})+\frac{\partial}{\partial y}E_{0y}(\boldsymbol{r})+ikE_{0z}(\boldsymbol{r})+\frac{\partial}{\partial z}E_{0z}(\boldsymbol{r})=0 \tag{3.138}$$

振幅 $\boldsymbol{E}_0(\boldsymbol{r})$ の緩やかな座標依存性を無視する近似では，電磁波は横波なので $\epsilon \to 0$ の極限では，E_{0x} または E_{0y} が $O(1)$ の量である．そして，E_{0z} は第ゼロ近似で 0 である．このとき式 (3.138) の第一項，または第二項が $k\epsilon$ のオーダーなので，第三項も $k\epsilon$ のオーダーとすると，E_{0z} は ϵ のオーダーであることがわかる．すると第四項は，$k\epsilon^3$ のオーダーであることが分かるので無視してよい．第四項を無視すると，

$$E_{0z}=\frac{i}{k}\left(\frac{\partial}{\partial x}E_{0x}(\boldsymbol{r})+\frac{\partial}{\partial y}E_{0y}(\boldsymbol{r})\right) \tag{3.139}$$

と求められる．E_{0x} と E_{0y} に $\frac{\partial^2}{\partial x^2}+\frac{\partial^2}{\partial y^2}+2ik\frac{\partial}{\partial z}$ を作用させてゼロとなるとき，式 (3.139) の解 E_{0z} も $\frac{\partial^2}{\partial x^2}+\frac{\partial^2}{\partial y^2}+2ik\frac{\partial}{\partial z}$ を作用させてゼロとなることは明らかである．したがって，スカラー関数 $\Psi(\boldsymbol{r})$ が

$$\left(\frac{\partial^2}{\partial x^2}+\frac{\partial^2}{\partial y^2}+2ik\frac{\partial}{\partial z}\right)\Psi(\boldsymbol{r})=0 \tag{3.140}$$

の解であったとしよう．すると

$$\boldsymbol{E}_0=\begin{pmatrix}\Psi(\boldsymbol{r})\\ 0\\ \frac{i}{k}\frac{\partial}{\partial x}\Psi(\boldsymbol{r})\end{pmatrix},\quad \boldsymbol{E}_0=\begin{pmatrix}0\\ \Psi(\boldsymbol{r})\\ \frac{i}{k}\frac{\partial}{\partial y}\Psi(\boldsymbol{r})\end{pmatrix} \tag{3.141}$$

はともに方程式 (3.137) の解となっている，すなわちマクスウェル方程式の近似解を与えることが分かる．この解の z 成分は ϵ のオーダーで 0 なので，通常は，x, y 成分で偏光状態を記述できることがわかる．したがって，3.6.2 項で導入したジョーンズベクトルによって偏光状態が記述できる．

方程式 (3.140) を円筒座標

$$\boldsymbol{r} = \begin{pmatrix} r\cos\phi \\ r\sin\phi \\ z \end{pmatrix} \tag{3.142}$$

で書き直すと，

$$\left(\frac{\partial^2}{\partial r^2} + \frac{1}{r}\frac{\partial}{\partial r} + \frac{1}{r^2}\frac{\partial^2}{\partial \phi^2} + 2ik\frac{\partial}{\partial z}\right)\Psi(r,\phi,z) = 0 \tag{3.143}$$

となる．

3.7.1　ガウシアンビーム

前項の式 (3.143) の解として，z 軸まわりに回転対称で r 方向にガウシアン関数の形のものを求めよう．すなわち，$\Psi(r,\phi,z)$ として

$$\Psi(r,\phi,z) = \exp\Big(A(z)r^2 + B(z)\Big) \tag{3.144}$$

を仮定する．式 (3.144) を式 (3.143) に代入すると簡単な計算により

$$4A(z)^2 + 2ik\frac{dA(z)}{dz} = 0 \tag{3.145}$$

$$4A(z) + 2ik\frac{dB(z)}{dz} = 0 \tag{3.146}$$

を得る．これを解くと

$$A = \frac{ik}{2(z+C)} \tag{3.147}$$

$$B = \ln\left(\frac{1}{z+C}\right) + C' \tag{3.148}$$

を得る．C, C' は積分定数である．これを式 (3.144) に代入すると定数倍を除いて

$$\Psi(r,\phi,z) = \frac{1}{1+\frac{z}{C}}\exp\left(\frac{ik}{2(z+C)}r^2\right) \tag{3.149}$$

となる．Cが実数だと，動径方向に減衰する波束にならないので，Cを複素数にとる．さらに，Cの実部はzの原点の取り方に吸収できるので

$$C = -iz_0 \quad (z_0 > 0) \tag{3.150}$$

と取ろう．ここで波束が，rが大きくなるにつれて減衰するようにz_0の符号を選んだ．表式を有理化して最終的に以下の解を得る．

$$\Psi(r, \phi, z) = \frac{1}{\sqrt{1 + \left(\frac{z}{z_0}\right)^2}} \exp\left(-i\Phi(z) - \frac{r^2}{w^2(z)} + i\frac{kr^2}{2R(z)}\right) \tag{3.151}$$

ただし，

$$w^2(z) = w_0^2\left[1 + \left(\frac{z}{z_0}\right)^2\right], \quad R(z) = z\left[1 + \left(\frac{z_0}{z}\right)^2\right] = \frac{z_0^2}{z}\left[1 + \left(\frac{z}{z_0}\right)^2\right],$$

$$z_0 = \frac{kw_0^2}{2}, \quad \Phi(z) = \tan^{-1}\left(\frac{z}{z_0}\right) \tag{3.152}$$

である．この解はガウシアンビームと呼ばれる．上の表式にはzはz_0を基準に無次元化された量が現れ，rはw_0を基準に無次元化された量が現れるという単純な次元解析から，この関数のz方向への変化率はおおよそ$\frac{1}{z_0}$, r方向への変化率は$\frac{1}{w_0}$であると見積もられる．また，$\Phi(z)$はグイ (Gouy) 位相と呼ばれ，集光点での平面波からの位相のずれを表す．以前に方程式を近似するに当たって[2)]，微小量ϵを用いて

$$\frac{1}{z_0} \sim \epsilon^2 k, \quad \frac{1}{w_0} \sim \epsilon k \tag{3.153}$$

という関係を仮定していたが，式 (3.152) より$\frac{1}{w_0^2} = \frac{1}{2}k\frac{1}{z_0}$が成り立つので確かに仮定は満たされている．

図 3.2 に示すように，ガウシアンビームは$z = 0$に集光点をもち，$b = 2z_0$の範囲（レーリー長）でビーム径が$2w_0$程度の大きさの平行光束となる．$z = 0$から離れるにつれて，$\tan\theta = \frac{w_0}{z_0}$の発散角で広がりが大きくなる，いわゆる「くびれ」をもつビームになっている．多くのレーザー光はこのガウシア

2) 式 (3.137) の導出の議論を参照せよ．

ンビームでよく記述される．上で述べた w_0 の評価から，最小値はせいぜい波長の程度であることがわかる．このことは，「回折限界」としてよく知られている．

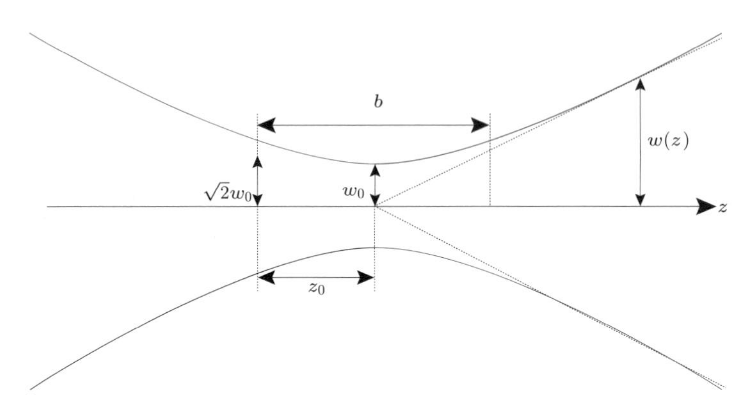

図 **3.2**　ガウシアンビーム

3.7.2　ラゲール・ガウシアンビーム

前項のガウシアンビームの解 $\Psi(r,\phi,z)$ を，$\Psi_G(r,z)$ と呼ぶことにしよう．ここでガウシアンビームの解は，角度 ϕ に対する依存性をもたない．式 (3.143) の一般解を求めるために，z 軸から離れると指数関数的に減衰し，角度依存性 $e^{im\phi}$ をもつ以下の形の解を求めよう．

$$\Psi(r,\phi,z) = F\left(\frac{2r^2}{w^2}\right) Z(z) e^{im\phi} \exp\left(-\frac{r^2}{w^2(z)}\right) \tag{3.154}$$

ここで，$w(z)$ はガウシアンビーム解と同じものである．式 (3.154) を，式 (3.143) に代入すると単純な計算の後に $x = \dfrac{2r^2}{w^2}$ とおいて，$F(x)$ に関して，

$$x^2 \frac{d^2}{dx^2} F(x) + (x - x^2) \frac{d}{dx} F(x) + \left(\frac{kr^2}{2}\frac{d\Theta(z)}{dz} - \frac{m^2}{4}\right) F(x) = 0 \tag{3.155}$$

が成り立つことが示される．ここで $\Theta(z)$ として，さきに導入した角度 ϕ 依存性を決めるパラメータ整数 m に加え，あらたに整数 n を導入して

$$\Theta(z) = (2n - |m|)\tan^{-1}\left(\frac{z}{z_0}\right) \tag{3.156}$$

と選ぶと，簡単な計算ののち，F は次の微分方程式を満たすことが示せる．

$$x^2\frac{d^2}{dx^2}F(x)+(x-x^2)\frac{d}{dx}F(x)+\left(\left(n-\frac{|m|}{2}\right)x-\frac{m^2}{4}\right)F(x)=0 \tag{3.157}$$

さらに

$$F(x)=x^{|m|/2}H(x) \tag{3.158}$$

とおきなおすと，微分方程式は

$$x\frac{d^2}{dx^2}H(x)+(1+|m|-x)\frac{d}{dx}H(x)+(n-|m|)H(x)=0 \tag{3.159}$$

となる．この方程式の解は

$$H(x)=L_n^{|m|}(x) \tag{3.160}$$

となる．ここで $L_n^m(x)$ はラゲールの陪多項式（3.10 節を参照）である．同様に，$Z(z)$ に関しても解を得ると [3]，最終的に式 (3.154) は，

$$\begin{aligned}&\Psi_{nm}(r,\phi,z)\\&=\frac{w_0}{w(z)}\left(\frac{\sqrt{2}r}{w(z)}\right)^{|m|}L_n^{|m|}\left(\frac{2r^2}{w^2}\right)e^{im\phi}\exp\left(-i\Phi^{nm}(z)-\frac{r^2}{w^2(z)}+i\frac{kr^2}{2R(z)}\right)\end{aligned} \tag{3.161}$$

となり，モード指数 (n,m) で表されるラゲール・ガウシアンビーム解（LG 解）が得られる．ただし，この解の中の $\Psi_G(r,z)$ のグイ位相はモード指数に依存しており，

$$\Phi^{nm}(z)=(2n-|m|+1)\tan^{-1}\left(\frac{z}{z_0}\right) \tag{3.162}$$

で定義される．モード指数 $(n,m)=(0,0)$ の解はガウシアンビーム解と一致することがわかる．図 3.3 にモード指数の LG 解の空間強度分布（絶対値）を示す．モード指数 (n,m) のうち，n は動径方向のノードの数を表す．m が 0 でない値をとると，原点に位相特異点をもち，ドーナツ状の強度分布をもつことがわかる．m は LG 解がもつ軌道角運動量を表している．3.9 節でこの点を議論する．

[3] ガウシアンビーム解のときと同様の扱いを行う．

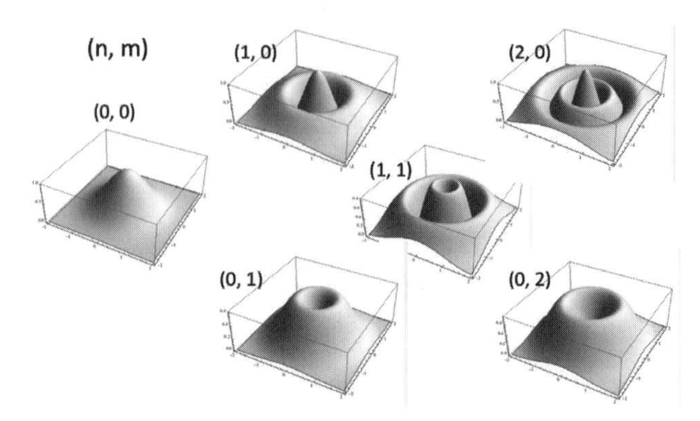

図 **3.3**　幾つかの (n, m) 指数のラゲール・ガウシアンモードの強度分布

§3.8　電磁場のエネルギー・運動量

物質中の電磁場のエネルギー密度は

$$u = \int_0^D d\boldsymbol{D} \cdot \boldsymbol{E} + \int_0^B d\boldsymbol{B} \cdot \boldsymbol{H} \tag{3.163}$$

で与えられる．この時間変化は

$$\frac{\partial u}{\partial t} = \frac{\partial \boldsymbol{D}}{\partial t} \cdot \boldsymbol{E} + \frac{\partial \boldsymbol{B}}{\partial t} \cdot \boldsymbol{H} \tag{3.164}$$

である．物質中のマクスウェル方程式より

$$\begin{aligned} \frac{\partial u}{\partial t} &= (\boldsymbol{\nabla} \times \boldsymbol{H} - \boldsymbol{J}_f) \cdot \boldsymbol{E} - (\boldsymbol{\nabla} \times \boldsymbol{E}) \cdot \boldsymbol{H} \\ &= -\boldsymbol{\nabla} \cdot (\boldsymbol{E} \times \boldsymbol{H}) - \boldsymbol{J} \cdot \boldsymbol{E} \end{aligned} \tag{3.165}$$

となる．以下のように $\boldsymbol{Y}$ を

$$\boldsymbol{Y} := \boldsymbol{E} \times \boldsymbol{H} \tag{3.166}$$

と定義すると，上の方程式は

$$\frac{\partial u}{\partial t} + \boldsymbol{\nabla} \cdot \boldsymbol{Y} + \boldsymbol{J} \cdot \boldsymbol{E} = 0 \tag{3.167}$$

となる．左辺の第一項はエネルギー密度の時間変化，第三項は電流密度によるエネルギー消費密度を表す．そこで第二項の $\boldsymbol{Y}$ を単位時間，単位面積当たり

のエネルギーの流れを表す量と解釈すれば，これはエネルギーの保存則を意味する．$\boldsymbol{Y}$ をポインティングベクトルと呼ぶ．

次に電磁場のもとでの運動量の保存について考察する．点 $\boldsymbol{r}$ を囲む微小体積 ΔV 内の電荷が受ける力 $\boldsymbol{F}$ は

$$\boldsymbol{F} = \int_{\Delta V} d^3\boldsymbol{r}\,(\rho_f \boldsymbol{E} + \boldsymbol{J}_f \times \boldsymbol{B}) \tag{3.168}$$

である．マクスウェル方程式を用いて電荷密度，電流密度を消去すると

$$\boldsymbol{F} = \int_{\Delta V} d^3\boldsymbol{r}\left((\boldsymbol{\nabla}\cdot\boldsymbol{D})\boldsymbol{E} + (\boldsymbol{\nabla}\times\boldsymbol{H})\times\boldsymbol{B} - \frac{\partial \boldsymbol{D}}{\partial t}\times\boldsymbol{B}\right) \tag{3.169}$$

右辺の最後の項を $\boldsymbol{D}\times\boldsymbol{B}$ の時間微分とそれ以外の項に分けると

$$\begin{aligned}\boldsymbol{F} = &\int_{\Delta V} d^3\boldsymbol{r}\left((\boldsymbol{\nabla}\cdot\boldsymbol{D})\boldsymbol{E} + (\boldsymbol{\nabla}\times\boldsymbol{H})\times\boldsymbol{B} + \boldsymbol{D}\times\frac{\partial \boldsymbol{B}}{\partial t}\right)\\ &- \frac{d}{dt}\int_{\Delta V} d^3\boldsymbol{r}\,(\boldsymbol{D}\times\boldsymbol{B})\end{aligned}$$

となる．右辺の最後の項にマクスウェル方程式を用いて時間微分を消去すると

$$\begin{aligned}\boldsymbol{F} =&\int_{\Delta V} d^3\boldsymbol{r}\,((\boldsymbol{\nabla}\cdot\boldsymbol{D})\boldsymbol{E} - \boldsymbol{D}\times(\boldsymbol{\nabla}\times\boldsymbol{E}) + (\boldsymbol{\nabla}\cdot\boldsymbol{B})\boldsymbol{H} - \boldsymbol{B}\times(\boldsymbol{\nabla}\times\boldsymbol{H}))\\ &- \frac{d}{dt}\int_{\Delta V} d^3\boldsymbol{r}\,(\boldsymbol{D}\times\boldsymbol{B})\end{aligned} \tag{3.170}$$

ここで一般にベクトル場 $\boldsymbol{A}, \boldsymbol{B}$ に対し $\boldsymbol{A}\times(\boldsymbol{\nabla}\times\boldsymbol{B})$ の i 成分が

$$(\boldsymbol{A}\times(\boldsymbol{\nabla}\times\boldsymbol{B}))^i = \partial_i\,(\boldsymbol{B}\cdot\boldsymbol{A}) - \sum_{j=1}^{3} B^j \partial_i A^j \tag{3.171}$$

となることを用いると

$$\begin{aligned}&F^i + \frac{d}{dt}\int_{\Delta V} d^3\boldsymbol{r}\,(\boldsymbol{D}\times\boldsymbol{B})^i\\ =&\int_{\Delta V} d^3\boldsymbol{r}\sum_{j=1}^{3}\partial_j\left[E^i D^j + H^i B^j - \delta^{ij}\,(\boldsymbol{E}\cdot\boldsymbol{D} + \boldsymbol{H}\cdot\boldsymbol{B} - u)\right]\end{aligned} \tag{3.172}$$

が示せる．ここで左辺の第一項の $\boldsymbol{F}$ は，領域 ΔV 内の電荷の運動量の時間変化を表す．第二項を領域 ΔV 内の電磁場の運動量の時間変化と解釈すると，左辺全体で電荷と電磁場の両方を含む全運動量の時間変化となる．右辺はガウス

の定理よりΔVの表面積分で与えられるが，弾性体でよく用いられる応力テンソルT^{ij}が電磁場についても定義でき，その表式が

$$T^{ij} := \delta^{ij}\left(\boldsymbol{E}\cdot\boldsymbol{D} + \boldsymbol{H}\cdot\boldsymbol{B} - u\right) - \left(E^i D^j + H^i B^j\right) \quad (i, j = 1, 2, 3) \tag{3.173}$$

と与えられるものとする．領域ΔVの表面をSとおくと

$$F^i + \frac{d}{dt}\int_{\Delta V} d^3\boldsymbol{r}\,(\boldsymbol{D}\times\boldsymbol{B})^i + \sum_{j=1}^{3}\int_S dSn^j T^{ij} = 0 \tag{3.174}$$

が得られる．これは領域ΔV内の全運動量が，表面Sから受ける応力により変化することを示す．また微分形で表すと

$$F^i + \frac{1}{c}\frac{\partial}{\partial t}T^{0i} + \sum_{j=1}^{3}\frac{\partial}{\partial r^j}T^{ij} = 0 \tag{3.175}$$

となる．ここで

$$F^i := (\rho_f\boldsymbol{E} + \boldsymbol{J}_f\times\boldsymbol{B})^i,\quad \frac{1}{c}T^{0i} := (\boldsymbol{D}\times\boldsymbol{B})^i \tag{3.176}$$

である．

これまでの結果は，エネルギー・運動量テンソル

$$T^{\mu\nu} = \begin{pmatrix} u & T^{01} & T^{02} & T^{03} \\ \frac{1}{c}Y^1 & T^{11} & T^{12} & T^{13} \\ \frac{1}{c}Y^2 & T^{21} & T^{22} & T^{23} \\ \frac{1}{c}Y^3 & T^{31} & T^{32} & T^{33} \end{pmatrix} \tag{3.177}$$

4元反変ベクトル

$$x^\mu = \begin{pmatrix} ct \\ r^1 \\ r^2 \\ r^3 \end{pmatrix} J^\mu = \begin{pmatrix} c\rho \\ J^1 \\ J^2 \\ J^3 \end{pmatrix} \tag{3.178}$$

および電磁場テンソル

$$F^{\mu\nu} = \begin{pmatrix} 0 & -\frac{E^1}{c} & -\frac{E^2}{c} & -\frac{E^3}{c} \\ \frac{E^1}{c} & 0 & -B^3 & B^2 \\ \frac{E^2}{c} & B^3 & 0 & -B^1 \\ \frac{E^3}{c} & -B^2 & B^1 & 0 \end{pmatrix} \tag{3.179}$$

を用いて

$$\sum_{\mu=0}^{3}\left[\frac{\partial}{\partial x^{\mu}}T^{\mu\nu}+J_{\mu}F^{\mu\nu}\right]=0 \tag{3.180}$$

ただし,

$$J_{\mu}=\begin{pmatrix}-c\rho\\ J^{1}\\ J^{2}\\ J^{3}\end{pmatrix}$$

とまとめられる.

電荷に働くトルクは物質の角運動量の時間変化を与える. そこで電磁場を含めた系全体の角運動量の保存則を導くことで, 電磁場の角運動量を決定しよう. 式 (3.175) と位置ベクトル $\boldsymbol{r}$ との外積を取ると

$$(\boldsymbol{r}\times\boldsymbol{F})^{i}+\sum_{j,k=1}^{3}\frac{1}{c}\epsilon^{ijk}\boldsymbol{r}^{j}\frac{\partial}{\partial t}T^{0k}+\sum_{j,k=1}^{3}\sum_{l=1}^{3}\epsilon^{ijk}\boldsymbol{r}^{j}\frac{\partial}{\partial r^{l}}T^{kl}=0 \tag{3.181}$$

が得られる. 上式はさらに以下のように書き替えられる.

$$(\boldsymbol{r}\times\boldsymbol{F})^{i}+\frac{\partial}{\partial t}\left(\sum_{j,k=1}^{3}\frac{1}{c}\epsilon^{ijk}\boldsymbol{r}^{j}T^{0k}\right)+\sum_{l=1}^{3}\frac{\partial}{\partial r^{l}}\left(\sum_{j,k=1}^{3}\epsilon^{ijk}\boldsymbol{r}^{j}T^{kl}\right)=0 \tag{3.182}$$

ここで右辺がゼロであることを示すために, T^{ij} が対称テンソルであることを用いた. 式 (3.182) において, 第一項は電荷の受けるトルクを表し, それは角運動量密度の時間変化を与える. 第二項を電磁場の角運動量密度, 第三項を電磁場の受けるトルクと解釈すると角運動量の保存則が得られる.

ここで, 特に真空中の電磁波について議論しよう. まず, 物質がないので $\boldsymbol{F}=\boldsymbol{0}$ であり, エネルギー運動量テンソルは

$$\frac{1}{c}T^{0i} = \epsilon_{0}\left(\boldsymbol{E}\times\boldsymbol{B}\right) \tag{3.183}$$

$$T^{ij} = \frac{1}{2}\delta_{ij}\left(\epsilon_{0}\boldsymbol{E}^{2}+\frac{1}{\mu_{0}}\boldsymbol{B}^{2}\right)-\left(\epsilon_{0}E^{i}E^{j}+\frac{1}{\mu_{0}}B^{i}B^{j}\right) \tag{3.184}$$

となる. 式 (3.182) に現れる量である角運動量密度と, 電磁場のトルクをそれぞれ J^{i}, M^{ij} と呼ぶと

$$J^{i} = \sum_{j,k=1}^{3}\epsilon^{ijk}r^{j}\frac{T^{0j}}{c}=\left(\epsilon_{0}\boldsymbol{r}\times(\boldsymbol{E}\times\boldsymbol{B})\right)^{i} \tag{3.185}$$

$$M^{li} = \sum_{j,k=1}^{3} \epsilon^{ijk} r^j T^{kl} \tag{3.186}$$

が成り立つ．すると真空中での電磁波の角運動量の保存則は，

$$\frac{\partial}{\partial t} J^i + \sum_{l=1}^{3} \frac{\partial}{\partial r^l} M^{li} = 0 \tag{3.187}$$

と表される．

§3.9　光の角運動量

ガウシアンビームは，軸対称な光学系やレーザーの発振モードとして知られていた．近年，円筒レンズを用いたモード変換器によってガウシアンビームからラゲール・ガウシアンビームの生成が実現されている．これにより，電磁波に偏光の自由度（以下で偏光の自由度がスピン角運動量に対応することを示す）とともに，軌道角運動量を持たせることが可能になった．ラゲール・ガウシアンビームは，電磁波の角運動量によって物体へトルクを与える「光スパナ」としての応用も進められている．

3.9.1　光の角運動量

電磁波の解として，式 (3.135) に時間依存性を加え，

$$\boldsymbol{E}(\boldsymbol{r}) = \boldsymbol{E}_0(\boldsymbol{r}) e^{ikz - i\omega t} \tag{3.188}$$

とする．以下では，z 成分とそれに垂直な成分に分けて，$\boldsymbol{E} = (\boldsymbol{E}_\perp, E_z)$ と書く．同様に

$$\boldsymbol{E}_0(\boldsymbol{r}) = E_{0\perp} \boldsymbol{e}_\perp + E_{0z} \boldsymbol{e}_z \tag{3.189}$$

とおく．ここで，$\boldsymbol{e}_\perp$ は z 軸に垂直な面内での偏光状態を特徴付ける単位ベクトルである．式 (3.139) で見たように，E_{0z} は $O(\epsilon)$ で小さい．この解は，式 (3.133) を満たし，磁場は式 (3.134) によって与えられる．

ここでは，ビームの単位長さあたりの角運動量の z 成分 L_z とビームの単位長さあたりの電磁場のエネルギー U の比を考えることで，近軸近似の電磁波解が持つ角運動量を評価する．ここでは，角運動量密度の z 成分とエネルギー

密度の時間平均を z に垂直な面内で積分した量を考えよう．後述する式 (4.61) の時間平均定理を用いると，求めるべき量は

$$\frac{\langle \boldsymbol{L}_z \rangle_t}{\langle U \rangle_t} = \frac{\epsilon_0 \mathrm{Re} \int d^2 r [\boldsymbol{r} \times (\boldsymbol{E}^* \times \boldsymbol{B})] \cdot \hat{\boldsymbol{z}}}{\frac{1}{2}\epsilon_0 \mathrm{Re} \int d^2 r [\boldsymbol{E}^* \cdot \boldsymbol{E} + c^2 \boldsymbol{B}^* \cdot \boldsymbol{B}]} \tag{3.190}$$

となる．式 (3.134) と $\omega = ck$ から，次のように変形される．

$$\frac{\langle \boldsymbol{L}_z \rangle_t}{\langle U \rangle_t} = \frac{\mathrm{Re} \int d^2 r [\boldsymbol{r} \times [\boldsymbol{E}^* \times (-i\boldsymbol{\nabla} \times \boldsymbol{E})] \cdot \hat{\boldsymbol{z}}}{\frac{1}{2}\omega \mathrm{Re} \int d^2 r [\boldsymbol{E}^* \cdot \boldsymbol{E} + k^{-2} (\boldsymbol{\nabla} \times \boldsymbol{E}^*) \cdot (\boldsymbol{\nabla} \times \boldsymbol{E})]} \tag{3.191}$$

式 (3.139) とラゲール・ガウシアンビームの横の広がり ω_0 から，

$$E_z \approx \frac{i}{k} \frac{\partial \boldsymbol{E}_\perp}{\partial r} \approx \frac{i}{k\omega_0} E_\perp \tag{3.192}$$

となるので，$\boldsymbol{E}$ の 2 次の項においては，E_z を無視できる．すなわち，

$$\boldsymbol{E}^* \cdot \boldsymbol{E} \approx \boldsymbol{E}_\perp^* \cdot \boldsymbol{E}_\perp \tag{3.193}$$

$$k^{-2} (\boldsymbol{\nabla} \times \boldsymbol{E}^*) \cdot (\boldsymbol{\nabla} \times \boldsymbol{E}) \approx \boldsymbol{E}_\perp^* \cdot \boldsymbol{E}_\perp \tag{3.194}$$

式 (3.191) の分子は簡単な計算から，

$$\boldsymbol{r} \times [\boldsymbol{E}^* \times (-i\boldsymbol{\nabla} \times \boldsymbol{E})] = \boldsymbol{r} \times (E_k^* \boldsymbol{\nabla} E_k) - \boldsymbol{r} \times (\boldsymbol{E}^* \cdot \boldsymbol{\nabla}) \boldsymbol{E} \tag{3.195}$$

となることを利用すればよい．第一項は $\boldsymbol{E} \to \boldsymbol{E}_\perp$ の置き換えが成り立ち，第二項は式 (3.191) に戻した後，部分積分をすることによって簡単化できる．このようにして，最終的に下式を得る．

$$\frac{\langle \boldsymbol{L}_z \rangle_t}{\langle U \rangle_t} = \frac{\mathrm{Re} \int d^2 r (\boldsymbol{E}_\perp^* \cdot [\boldsymbol{r} \times (-i\boldsymbol{\nabla})]_z \boldsymbol{E}_\perp - i [\boldsymbol{E}_\perp^* \times \boldsymbol{E}_\perp]_z)}{\omega \mathrm{Re} \int d^2 r |\boldsymbol{E}_\perp|^2} \tag{3.196}$$

積分は，$\boldsymbol{E}_\perp$ が z 軸に垂直な面内では指数関数的に小さくなることから収束する．

$\boldsymbol{E}_\perp$ は偏光状態を表している．また，式 (3.196) においては，z 軸に垂直な 2 次元面での積分だけが重要である．そこで，偏光状態を 2 次元のベクトルで表

現することにする．3.6.2項とは異なり，ここでは円偏光状態を基底として偏光状態を表現しよう．電場を

$$\boldsymbol{E} = E_x \mathbf{e}_x + E_y \mathbf{e}_y = E^+ \mathbf{e}^+ + E^- \mathbf{e}^- \tag{3.197}$$

と書き，ジョーンズベクトルを $\mathbf{e}^+$ と $\mathbf{e}^-$ の基底で表現する．ここでは，3.6.2項でのジョーンズベクトルと区別するために，$|\psi\rangle$ を用いる．すなわち，

$$|\psi\rangle = \begin{pmatrix} \psi^+ \\ \psi^- \end{pmatrix} = \frac{1}{\sqrt{2}} \begin{pmatrix} E_x - iE_y \\ E_x + iE_y \end{pmatrix} \tag{3.198}$$

$\psi^- = 0$ は左回り円偏光，$\psi^+ = 0$ は右回り円偏光を意味する．また，簡単のために電場を規格化しておく．すなわち，

$$\langle\psi|\psi\rangle = \int d^2 r |\boldsymbol{E}_\perp|^2 = 1 \tag{3.199}$$

次に，量子力学に倣って，軌道角運動量演算子とスピン1の角運動量演算子を定義する．

$$l_z = [\boldsymbol{r} \times (-i\hbar \boldsymbol{\nabla})]_z = -i\hbar \frac{\partial}{\partial \phi} \tag{3.200}$$

$$s_z = \hbar \begin{pmatrix} 1 & 0 \\ 0 & -1 \end{pmatrix} \tag{3.201}$$

これを用いると式(3.196)は下記のようになる．ここで，分母分子に $\hbar$ を乗じてある．

$$\frac{\langle \boldsymbol{L}_z \rangle_t}{\langle U \rangle_t} = \frac{\langle\psi|l_z|\psi\rangle + \langle\psi|s_z|\psi\rangle}{\hbar\omega} \tag{3.202}$$

第二項のスピン角運動量の項はビームの偏光状態だけで決定される．

$$\langle\psi|s_z|\psi\rangle = \hbar \int d^2 r (|\psi^+|^2 - |\psi^-|^2) \tag{3.203}$$

このように，円偏光状態は光のスピン角運動量の z 方向への射影を表していることがわかる．左回り円偏光状態は $+\hbar$，右回り円偏光状態は $-\hbar$ のスピン角運動量を運ぶことがわかる．直線偏光状態は $(|\psi^+| = |\psi^-|)$ なので，スピン角運動量を運ばないことがわかる．

第一項の軌道角運動量の項を考えるために，ラゲール・ガウシアン (LG) ビームを考える．式 (3.161) において，ϕ 依存は $e^{im\phi}$ だけであるので，容易に計算できて，

$$\langle\psi|l_z|\psi\rangle = m\hbar \tag{3.204}$$

となる．このように，モード指数 (n,m) の LG ビームは z 方向の軌道角運動量を有し，その大きさは $m\hbar$ であることがわかる．実際，$m\neq 0$ の LG モードを用いて水中の微小球を回転運動させることができることが実験で示されている．これは，LG モードの電磁波が運ぶ軌道角運動量が物質に転写されたことに他ならない．ガウシアンビームはモード指数 $(0,0)$ であるので，軌道角運動量は 0 である．

§3.10　数学に関する補足

極座標でのラプラシアン

直交座標系における位置座標を極座標を用いて

$$r^1 = x = r\sin\theta\cos\varphi \tag{3.205}$$

$$r^2 = y = r\sin\theta\sin\varphi \tag{3.206}$$

$$r^3 = z = r\cos\theta \tag{3.207}$$

とおくと，直交座標系における偏微分は，微分の連鎖律を用いて

$$\frac{\partial}{\partial x} = \sin\theta\cos\varphi\frac{\partial}{\partial r} + \frac{\cos\theta\cos\varphi}{r}\frac{\partial}{\partial\theta} - \frac{\sin\varphi}{r\sin\theta}\frac{\partial}{\partial\varphi} \tag{3.208}$$

$$\frac{\partial}{\partial y} = \sin\theta\sin\varphi\frac{\partial}{\partial r} + \frac{\cos\theta\sin\varphi}{r}\frac{\partial}{\partial\theta} - \frac{\cos\varphi}{r\sin\theta}\frac{\partial}{\partial\varphi} \tag{3.209}$$

$$\frac{\partial}{\partial z} = \cos\theta\frac{\partial}{\partial r} - \frac{\sin\theta}{r}\frac{\partial}{\partial\theta} \tag{3.210}$$

と書ける．この式はベクトル表記を用いると

$$\boldsymbol{\nabla} = \boldsymbol{e}_r\frac{\partial}{\partial r} + \boldsymbol{e}_\theta\frac{1}{r}\frac{\partial}{\partial\theta} + \boldsymbol{e}_\varphi\frac{1}{r\sin\theta}\frac{\partial}{\partial\varphi} \tag{3.211}$$

とまとめられる．ただし $\boldsymbol{e}_r, \boldsymbol{e}_\theta, \boldsymbol{e}_\varphi$ はそれぞれ r 方向，θ 方向，φ 方向の単位ベクトルで，成分表示では

$$e_r = \begin{pmatrix} \sin\theta\cos\varphi \\ \sin\theta\sin\varphi \\ \cos\theta \end{pmatrix}, \quad e_\theta = \begin{pmatrix} \cos\theta\cos\varphi \\ \cos\theta\sin\varphi \\ -\sin\theta \end{pmatrix}, \quad e_\varphi = \begin{pmatrix} -\sin\varphi \\ \cos\varphi \\ 0 \end{pmatrix} \tag{3.212}$$

と表される．これらの表式を用いると3次元のラプラシアンは

$$\Delta = \frac{\partial^2}{\partial r^2} + \frac{2}{r}\frac{\partial}{\partial r} - \frac{1}{r^2}\boldsymbol{L}^2 \tag{3.213}$$

と表される．ただし，$\boldsymbol{L}^2$ は

$$\boldsymbol{L}^2 = -\left[\frac{1}{\sin\theta}\frac{\partial}{\partial\theta}\left(\sin\theta\frac{\partial}{\partial\theta}\right) + \frac{1}{\sin^2\theta}\frac{\partial^2}{\partial\varphi^2}\right] \tag{3.214}$$

で与えられる．

軌道角運動量演算子

式 (3.103) で定義した空間の回転に伴う場の変化分を生成する微分演算子を

$$\boldsymbol{L} = \boldsymbol{r} \times \boldsymbol{\nabla} \tag{3.215}$$

と書き，「軌道角運動量演算子」と呼ぶことにしよう．極座標表示を用いると

$$\begin{aligned} \boldsymbol{L} &= -ir\boldsymbol{e}_r \times \left(\boldsymbol{e}_r\frac{\partial}{\partial r} + \boldsymbol{e}_\theta\frac{1}{r}\frac{\partial}{\partial\theta} + \boldsymbol{e}_\varphi\frac{1}{r\sin\theta}\frac{\partial}{\partial\varphi}\right) \\ &= -i\left(\boldsymbol{e}_\varphi\frac{\partial}{\partial\theta} - \boldsymbol{e}_\theta\frac{1}{\sin\theta}\frac{\partial}{\partial\varphi}\right) \end{aligned} \tag{3.216}$$

となる．ここで極座標表示での正規直交基底ベクトルの外積についての関係式 $\boldsymbol{e}_r \times \boldsymbol{e}_\theta = \boldsymbol{e}_\varphi$, $\boldsymbol{e}_r \times \boldsymbol{e}_\varphi = -\boldsymbol{e}_\theta$ を用いた．「軌道角運動量演算子の2乗」は

$$\boldsymbol{L}\cdot\boldsymbol{L} = -\left(\boldsymbol{e}_\varphi\frac{\partial}{\partial\theta} - \boldsymbol{e}_\theta\frac{1}{\sin\theta}\frac{\partial}{\partial\varphi}\right)\cdot\left(\boldsymbol{e}_\varphi\frac{\partial}{\partial\theta} - \boldsymbol{e}_\theta\frac{1}{\sin\theta}\frac{\partial}{\partial\varphi}\right) \tag{3.217}$$

で与えられるが，$\boldsymbol{e}_\theta$, $\boldsymbol{e}_\varphi$ が正規直交基底の一部をなすことと

$$\frac{\partial\boldsymbol{e}_\theta}{\partial\varphi} = \cos\theta\boldsymbol{e}_\varphi, \quad \frac{\partial\boldsymbol{e}_\varphi}{\partial\theta} = 0 \tag{3.218}$$

を用いると，確かに式 (3.214) が得られる．したがって，3 次元のラプラシアンに現れる角度についての 2 階微分演算子 $\boldsymbol{L}^2$ は「軌道角運動量演算子の 2 乗」と解釈できる．

球面調和関数

球面調和関数 $Y_{lm}(\theta,\varphi)$ は以下で定義される．

$$Y_{lm}(\theta,\varphi)=\left((2l+1)\frac{(l-m)!}{(l+m)!}\right)^{1/2}P_l^m(\cos\theta)e^{im\varphi} \tag{3.219}$$

ここで $P_l^m(z)$ はルジャンドル陪関数でルジャンドル多項式 $P_l(z)$ と

$$P_l^m(z)=(z^2-1)^{m/2}\frac{d^m}{dz^m}P_l(z) \tag{3.220}$$

という関係で結ばれる．ルジャンドル多項式は

$$P_l(z)=\frac{1}{2^l l!}\frac{d^l}{dz^l}(z^2-1)^l \tag{3.221}$$

で与えられるので結局，

$$P_l^m(z)=\frac{1}{2^l l!}(z^2-1)^{m/2}\frac{d^{(l+m)}}{dz^{(l+m)}}(z^2-1)^l \tag{3.222}$$

となる．この表式から $P_l^m(z)$ がきちんと定義され，かつゼロでないためには $-l\leq m\leq l$ が必要であることがわかる．ルジャンドル陪関数は微分方程式

$$\left((1-z^2)\frac{d^2}{dz^2}-2z\frac{d}{dz}+l(l+1)-\frac{m^2}{1-z^2}\right)P_l^m(z)=0 \tag{3.223}$$

を満たす．球面調和関数の微分方程式 (3.96), (3.214) に Y_{lm} の定義式 (3.219) を代入すると

$$\left[\frac{1}{\sin\theta}\frac{\partial}{\partial\theta}\left(\sin\theta\frac{\partial}{\partial\theta}\right)-\frac{m^2}{\sin^2\theta}+l(l+1)\right]P_l^m(\cos\theta)=0 \tag{3.224}$$

を得るが，この式において $z=\cos\theta$ とおくと確かに式 (3.223) と一致する．

ベッセル関数

ベッセル関数は関数 $f(x)$ についての微分方程式

$$\left(\frac{d^2}{dx^2}+\frac{1}{x}\frac{d}{dx}+1-\frac{\nu^2}{x^2}\right)f(x)=0 \tag{3.225}$$

の解として与えられる．この解の独立なものは2つあり，ひとつは第一種ベッセル関数 $J_\nu(x)$ で

$$J_\nu(x)=\left(\frac{x}{2}\right)^\nu\sum_{n=0}^{\infty}\frac{(-1)^n(x/2)^{2n}}{n!\Gamma(\nu+n+1)} \tag{3.226}$$

で与えられる．もうひとつは第二種ベッセル関数 $N_\nu(x)$ で

$$N_\nu(x)=\frac{1}{\sin\nu\pi}\left(\cos\nu\pi J_\nu(x)-J_{-\nu}(x)\right) \tag{3.227}$$

で与えられる．x が大きいときは漸近形的に

$$J_\nu(x)\approx\sqrt{\frac{2}{\pi x}}\cos\left(z-\frac{(2\nu+1)\pi}{4}\right) \tag{3.228}$$

$$N_\nu(x)\approx\sqrt{\frac{2}{\pi x}}\sin\left(z-\frac{(2\nu+1)\pi}{4}\right) \tag{3.229}$$

のように振る舞う．また $H_\nu^{(1)}(x)=J_\nu(x)+iN_\nu(x)$, $H_\nu^{(2)}(x)=J_\nu(x)-iN_\nu(x)$ をそれぞれ第一種ハンケル関数，第二種ハンケル関数と呼ぶ．

球ベッセル関数

第一種球ベッセル関数 $j_n(x)$, 第二種球ベッセル関数 $n_n(x)$ を用いて

$$j_n(x)=\sqrt{\frac{\pi}{2x}}J_{n+1/2}(x) \tag{3.230}$$

$$n_n(x)=\sqrt{\frac{\pi}{2x}}N_{n+1/2}(x) \tag{3.231}$$

で定義される．$j_n(x), n_n(x)$ ともに関数 $f(x)$ に対する微分方程式

$$\left(\frac{d^2}{dx^2}+\frac{2}{x}\frac{d}{dx}+1-\frac{n(n+1)}{x^2}\right)f(x)=0 \tag{3.232}$$

の解であることがベッセル関数の微分方程式と球ベッセル関数の定義から導かれる．また $h_\nu^{(1)}(x)=j_\nu(x)+in_\nu(x)$, $h_\nu^{(2)}(x)=j_\nu(x)-in_\nu(x)$ をそれぞれ第一種球ハンケル関数（または単に球ハンケル関数），第二種球ハンケル関数または（球ハンケル関数の複素共役）と呼ぶ．

ラゲールの陪多項式

ラゲールの陪多項式 $L_n^\alpha(x)$ は $n-\alpha$ 次の多項式で $f(x)=L_n^\alpha(x)$ とおいたとき，次の微分方程式を満たす関数である．

$$x\frac{d^2f(x)}{dx^2}+(\alpha+1-x)\frac{df(x)}{dx}+(n-\alpha)f(x)=0 \tag{3.233}$$

ラゲールの陪多項式は量子力学における水素原子の波動関数の動径方向部分に現れる多項式である．

また，特に $\alpha=0$ のときをラゲール多項式と呼び，$L_n(x)$ と表す．これは n 次の多項式で以下のように定義される．

$$L_n(x)=\left(\frac{d}{dx}-1\right)^n x^n \tag{3.234}$$

低い次数の具体的な形は

$$L_0(x) = 1, \tag{3.235}$$

$$L_1(x) = 1-x, \tag{3.236}$$

$$L_2(x) = 2-4x+x^2 \tag{3.237}$$

である．また，ラゲールの陪多項式とラゲール多項式は以下の関係で結ばれている．

$$L_n^\alpha(x)=\frac{d^\alpha}{dx^\alpha}L_n(x) \tag{3.238}$$

□章末コラム　ストークスパラメーター：偏光状態を記述する他の表現

偏光ベクトルの基底ベクトル $(\boldsymbol{e}_1,\ \boldsymbol{e}_2)$，$(\boldsymbol{e}^+,\ \boldsymbol{e}^-)$ への射影を考え，

$$E_1 := \boldsymbol{e}_1 \cdot \boldsymbol{E} \tag{3.239}$$

$$E_2 := \boldsymbol{e}_2 \cdot \boldsymbol{E} \tag{3.240}$$

$$E^+ := \boldsymbol{e}^{+*} \cdot \boldsymbol{E} = \frac{\boldsymbol{e}_1 - i\boldsymbol{e}_2}{\sqrt{2}} \cdot \boldsymbol{E} = \frac{1}{\sqrt{2}}(E_1 - iE_2) \tag{3.241}$$

$$E^- := \boldsymbol{e}^{-*} \cdot \boldsymbol{E} = \frac{\boldsymbol{e}_1 + i\boldsymbol{e}_2}{\sqrt{2}} \cdot \boldsymbol{E} = \frac{1}{\sqrt{2}}(E_1 + iE_2) \tag{3.242}$$

とする．上式で E_1, E_2 を E^+, E^- に関して解くと，

$$E_1 = (E^+ + E^-)/\sqrt{2} \tag{3.243}$$

$$E_2 = i(E^+ - E^-)/\sqrt{2}\ . \tag{3.244}$$

である．さらに，

$$E_1 = a_1 e^{i\delta_1} \tag{3.245}$$

$$E_2 = a_2 e^{i\delta_2} \tag{3.246}$$

$$E^+ = a_+ e^{i\delta_+} \tag{3.247}$$

$$E^- = a_- e^{i\delta_-} \tag{3.248}$$

とすると，これらの量からストークスパラメーターと呼ばれる以下のような量を作ることができる．

$$s_0 = |E_1|^2 + |E_2|^2 = a_1^2 + a_2^2 \tag{3.249}$$

$$s_1 = |E_1|^2 - |E_2|^2 = a_1^2 - a_2^2 \tag{3.250}$$

$$s_2 = 2\mathrm{Re}(E_1^* E_2) = 2a_1 a_2 \cos(\delta_2 - \delta_1) \tag{3.251}$$

$$s_3 = 2\mathrm{Im}(E_1^* E_2) = 2a_1 a_2 \sin(\delta_2 - \delta_1)\ . \tag{3.252}$$

ストークスパラメーターは光の偏光状態を決定する表現となっている．上の s_0 から s_3 はまた，円偏光の基底を用いた表示で書き換えると

$$s_0 = |E^+|^2 + |E^-|^2 = a_+^2 + a_-^2 \tag{3.253}$$

$$s_1 = 2\mathrm{Re}(E^+ E^{-*}) = 2a_+ a_- \cos(\delta_+ - \delta_-) \tag{3.254}$$

$$s_2 = 2\mathrm{Im}(E^+ E^{-*}) = 2a_+ a_- \sin(\delta_+ - \delta_-) \tag{3.255}$$

$$s_3 = |E^+|^2 - |E^-|^2 = a_+^2 - a_-^2 \tag{3.256}$$

となる．式 (3.249)，(3.250) よりわかるように，s_0，s_1 は $\boldsymbol{e}_1$，$\boldsymbol{e}_2$ 方向の偏光子を透過する光の強度を測定して，$|E_1|^2$ と $|E_2|^2$ を決定することにより求めることができる量である．また，式 (3.256) より s_3 は 3.6.3 項の最後で考察した $\frac{1}{4}$ 波長板と 45° 傾いた偏光子の組み合わせ $T_\pm$ を透過する光の強度を測定することにより求めることができることがわかる．あとは，s_2 を何らかの方法で測定することができれば光の偏光状態を完全に知ることができるが，s_2 は以下でみるように 45° 傾いた偏光子を透過する光の強度と，−45° 傾いた偏光子を透過する光の強度を測定することにより求めることができる．実際，ジョーンズベクトル $\boldsymbol{J} = {}^t(E_1 E_2)$ で表される入射光がジョーンズ行列 (3.127) で表される 45° 傾いた偏光子 $T_{x,\theta=45^\circ}$ に入射した場合の透過光強度は

$$I_{45^\circ} = \frac{|E_1 + E_2|^2}{2} \tag{3.257}$$

となり，同じ入射光が −45° 傾いた偏光子 $T_{x,\theta=-45^\circ}$ に入射した場合の透過光の強度は（$T_{x,\theta=-45^\circ}$ を式 (3.127) を導いたのと同様に計算することにより）

$$I_{-45^\circ} = \frac{|E_1 - E_2|^2}{2} \tag{3.258}$$

となるため，$I_{45^\circ} - I_{-45^\circ}$ より s_2 が求められることがわかる．式 (3.249)–(3.256) よりわかるように，直線偏光，円偏光のどちらの基底を用いた時も，光の状態を記述するための独立な変数は 3 個 $(a_1, a_2, \delta_2 - \delta_1 \text{ or } a_+, a_-, \delta_+ - \delta_-)$ である．このため，$s_0 \sim s_3$ は独立にはなり得ず，

$$s_0^2 = s_1^2 + s_2^2 + s_3^2 \tag{3.259}$$

なる関係が成り立つ．この関係より，偏光状態を表現するには強度を規格化して ($s_0 = 1$ として)，単位球面上の点を指定すれば良いことがわかる（ポアンカレ球）．ここまでの議論を考えると，未知の入射光に対して T_x, T_y, $T_{x,\theta=45^\circ}$, $T_{x,\theta=-45^\circ}$, T_+, T_- の 6 種類の光学素子を透過した後の光強度を測定すれば，ストークスパラメーターが求まり入射光の状態は完全に理解できるように思われる．実際，レーザー光のようなコヒーレントな光に対しては正しい．しかし，多くの場合，実際の光（太陽光など）はレーザー光のような単一の偏光を持ったコヒーレントなものではなく，いろいろな偏光および位相の状態が混ざったアンサンブルである．このように光に統計性がある場合（いろいろな偏光，位相の光がある確率で分布している場合），上述の 6 種類の測定情報から入射光の完全な情報を知ることはできなくなってしまう．しかしそれでも，s_0,s_1,s_2,s_3 の統計平均 $\langle s_0 \rangle$,$\langle s_1 \rangle$,$\langle s_2 \rangle$,$\langle s_3 \rangle$ から入射光の統計的な偏光状態を知ることができる．また，(3.259) の関係式は光に統計

性がある場合は以下のようになる．

$$\langle s_0 \rangle^2 \ \geq \ \langle s_1 \rangle^2 + \langle s_2 \rangle^2 + \langle s_3 \rangle^2 \tag{3.260}$$

《著 者》

§3 の章末問題

問題 1　（ポンデラモティブ力）質量 m，電荷 q を持つ粒子が電磁場から受ける力について考えよう．時間的に角振動数 ω で振動する単色の電磁波を考える．粒子の速度は光速に比べて十分遅く，原点からそんなに離れていない状況を考えよう．この場合，近似的に電子の変位 $\boldsymbol{r}$ は電場による力だけで表され，

$$\boldsymbol{r} = -\frac{q}{m\omega^2}\boldsymbol{E} \tag{3.261}$$

と書ける．

(1)　ガウシアンビームのように空間的に電場の強度分布がある場合を考える．粒子は原点近傍にあるので，電場を $\boldsymbol{E} = \boldsymbol{E}_0 + (\boldsymbol{r}\cdot\boldsymbol{\nabla})\boldsymbol{E}_0$，磁場を $\boldsymbol{B} = \boldsymbol{B}_0$ と近似できる．ここに，$\boldsymbol{E}_0 = \boldsymbol{E}(0)e^{-i\omega t}$, $\boldsymbol{B}_0 = \boldsymbol{B}(0)e^{-i\omega t}$ とする．この場合，粒子が感じるローレンツ力が，$\boldsymbol{F} = q\boldsymbol{E}_0 - \frac{q^2}{m\omega^2}\left[\frac{1}{2}\boldsymbol{\nabla}(\boldsymbol{E}_0\cdot\boldsymbol{E}_0) + \frac{\partial}{\partial t}(\boldsymbol{E}_0\times\boldsymbol{B}_0)\right]$ と与えられることを示せ．

ヒント：恒等式

$$(\boldsymbol{E}\cdot\boldsymbol{\nabla})\boldsymbol{E} = \frac{1}{2}\boldsymbol{\nabla}(\boldsymbol{E}\cdot\boldsymbol{E}) - \boldsymbol{E}\times(\boldsymbol{\nabla}\times\boldsymbol{E})$$

および $\boldsymbol{\nabla}\times\boldsymbol{E} = -\frac{\partial \boldsymbol{B}}{\partial t}$ を使えばよい．

(2)　1 周期平均を取ることで，ローレンツ力の時間平均が $\langle\boldsymbol{F}(\boldsymbol{r})\rangle = -\boldsymbol{\nabla}V_p(\boldsymbol{r})$, $V_p(\boldsymbol{r}) = \frac{q^2}{4m\omega^2}|\boldsymbol{E}(\boldsymbol{r})|^2$ で与えられることを示せ．この力はしばしばポンデラモティブ力と呼ばれ，$V_p(\boldsymbol{r})$ はその力に対するポテンシャルであることからポンデラモティブポテンシャルと呼ばれる．

ヒント：時間平均をとるためには，$\boldsymbol{E}_0 \to \mathrm{Re}[\boldsymbol{E}_0]$, $\boldsymbol{B}_0 \to \mathrm{Re}[\boldsymbol{B}_0]$ の置き換えをして，4.2.3 項で示す時間平均定理を用いるとよい．

(3)　平面波の場合，ローレンツ力の時間平均が 0 となることを示せ．

(4)　ガウシアンビームを考えた時，この力の空間分布を x 軸方向について示せ．

コメント：これから V_p より小さい運動エネルギーをもつ電子がガウシアンビームに横から入射してくると，ポンデラモティブ力によってはじかれてしまうことがわかる．一方，V_p より大きい運動エネルギーをもつ電子が入射するとガウシアンビームの中心部にトラップされ，ビーム方向に加速されることが知られている．

問題 2　（光ピンセット）前問と同じ状況で，粒子の代わりに分極 $\boldsymbol{p}(t)$ をおいて，分極が受ける力を考えよう．これは顕微鏡下で微粒子の位置をレーザー光の集光点によって制御する「光ピンセット」の原理となる．

(1)　ローレンツ力の時間平均が

$$\langle \boldsymbol{F}(\boldsymbol{r}) \rangle = \frac{1}{2}\mathrm{Re}\left\{ (\boldsymbol{p}^* \cdot \boldsymbol{\nabla})\boldsymbol{E}_0 + \frac{d\boldsymbol{p}^*}{dt} \times \boldsymbol{B}_0 \right\}$$

と与えられることを示せ．

(2)　分極が電場によって誘起され，$\boldsymbol{p} = \epsilon_0 \alpha \boldsymbol{E}$ と与えられるとする．電場を $\boldsymbol{E}(\boldsymbol{r}) = \boldsymbol{A}(\boldsymbol{r})$ と書くとき，ローレンツ力の時間平均が

$$\langle \boldsymbol{F}(\boldsymbol{r}) \rangle = \boldsymbol{F}_1 + \boldsymbol{F}_2 = \frac{1}{4}\epsilon_0 \alpha' \boldsymbol{\nabla} |\boldsymbol{A}|^2 + \frac{1}{2}\epsilon_0 \alpha'' |\boldsymbol{A}|^2 \boldsymbol{\nabla}\phi$$

となることを示せ．ここで，物質は均一であり，$\boldsymbol{\nabla} \cdot \boldsymbol{E} = 0$ が成り立つとする．また，$\alpha = \alpha' + i\alpha''$ である．

ヒント：$\boldsymbol{\nabla} \cdot \boldsymbol{E} = 0$ より，$\boldsymbol{\nabla} \cdot \boldsymbol{A} = 0$．$\boldsymbol{A} \cdot \boldsymbol{\nabla}\phi(\boldsymbol{r}) = 0$ が成り立つことと，恒等式

$$\boldsymbol{\nabla}(\boldsymbol{A} \cdot \boldsymbol{A}) = 2(\boldsymbol{A} \cdot \boldsymbol{\nabla})\boldsymbol{A} + 2\boldsymbol{A} \times (\boldsymbol{\nabla} \times \boldsymbol{A})$$

を用いればよい．

(3)　$\boldsymbol{F}_1$ に関して，α' の正負で力の向きがどのように変わるか述べよ．この力は勾配力と呼ばれる．

コメント：$\boldsymbol{F}_2$ は，α'' が常に正であるので，常に局所的な波数ベクトル $\boldsymbol{k}(\boldsymbol{r}) = \boldsymbol{\nabla}\phi(\boldsymbol{r})$ の方向を向いている．これは，散乱力と呼ばれる．分極が電磁場の吸収，再放出によって電磁場の運動量を受け取ることを意味している．

問題3　物質中の分極が電場に対して，$\boldsymbol{P} = \gamma \boldsymbol{\nabla} \times \boldsymbol{E}$ のように依存するとしよう．

(1)　この物質における電場 $\boldsymbol{E}(\boldsymbol{r}, t)$ の伝搬方程式を導け．真の電荷密度，電流密度は0とする．

(2)　z 方向に進む平面波を考えたときに，その分散関係と固有モードの偏光状態を求めよ．

(3)　この物質に z 方向に進む直線偏光が入射するとその偏光状態はどうなるか？

ヒント：平面波の2つの直線偏光成分 E_x と E_y がみたす方程式を導け．

コメント：$\boldsymbol{P} = \gamma \boldsymbol{\nabla} \times \boldsymbol{E} = -\gamma \frac{\partial \boldsymbol{B}}{\partial t}$ より磁場によって分極が生じる効果を考えていることに注意せよ．同様のケースは第4章の章末問題5にも現れる．

問題4　(1)　反対方向に伝搬する2つの平面波の電場 $\boldsymbol{E}(z, t) = E_0 \cos(kz - \omega t)\hat{\boldsymbol{x}} + E_0 \cos(kz + \omega t)\hat{\boldsymbol{x}}$ を簡単な形に書き下し，磁場 $\boldsymbol{B}(z, t)$ を求めよ．

(2)　前問における，瞬時及び時間平均の電場のエネルギー密度と磁場のエネルギー密度を求めよ．また，同様に瞬時及び時間平均のポインティングベクトルを求めよ．

問題 5　（円偏光の平面波で駆動される荷電粒子）質量 m，電荷 q を持つ粒子が真空中で円偏光の平面電磁波によってどのように駆動されるか考える．円偏光の電磁波を $\boldsymbol{E}(z,t) = \mathrm{Re}((\hat{\boldsymbol{x}} + i\hat{\boldsymbol{y}})E_0 \exp[i(kz - \omega t)])$ としよう．

(1)　粒子の速度ベクトル $\boldsymbol{v}$ の成分が満たす運動方程式が下記で与えられることを示せ．ここで，$v_\pm = v_x \pm iv_y$，$\Omega = 2qE_0/(mc)$ である．

$$\frac{dv_z}{dt} = \frac{1}{2}\Omega[v_+ e^{+i(kz-\omega t)} + v_- e^{-i(kz-\omega t)}] \tag{3.262}$$

$$\frac{dv_\pm}{dt} = \Omega(c - v_z)e^{\mp i(kz-\omega t)} \tag{3.263}$$

(2)　$l_\pm = v_\pm e^{\pm i(kz-\omega t)} \pm ic\Omega/\omega$ と定義したとき，

$$\frac{dv_z}{dt} = \frac{1}{2}\Omega(l_+ + l_-) = i\frac{\Omega}{2\omega}\frac{d}{dt}(l_+ - l_-) \tag{3.264}$$

となることを示せ．

(3)　K が (2) における運動方程式の運動の定数である場合，(1) の方程式を微分することで以下が成り立つことを示せ．

$$\frac{d^2 v_z}{dt^2} + [\Omega^2 + \omega^2]v_z = \omega^2 K \tag{3.265}$$

初期条件 $v(0) = 0$，$v_z'(0) = 0$ のもとで，K を決定し，$v_z(t)$ を求めよ．この z 方向の運動の物理的な起源は何か?

(4)　上において，$\Omega \ll \omega$ の場合，$|v_z|/|v|$ を評価せよ．

(5)　速度に対して摩擦がある場合を考えよう．(1) の方程式の左辺にそれぞれ γv_z，$\gamma v_\pm$ を加えて，定常解を求めよ．

第4章　物質中の電磁波と境界値問題

この章では，物質中での電磁波の伝搬の様子について考察する．また，誘電率または透磁率の異なる2つの媒質が境界で接しているときに電磁場が満たす境界条件から，スネルの法則，フレネルの法則，ブリュースター角などの電磁波の反射や透過に関する法則や公式を導く．

§4.1　電磁波の境界条件

第1章で見たように電磁場の境界条件は以下で与えられる．境界面をはさんで2つの異なる物質1, 2があるとする．物質1,2の誘電率および透磁率はそれぞれϵ_1とμ_1, ϵ_2とμ_2である．これらの量を使って計算される屈折率，特性インピーダンスをn_1, Z_1, n_2, Z_2とする．以下に示すように，境界条件を考えるときには，物質パラメーターとして屈折率，特性インピーダンスをとる方が簡単になる．境界面付近で物質1および物質2内での電束密度，磁束密度をそれぞれ$\boldsymbol{D}^{(1)}, \boldsymbol{B}^{(1)}$, $\boldsymbol{D}^{(2)}, \boldsymbol{B}^{(2)}$とおく．また境界面付近で物質1および物質2内での電場，磁場を$\boldsymbol{E}^{(1)}, \boldsymbol{H}^{(1)}$, $\boldsymbol{E}^{(2)}, \boldsymbol{H}^{(2)}$とおくと

$$\boldsymbol{n}_1 \cdot \boldsymbol{D}^{(2)} - \boldsymbol{n}_1 \cdot \boldsymbol{D}^{(1)} = -\sigma_f \tag{4.1}$$

$$\boldsymbol{n}_1 \cdot \boldsymbol{B}^{(2)} - \boldsymbol{n}_1 \cdot \boldsymbol{B}^{(1)} = 0 \tag{4.2}$$

$$\boldsymbol{t} \cdot \boldsymbol{E}^{(2)} - \boldsymbol{t} \cdot \boldsymbol{E}^{(1)} = 0 \tag{4.3}$$

$$\boldsymbol{t} \cdot \boldsymbol{H}^{(2)} - \boldsymbol{t} \cdot \boldsymbol{H}^{(1)} = (\boldsymbol{t} \times \boldsymbol{n}) \cdot \boldsymbol{j}_f \tag{4.4}$$

という境界条件を満たす．ここで，$\boldsymbol{n}_1$は物質2から物質1へ向かう向きの境界面の法線ベクトルで長さが1のもの，$\boldsymbol{t}$は長さが1の境界面の接線ベクトル，σ_fは表面電荷密度，$\boldsymbol{j}_f$は表面電流密度である．

4.1.1　境界条件の作用積分からの導出

ここで境界条件の別の導出方法について述べよう．初めての読者は読み飛ばして構わない．物質中での電磁場の運動方程式も，原理的には作用積分から導

かれるはずである．しかしながら，物質中では電磁場の他に物質を構成する原子や分子の自由度があるため，作用は極めて多自由度の複雑なものとなる．ただし，非常に巨視的で時間変化がゆるやかなときに限り，近似的に低エネルギー有効作用を用いて記述することができる．その場合は誘電率や透磁率も近似的に角振動数 ω によらない定数とみなせる．そのときの有効作用は第3章で与えた真空中の作用において真空中の誘電率 ϵ_0 と透磁率 μ_0 を物質中の誘電率 ϵ と透磁率 μ で置き換えたものでよい．したがって，前章の結果がそのまま使える．以前にみた作用の変分では表面積分を無視していた．しかしながら，境界をもつ物質の場合はもはやこれを無視できない．実は式 (3.45) の第1項，すなわち表面積分の寄与は境界上で場の満たすべき方程式，すなわち境界条件を与える．以下では，まず θ 項がないときに通常の境界条件が導かれることを見た上で，θ 項があるとその境界条件がどのように変更されるかを調べよう．もし表面電荷や表面電流が存在すると，それらが新たにスカラーポテンシャルやベクトルポテンシャルとの結合を通じて表面積分に寄与する．ここでは，簡単のため表面電荷や表面電流がない場合を考えることにする．なお，スカラーポテンシャル，およびベクトルポテンシャルの定義から自動的に成り立つ式

$$\boldsymbol{\nabla} \cdot \boldsymbol{B} = 0, \quad \boldsymbol{\nabla} \times \boldsymbol{E} = -\frac{\partial}{\partial t}\boldsymbol{B} \tag{4.5}$$

に対して，それぞれ境界をはさむ微小体積と微小閉回路について，ガウスの定理とストークスの定理を用いた結果の境界条件

$$\boldsymbol{n}_1 \cdot \boldsymbol{B}^{(1)} = \boldsymbol{n}_1 \cdot \boldsymbol{B}^{(2)}, \quad \boldsymbol{t} \cdot \boldsymbol{E}^{(1)} = \boldsymbol{t} \cdot \boldsymbol{E}^{(2)} \tag{4.6}$$

は，作用に θ 項があるなしにかかわらず常に成り立つ．ここで $\boldsymbol{n}_1$ は境界面に垂直な単位ベクトル，$\boldsymbol{t}$ は境界面の単位接線ベクトルである．

θ 項がないとき

まず，仮に θ 項である I_3 が存在しない場合について考えてみよう．領域 V の境界 S 上での表面積分は領域外からの寄与もあるため，最小作用の原理から領域内部の電磁場からの寄与と，領域外部の電磁場からの寄与が相殺してゼロとなることが要求される．これをより詳しく調べてみよう．領域内部の誘電率および透磁率を ϵ_1, μ_1，外部の誘電率および透磁率を ϵ_2, μ_2 とすると，表面積分が相殺する条件式は

$$\int dt \int_S dS\boldsymbol{n}\cdot\left[\left(\epsilon_1\delta\phi\boldsymbol{E}^{(1)}+\frac{1}{\mu_1}\delta\boldsymbol{A}\times\boldsymbol{B}^{(1)}\right)\right.$$
$$\left.-\left(\epsilon_2\delta\phi\boldsymbol{E}^{(2)}+\frac{1}{\mu_2}\delta\boldsymbol{A}\times\boldsymbol{B}^{(2)}\right)\right]=0 \tag{4.7}$$

となる．ここで $\boldsymbol{E}^{(1)}, \boldsymbol{E}^{(2)}$ は領域 V 内および V 外の電場，$\boldsymbol{B}^{(1)}, \boldsymbol{B}^{(2)}$ は領域 V 内および V 外の磁束密度である．この等式が表面 S 上の任意の変分 $\delta\phi$, $\delta\boldsymbol{A}$ に対して成り立つためには

$$\epsilon_1\boldsymbol{n}_1\cdot\boldsymbol{E}^{(1)}=\epsilon_2\boldsymbol{n}_1\cdot\boldsymbol{E}^{(2)},\quad \frac{1}{\mu_1}\boldsymbol{t}\cdot\boldsymbol{B}^{(1)}=\frac{1}{\mu_2}\boldsymbol{t}\cdot\boldsymbol{B}^{(2)} \tag{4.8}$$

が必要であることが導かれる．ここで $\boldsymbol{n}_1$ は境界面に垂直な単位ベクトル，$\boldsymbol{t}$ は境界面の単位接線ベクトルである．

θ 項があるとき

次に θ 項があるときを考えよう．作用 I_3 の変分は

$$\begin{aligned}\delta I_3 &= -\frac{\theta}{8\pi^2}\sqrt{\frac{\epsilon}{\mu}}\int dt\int_V d^3\boldsymbol{r}\left[\boldsymbol{\nabla}\cdot(-\delta\phi\boldsymbol{B}+\delta\boldsymbol{A}\times\boldsymbol{E})\right.\\ &\qquad \left.+\delta\boldsymbol{A}\cdot\left(\boldsymbol{\nabla}\times\boldsymbol{E}+\frac{\partial}{\partial t}\boldsymbol{B}\right)\right]\\ &= -\frac{\theta}{8\pi^2}\sqrt{\frac{\epsilon}{\mu}}\int dt\int_S dS\boldsymbol{n}\cdot(-\delta\phi\boldsymbol{B}+\delta\boldsymbol{A}\times\boldsymbol{E})\end{aligned} \tag{4.9}$$

である．ここで電磁場をスカラーポテンシャルとベクトルポテンシャルで表したときに自明に成り立つ式 $\boldsymbol{\nabla}\times\boldsymbol{E}+\dfrac{\partial}{\partial t}\boldsymbol{B}=\boldsymbol{0}$ とガウスの定理を用いた．

したがって，作用が $I_1+I_2+I_3$ で与えられるとき，θ の値が領域 V の内部と外部でそれぞれ θ_1, θ_2 で与えられるとすると境界条件は

$$\epsilon_1\boldsymbol{n}_1\cdot\boldsymbol{E}^{(1)}+\frac{\theta_1}{8\pi^2}\sqrt{\frac{\epsilon_1}{\mu_1}}\boldsymbol{n}_1\cdot\boldsymbol{B}^{(1)} = \epsilon_2\boldsymbol{n}_1\cdot\boldsymbol{E}^{(2)}+\frac{\theta_2}{8\pi^2}\sqrt{\frac{\epsilon_2}{\mu_2}}\boldsymbol{n}_1\cdot\boldsymbol{B}^{(2)} \tag{4.10}$$
$$\frac{1}{\mu_1}\boldsymbol{t}\cdot\boldsymbol{B}^{(1)}-\frac{\theta_1}{8\pi^2}\sqrt{\frac{\epsilon_1}{\mu_1}}\boldsymbol{t}\cdot\boldsymbol{E}^{(1)} = \frac{1}{\mu_2}\boldsymbol{t}\cdot\boldsymbol{B}^{(2)}-\frac{\theta_2}{8\pi^2}\sqrt{\frac{\epsilon_2}{\mu_2}}\boldsymbol{t}\cdot\boldsymbol{E}^{(2)} \tag{4.11}$$

のように変更される．ここで $\boldsymbol{n}_1$ は境界面に垂直な単位ベクトル，$\boldsymbol{t}$ は境界面の単位接線ベクトルである．この境界条件においては $\boldsymbol{E}$ と $\boldsymbol{B}$ がからみ合っているので，境界面で偏光が回転するなどの効果を誘起することが知られている．

§4.2 電磁波の反射と屈折

この節ではおもに誘電体や磁性体の表面での電磁波の反射と屈折を考え，波数ベクトルや電磁場の変化を記述するスネルの法則とフレネルの法則を導く．単純のために表面に真の電荷密度や電流密度はないものとしよう．

境界面を $z=0$ での xy 平面にとり，物質1の領域を $z<0$，物質2の領域を $z>0$ とおく．ここで物質1側から入射する平面波の電磁波を考えよう．これを入射波と呼ぶことにしよう．ここで境界面の影響により透過して物質2内を伝搬する平面波と境界面から物質1内に戻る方向に伝搬する平面波も生じる．これらをそれぞれ透過波，反射波と呼ぶことにしよう．ここでは，境界面で周波数の変化はないとし，入射波，透過波，反射波の角振動数を ω とおく．波数ベクトルはそれぞれ $\boldsymbol{k}, \boldsymbol{k}', \boldsymbol{k}''$ とする．すると物質1での電磁場は

$$\boldsymbol{E}_1 = \boldsymbol{E}^{(0)} e^{i(\boldsymbol{k}\cdot\boldsymbol{r}-\omega t)} + \boldsymbol{R}^{(0)} e^{i(\boldsymbol{k}''\cdot\boldsymbol{r}-\omega t)} \tag{4.12}$$

$$\boldsymbol{B}_1 = \frac{1}{\omega}\left(\boldsymbol{k}\times\boldsymbol{E}^{(0)} e^{i(\boldsymbol{k}\cdot\boldsymbol{r}-\omega t)} + \boldsymbol{k}''\times\boldsymbol{R}^{(0)} e^{i(\boldsymbol{k}''\cdot\boldsymbol{r}-\omega t)}\right) \tag{4.13}$$

と表される．ここで $\boldsymbol{E}^{(0)}, \boldsymbol{R}^{(0)}$ は入射波と反射波の電場の偏極を表す3次元定数ベクトルである．また物質2での電磁場は

$$\boldsymbol{E}_2 = \boldsymbol{T}^{(0)} e^{i(\boldsymbol{k}'\cdot\boldsymbol{r}-\omega t)} \tag{4.14}$$

$$\boldsymbol{B}_2 = \frac{1}{\omega}\boldsymbol{k}'\times\boldsymbol{T}^{(0)} e^{i(\boldsymbol{k}'\cdot\boldsymbol{r}-\omega t)} \tag{4.15}$$

と表される．ここで $\boldsymbol{T}^{(0)}$ は屈折の電場の偏極を表す3次元定数ベクトルである．$\boldsymbol{E}^{(0)}$, $\boldsymbol{R}^{(0)}$, $\boldsymbol{T}^{(0)}$ は複素ベクトルになっていることに注意する必要がある．入射波が与えられたものとしたとき，境界条件から透過波と反射波が境界条件によって完全に決定できることを見ていこう．

4.2.1 スネルの法則

入射波は波数ベクトル $\boldsymbol{k}$ と電場の偏極ベクトル $\boldsymbol{E}^{(0)}$ で指定される．さて，境界面上のある一点での境界条件は電場と磁束密度の面に平行な成分の連続条件（4つの条件）と電束と磁場の面に垂直な成分の連続条件（2つの条件）からなる合計6つの条件である．この条件によって透過波と反射波の電場の偏極ベクトル $\boldsymbol{T}^{(0)}, \boldsymbol{R}^{(0)}$ の6成分が決定できる．具体的にどのように決定されるかは後で詳しく調べることにする．

今考えている平面境界には面内の並進対称性があるので，その要請から波数ベクトルに関する境界条件を導くことができる．次にある時刻 t，境界面上のある位置 $\boldsymbol{r}$ で電磁場の境界条件が満たされたとしよう．このとき入射波，透過波，反射波は同じ角振動数をもっているので時間が変化したとき同じ位相の変化を受けるため任意の時刻で境界条件が満たされる．一方で境界面上の異なる位置 $\boldsymbol{r}+\Delta\boldsymbol{r}$ では元の位置にくらべ入射波，透過波，反射波はそれぞれ $\boldsymbol{k}\cdot\Delta\boldsymbol{r}$, $\boldsymbol{k}'\cdot\Delta\boldsymbol{r}$, $\boldsymbol{k}''\cdot\Delta\boldsymbol{r}$ だけ位相が変化する．もはや電場の偏極ベクトルは，境界面上のある1点での境界条件によって固定されているので，境界面上の任意の点で境界条件が満たされるためには，位置が変わったことによる入射波，反射波，透過波の位相の変化が一致する必要がある．このことは，波数ベクトルの境界面に平行な成分が等しいことと等価である．

すなわち，

$$\boldsymbol{k}_{\parallel}=\boldsymbol{k}'_{\parallel}=\boldsymbol{k}''_{\parallel} \tag{4.16}$$

角振動数 ω の入射波，透過波，反射波の波数の大きさ k, k', k'' は

$$k=\frac{\omega}{v_1(\omega)},\quad k'=\frac{\omega}{v_2(\omega)},\quad k''=\frac{\omega}{v_1(\omega)} \tag{4.17}$$

で与えられる．式(3.70)より $v_1(\omega)=\dfrac{c}{n_1}, v_2(\omega)=\dfrac{c}{n_2}$ である．

いま図4.1にあるように入射波が境界面の法線方向に対し角度 θ で入射したとする．境界面を $z=0$ にとり，入射波の波数ベクトルを

$$\boldsymbol{k}=\frac{\omega}{v_1(\omega)}\begin{pmatrix}\sin\theta\\0\\\cos\theta\end{pmatrix} \tag{4.18}$$

また，透過波が境界面の法線方向に対し角度 θ_T で透過，反射波が境界面の法線方向に対し角度 θ_R で反射したとする．波数ベクトルの面に平行な成分は等しいことから直ちに波数ベクトルの y 成分はゼロとなり

$$\boldsymbol{k}'=\frac{\omega}{v_2(\omega)}\begin{pmatrix}\sin\theta_T\\0\\\cos\theta_T\end{pmatrix},\quad \boldsymbol{k}''=\frac{\omega}{v_1(\omega)}\begin{pmatrix}\sin\theta_R\\0\\-\cos\theta_R\end{pmatrix} \tag{4.19}$$

入射波と反射波の波数ベクトルの x 成分が等しいことから

$$\theta_R=\theta \tag{4.20}$$

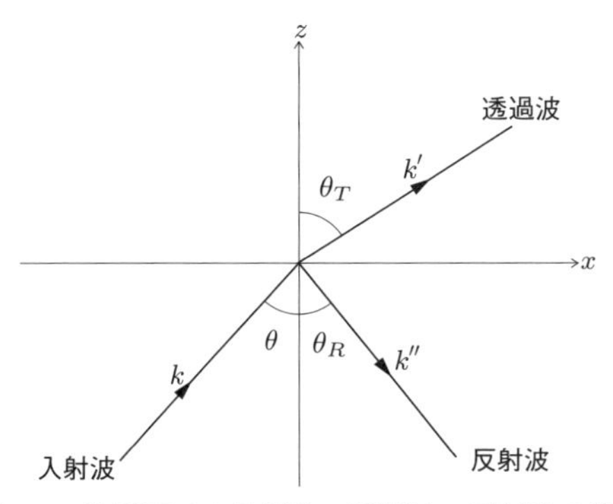

図 4.1　境界面での入射波，透過波，反射波の様子

がわかる．これを反射の法則という．

また，入射波と透過波の波数ベクトルの x 成分が等しいことから

$$\frac{\sin\theta_T}{v_2(\omega)} = \frac{\sin\theta}{v_1(\omega)} \tag{4.21}$$

が導かれる．

上の条件は

$$n_1 \sin\theta = n_2 \sin\theta_T \tag{4.22}$$

と表される．これをスネルの法則と呼ぶ．このように，波数ベクトルの境界条件は屈折率が決めていることがわかる．

4.2.2　フレネルの法則

入射波と透過波，反射波について波数ベクトルに関する関係が求まったので，電磁場の境界面での連続条件を用いて入射波と透過波，反射波の関係を決定しよう．そのために有用な表面での真の電荷密度と電流密度がない場合の境界条件は

$$\boldsymbol{E}_1^{\parallel} = \boldsymbol{E}_2^{\parallel},\ \ \boldsymbol{D}_1^{\perp} = \boldsymbol{D}_2^{\perp},\ \ \boldsymbol{B}_1^{\perp} = \boldsymbol{B}_2^{\perp},\ \ \boldsymbol{H}_1^{\parallel} = \boldsymbol{H}_2^{\parallel} \tag{4.23}$$

であった．

入射波の電場の偏極ベクトル $\boldsymbol{E}_I^{(0)}$ は波数ベクトルに直交する二つの偏光がありうる．入射ベクトルと境界の法線ベクトルで作られる平面を散乱平面と呼ぶと，一方は偏極が散乱平面内にある場合で，もう一方は偏極が散乱平面に垂直（かつ境界面に平行）な場合である．

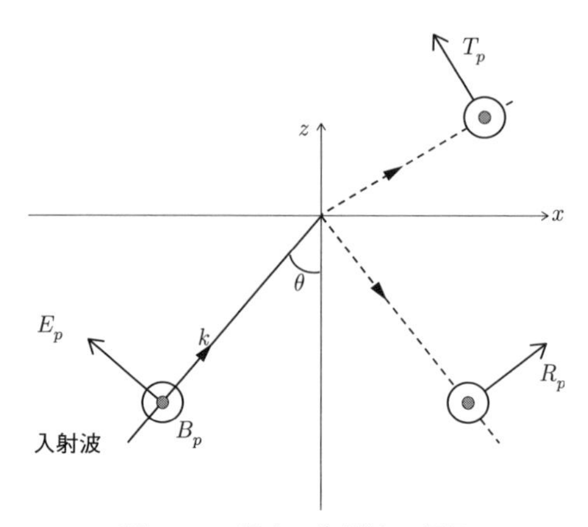

図 **4.2**　p 偏光の入射波の偏極

◆偏極が入射面にあるとき

図4.2のように入射波の電場の偏極が入射面に平行な場合を考える．これを p 偏光と呼ぶ．このときの入射波の電場と磁束密度の偏光ベクトルはそれぞれ

$$\boldsymbol{E}^{(0)} = E_p \begin{pmatrix} -\cos\theta \\ 0 \\ \sin\theta \end{pmatrix}, \quad \frac{1}{\omega}\boldsymbol{k} \times \boldsymbol{E}^{(0)} = -\frac{1}{v_1(\omega)} E_p \begin{pmatrix} 0 \\ 1 \\ 0 \end{pmatrix} \tag{4.24}$$

ここで E_p は入射波の p 偏光に対する電場の偏光ベクトルの複素振幅である．

同様に透過波の電場と磁束密度の偏光ベクトルはそれぞれ

$$\boldsymbol{T}^{(0)} = T_p \begin{pmatrix} -\cos\theta_T \\ 0 \\ \sin\theta_T \end{pmatrix}, \quad \frac{1}{\omega}\boldsymbol{k}' \times \boldsymbol{T}^{(0)} = -\frac{1}{v_2(\omega)} T_p \begin{pmatrix} 0 \\ 1 \\ 0 \end{pmatrix} \tag{4.25}$$

となる．ここで T_p は p 偏光に対する透過波の電場の偏極ベクトルの大きさである．

また反射波の電場と磁束密度の偏光ベクトルは反射の法則 $\theta_R = \theta_I$ を用いるとそれぞれ

$$\boldsymbol{R}^{(0)} = R_p \begin{pmatrix} \cos\theta \\ 0 \\ \sin\theta \end{pmatrix}, \quad \frac{1}{\omega}\boldsymbol{k}'' \times \boldsymbol{R}^{(0)} = \frac{-1}{v_1(\omega)} R_p \begin{pmatrix} 0 \\ 1 \\ 0 \end{pmatrix} \tag{4.26}$$

で与えられる．ここで R_p は p 偏光に対する反射波の電場の偏光ベクトルの複素振幅である．

以上より表面の物質1側の電場と磁束密度の偏光ベクトルはそれぞれ

$$\boldsymbol{E}^{(0)} + \boldsymbol{R}^{(0)} = E_p \begin{pmatrix} -\cos\theta \\ 0 \\ \sin\theta \end{pmatrix} + R_p \begin{pmatrix} \cos\theta \\ 0 \\ \sin\theta \end{pmatrix}, \tag{4.27}$$

$$\frac{1}{\omega}(\boldsymbol{k} \times \boldsymbol{E}^{(0)} + \boldsymbol{k}'' \times \boldsymbol{R}^{(0)}) = \frac{-1}{v_1(\omega)} \left(E_p \begin{pmatrix} 0 \\ 1 \\ 0 \end{pmatrix} + R_p \begin{pmatrix} 0 \\ 1 \\ 0 \end{pmatrix} \right) \tag{4.28}$$

また表面の物質2側での電場と磁束密度の偏光ベクトルは

$$\boldsymbol{T}^{(0)} = T_p \begin{pmatrix} -\cos\theta_T \\ 0 \\ \sin\theta_T \end{pmatrix}, \quad \frac{1}{\omega}\boldsymbol{k}' \times \boldsymbol{T}^{(0)} = -\frac{1}{v_2(\omega)} T_p \begin{pmatrix} 0 \\ 1 \\ 0 \end{pmatrix} \tag{4.29}$$

となる．

境界条件 $\boldsymbol{E}_1^{\parallel} = \boldsymbol{E}_2^{\parallel}$, $\boldsymbol{D}_1^{\perp} = \boldsymbol{D}_2^{\perp}$ より，それぞれ次の式を得る．

$$-(E_p - R_p)\cos\theta \ = \ -T_p \cos\theta_T \tag{4.30}$$

$$\epsilon_1 \sin\theta (E_p + R_p) \ = \ \epsilon_2 \sin\theta_T T_p \tag{4.31}$$

境界条件 $\boldsymbol{B}_1^{\perp} = \boldsymbol{B}_2^{\perp}$ は $0 = 0$ となり新たな条件は与えない．また境界条件 $\boldsymbol{H}_1^{\parallel} = \boldsymbol{H}_2^{\parallel}$ より

$$-\frac{1}{\mu_1 v_1}(E_p + R_p) = -\frac{1}{\mu_2 v_2} T_p, \quad \frac{1}{Z_1}(E_p + R_p) = \frac{1}{Z_2} T_p \tag{4.32}$$

を得るが，これは式 (4.31) と等価である．

以上の条件を合わせスネルの法則を用いると，反射係数 $r_p = \dfrac{R_p}{E_p}$ および透過係数 $t_p = \dfrac{T_p}{E_p}$ は以下のように与えられる．

p 偏光に対する透過係数と反射係数

$$t_p = \frac{2Z_2\cos\theta}{Z_1\cos\theta + Z_2\cos\theta_T}, \tag{4.33}$$

$$r_p = \frac{Z_1\cos\theta - Z_2\cos\theta_T}{Z_1\cos\theta + Z_2\cos\theta_T} \tag{4.34}$$

透過波の角度 θ_T はスネルの法則 (4.22) で決まるので，電場の複素振幅の境界条件は特性インピーダンスを与えれば決定されることがわかる．フレネルの法則を入射波の角度 θ と物質を特徴づけるパラメータのみを用いて表してみよう．すると透過係数および反射係数は

$$t_p = \frac{2}{\dfrac{\sqrt{1-\frac{n_1^2}{n_2^2}\sin^2\theta}}{\cos\theta} + \dfrac{Z_1}{Z_2}}, \tag{4.35}$$

$$r_p = \frac{-\dfrac{\sqrt{1-\frac{n_1^2}{n_2^2}\sin^2\theta}}{\cos\theta} + \dfrac{Z_1}{Z_2}}{\dfrac{\sqrt{1-\frac{n_1^2}{n_2^2}\sin^2\theta}}{\cos\theta} + \dfrac{Z_1}{Z_2}} \tag{4.36}$$

と表される．

磁性がない誘電体の場合は，非常によい近似で透磁率は物質によらず $\mu_1 = \mu_2 = \mu_0$ であるから，屈折率 n と特性インピーダンス Z の間には

$$Z = \frac{Z_0}{n} \tag{4.37}$$

の関係がある．ここで Z_0 は真空の特性インピーダンスである．この場合，透過係数および反射係数は簡単化でき

$$t_p = \frac{2\sin\theta_T\cos\theta}{\sin(\theta_T+\theta)\cos(\theta_T-\theta)}, \tag{4.38}$$

$$r_p = \frac{\tan(\theta-\theta_T)}{\tan(\theta+\theta_T)} \tag{4.39}$$

となる．

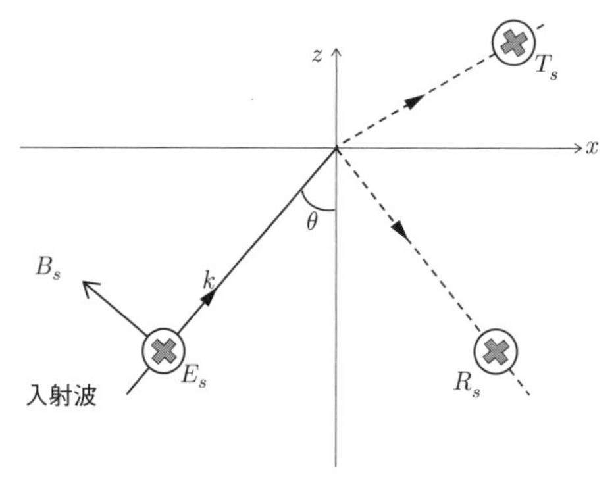

図 4.3　s 偏光の入射波の偏極

◆ 偏極が境界面に平行な場合

図 4.3 のように入射波の電場の偏極が境界面に平行な場合を考える．これを s 偏光と呼ぶ．このときの入射波の電場と磁束密度の偏光ベクトルはそれぞれ

$$\boldsymbol{E}^{(0)} = E_s \begin{pmatrix} 0 \\ 1 \\ 0 \end{pmatrix}, \quad \frac{1}{\omega}\boldsymbol{k} \times \boldsymbol{E}^{(0)} = \frac{1}{v_1(\omega)} E_s \begin{pmatrix} -\cos\theta \\ 0 \\ \sin\theta \end{pmatrix} \tag{4.40}$$

ここで E_s は入射波の偏光ベクトルの大きさである．

同様に透過波の電場と磁束密度の偏光ベクトルはそれぞれ

$$\boldsymbol{T}^{(0)} = T_s \begin{pmatrix} 0 \\ 1 \\ 0 \end{pmatrix}, \quad \frac{1}{\omega}\boldsymbol{k}' \times \boldsymbol{T}^{(0)} = \frac{1}{v_2(\omega)} T_s \begin{pmatrix} -\cos\theta_T \\ 0 \\ \sin\theta_T \end{pmatrix} \tag{4.41}$$

となる．ここで T_s は屈折波の電場の偏光ベクトルの複素振幅である．

また反射波の電場と磁束密度の偏光ベクトルは反射の法則 $\theta_R = \theta_I$ を用いるとそれぞれ

$$\boldsymbol{R}^{(0)} = R_s \begin{pmatrix} 0 \\ 1 \\ 0 \end{pmatrix}, \quad \frac{1}{\omega}\boldsymbol{k}'' \times \boldsymbol{R}^{(0)} = \frac{1}{v_1(\omega)} R_s \begin{pmatrix} \cos\theta \\ 0 \\ \sin\theta \end{pmatrix} \tag{4.42}$$

で与えられる．ここで R_s は反射波の電場の偏光ベクトルの複素振幅である．

以上より表面の物質 1 側の電場と磁束密度の偏光ベクトルはそれぞれ

$$\boldsymbol{E}^{(0)} + \boldsymbol{R}^{(0)} = E_s \begin{pmatrix} 0 \\ 1 \\ 0 \end{pmatrix} + R_s \begin{pmatrix} 0 \\ 1 \\ 0 \end{pmatrix}, \tag{4.43}$$

$$\frac{1}{\omega}(\boldsymbol{k} \times \boldsymbol{E}^{(0)} + \boldsymbol{k}'' \times \boldsymbol{R}^{(0)}) = \frac{1}{v_1(\omega)} \left(E_s \begin{pmatrix} -\cos\theta \\ 0 \\ \sin\theta \end{pmatrix} + R_s \begin{pmatrix} \cos\theta \\ 0 \\ \sin\theta \end{pmatrix} \right) \tag{4.44}$$

で与えられる．また表面の物質2側での電場と磁束密度の偏光ベクトルは

$$\boldsymbol{T}^{(0)} = T_s \begin{pmatrix} 0 \\ 1 \\ 0 \end{pmatrix} \tag{4.45}$$

$$\frac{1}{\omega}\boldsymbol{k}' \times \boldsymbol{T}^{(0)} = \frac{1}{v_2(\omega)} T_s \begin{pmatrix} -\cos\theta_T \\ 0 \\ \sin\theta_T \end{pmatrix} \tag{4.46}$$

となる．

境界条件 $\boldsymbol{E}_1^{\parallel} = \boldsymbol{E}_2^{\parallel}$, $\boldsymbol{B}_1^{\perp} = \boldsymbol{B}_2^{\perp}$, $\boldsymbol{H}_1^{\parallel} = \boldsymbol{H}_2^{\parallel}$ より，それぞれ以下の関係を得る．

$$E_s + R_s = T_s \tag{4.47}$$

$$(E_s + R_s)\frac{\sin\theta}{v_1(\omega)} = T_s \frac{\sin\theta_T}{v_2(\omega)} \tag{4.48}$$

$$\frac{1}{Z_1}\cos\theta(E_s - R_s) = \frac{1}{Z_2}\cos\theta_T T_s \tag{4.49}$$

2つめの式(4.48)はスネルの法則を用いると1つ目の式(4.47)と等価である．また境界条件 $\boldsymbol{D}_1^{\perp} = \boldsymbol{D}_2^{\perp}$ は $0 = 0$ の条件しか与えない．

これらの式を組み合わせて, さらにスネルの法則を用いると s 偏光に対応する透過係数 $t_s = \dfrac{T_s}{E_s}$ と反射係数 $r_s = \dfrac{R_s}{E_s}$ は以下のように与えられる．

s 偏光に対する透過係数と反射係数

$$t_s = \frac{2Z_2\cos\theta}{Z_2\cos\theta + Z_1\cos\theta_T}, \tag{4.50}$$

$$r_s = \frac{Z_2\cos\theta - Z_1\cos\theta_T}{Z_2\cos\theta + Z_1\cos\theta_T} \tag{4.51}$$

入射波の角度と特性インピーダンスおよび屈折率の入射波の角度のみを用いてこれを表すと

$$t_s = \frac{2}{1 + \dfrac{\sqrt{1 - \frac{n_1^2}{n_2^2}\sin^2\theta}}{\cos\theta}\dfrac{Z_1}{Z_2}} \tag{4.52}$$

$$r_s = \frac{1 - \dfrac{\sqrt{1 - \frac{n_1^2}{n_2^2}\sin^2\theta}}{\cos\theta}\dfrac{Z_1}{Z_2}}{1 + \dfrac{\sqrt{1 - \frac{n_1^2}{n_2^2}\sin^2\theta}}{\cos\theta}\dfrac{Z_1}{Z_2}} \tag{4.53}$$

となる.

磁性のない誘電体の場合は,

$$t_s = \frac{2\cos\theta\sin\theta_T}{\sin(\theta_T + \theta)} \tag{4.54}$$

$$r_s = \frac{\sin(\theta_T - \theta)}{\sin(\theta_T + \theta)} \tag{4.55}$$

と表せる.

ここまでをまとめると以下の式を得る.

誘電体の場合の反射と屈折

$$\frac{n_2}{n_1}\frac{\sin\theta_T}{\sin\theta} = 1 \tag{4.56}$$

$$T_p = \frac{2\sin\theta_T\cos\theta}{\sin(\theta_T + \theta)\cos(\theta_T - \theta)}E_p \tag{4.57}$$

$$R_p = \frac{\tan(\theta - \theta_T)}{\tan(\theta + \theta_T)}E_p \tag{4.58}$$

$$T_s = \frac{2\sin\theta_T\cos\theta}{\sin(\theta_T + \theta)}E_s \tag{4.59}$$

$$R_s = \frac{\sin(\theta_T - \theta)}{\sin(\theta_T + \theta)} E_s \tag{4.60}$$

4.2.3 エネルギー流の連続性

境界面におけるエネルギー流の連続性について考察する．そのために，エネルギー流を表すポインティングベクトルの時間平均の z 成分について考えよう．この章では電磁場は複素ベクトルとして扱っているので，ポインティングベクトル $\boldsymbol{Y}$ の時間平均もこれらの量の実部を使って計算する必要がある．

時間平均定理

角振動数 ω で振動する複素場

$$A(\boldsymbol{r}, t) = a(\boldsymbol{r})\exp(-i\omega t) \text{ と } B(\boldsymbol{r}, t) = b(\boldsymbol{r})\exp(-i\omega t)$$

を考える．$A(\boldsymbol{r}, t)$，$B(\boldsymbol{r}, t)$ の実部どうしの積の時間平均は下記のように与えられる．

$$\begin{aligned} \langle \mathrm{Re}(A(\boldsymbol{r}, t))\mathrm{Re}(B(\boldsymbol{r}, t)) \rangle_t &= \frac{1}{T}\int_0^T dt \mathrm{Re}(A(\boldsymbol{r}, t))\mathrm{Re}(B(\boldsymbol{r}, t)) \\ &= \frac{1}{2}\mathrm{Re}(a(\boldsymbol{r})b^*(\boldsymbol{r})) \end{aligned} \tag{4.61}$$

時間平均定理を用いると，ポインティングベクトルの時間平均 $\langle \boldsymbol{Y} \rangle_t$ は複素ポインティングベクトル

$$\widetilde{\boldsymbol{Y}} = \frac{1}{2\mu^*} \boldsymbol{E} \times \boldsymbol{B}^* \tag{4.62}$$

を用いて，

$$\langle \boldsymbol{Y} \rangle_t = \mathrm{Re}(\widetilde{\boldsymbol{Y}}) \tag{4.63}$$

と与えられる．平面波の場合は，複素ポインティングベクトルは式 (3.53) より特性インピーダンスと波数ベクトルの単位ベクトル $\hat{\boldsymbol{k}}$ を用いて

$$\widetilde{\boldsymbol{Y}} = \frac{1}{2\mu^* \omega} \boldsymbol{E}^{(0)} \times (\boldsymbol{k}^* \times \boldsymbol{E}^{(0)*}) \tag{4.64}$$

$$= \frac{1}{2Z^*}|\boldsymbol{E}|^2\hat{\boldsymbol{k}} \tag{4.65}$$

と書ける．この導出では一般に3つのベクトル $\boldsymbol{A},\boldsymbol{B},\boldsymbol{C}$ の外積について成り立つ

$$\boldsymbol{A}\times(\boldsymbol{B}\times\boldsymbol{C}) = \boldsymbol{B}(\boldsymbol{A}\cdot\boldsymbol{C}) - \boldsymbol{C}(\boldsymbol{A}\cdot\boldsymbol{B}) \tag{4.66}$$

と電場の偏光が横波である条件 $\boldsymbol{k}\cdot\boldsymbol{E}_I^{(0)} = 0$ を用いた．

以下では，物質中のエネルギー損失はないものとし，屈折率，特性インピーダンスは実数とする．この条件下で，入射波，反射波，透過波でのポインティングベクトルの時間平均は，フレネルの法則の反射係数 r と透過係数 t を用いてそれぞれ

$$\langle \boldsymbol{Y}_I\rangle_t = \frac{1}{2Z_1}|\boldsymbol{E}^{(0)}|^2\hat{\boldsymbol{k}} \tag{4.67}$$

$$\langle \boldsymbol{Y}_R\rangle_t = \frac{1}{2Z_1}|\boldsymbol{E}^{(0)}r|^2\hat{\boldsymbol{k}''} \tag{4.68}$$

$$\langle \boldsymbol{Y}_T\rangle_t = \frac{1}{2Z_2}|\boldsymbol{E}^{(0)}t|^2\hat{\boldsymbol{k}'} \tag{4.69}$$

となる．

いま z 成分に着目しよう．入射波，反射波，透過波のポインティングベクトルの z 成分はそれぞれ

$$\langle Y_I^z\rangle_t = \frac{\cos\theta}{2Z_1}|\boldsymbol{E}^{(0)}|^2 \tag{4.70}$$

$$\langle Y_R^z\rangle_t = -\frac{|r|^2\cos\theta}{2Z_1}|\boldsymbol{E}^{(0)}|^2 \tag{4.71}$$

$$\langle Y_T^z\rangle_t = \frac{|t|^2\cos\theta_T}{2Z_2}|\boldsymbol{E}^{(0)}|^2 \tag{4.72}$$

と表される．

エネルギー反射率Rとエネルギー透過率Tを

$$\mathrm{R} = \left|\frac{\langle Y_R^z\rangle_t}{\langle Y_I^z\rangle_t}\right|,\quad \mathrm{T} = \left|\frac{\langle Y_T^z\rangle_t}{\langle Y_I^z\rangle_t}\right| \tag{4.73}$$

で定義すると

$$\mathrm{R} = |r|^2 \tag{4.74}$$

$$\mathrm{T} = |t|^2 \frac{Z_1 \cos\theta_T}{Z_2 \cos\theta} \tag{4.75}$$

が得られる．

p 偏光に対する反射率と透過率は

$$\mathrm{R}_p = \left| \frac{Z_2 \cos\theta_T - Z_1 \cos\theta}{Z_2 \cos\theta_T + Z_1 \cos\theta} \right|^2 \tag{4.76}$$

$$\mathrm{T}_p = \frac{4 Z_1 Z_2 \cos\theta \cos\theta_T}{|Z_2 \cos\theta_T + Z_1 \cos\theta|^2} \tag{4.77}$$

となる．同様に s 偏光に対する反射率と透過率は

$$\mathrm{R}_s = \left| \frac{Z_2 \cos\theta - Z_1 \cos\theta_T}{Z_2 \cos\theta + Z_1 \cos\theta_T} \right|^2 \tag{4.78}$$

$$\mathrm{T}_s = \frac{4 Z_1 Z_2 \cos\theta \cos\theta_T}{|Z_2 \cos\theta + Z_1 \cos\theta_T|^2} \tag{4.79}$$

p 偏光，s 偏光ともに明らかに

$$\mathrm{R} + \mathrm{T} = 1 \tag{4.80}$$

を満たしている．これはエネルギーの保存則を表す．

4.2.4　薄膜の透過と反射

薄膜はレンズや窓のコーティングなどで我々の身の回りでよく見かける光学素子である．ここでは，図4.4のように厚さ d，屈折率 n_2，特性インピーダンス Z_2 の薄膜が屈折率 n_1，特性インピーダンス Z_1 の中に置かれていて，角度 θ で光が入射する場合を考えよう．簡単のために，磁性はないものとすると，特性インピーダンスは $Z_i = Z_0/n_i$ $(i = 1, 2)$ である．図からわかるように，膜内で反射が多数回起きるため，その足しあわせで全体の反射や透過が決まる（多重反射）．本項では，$1 \to 2$ に入射する際の反射，透過係数を r_{12}, t_{12} と書き，透過光の角度 θ_T で逆向きの方向から $2 \to 1$ に入射する際の反射，透過係数を r_{21}, t_{21} と書くことにする．すると，以下の関係式を示すことができる．

$$r_{12} = -r_{21} \tag{4.81}$$

$$t_{12} t_{21} + r_{12}^2 = 1 \tag{4.82}$$

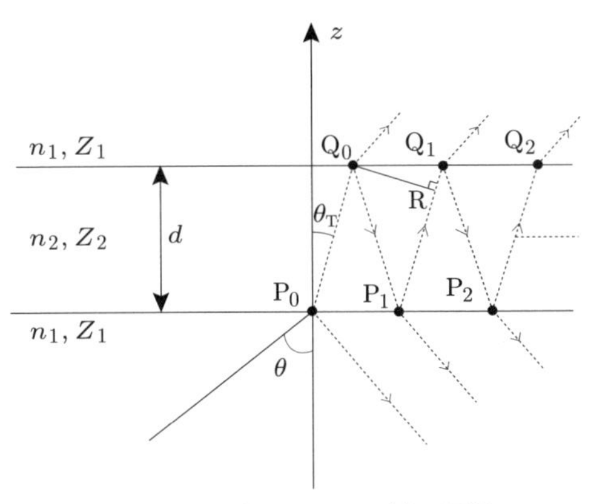

図 4.4　薄膜における反射，屈折

これをストークスの関係式という．

多重反射の結果の最終的な反射光と透過光の振幅を表す透過係数 t_{121} と反射係数 r_{121} は次のような無限級数で与えられる．

$$t_{121} = t_{12}t_{21} + t_{12}r_{21}r_{21}t_{21}e^{i\phi} + t_{12}r_{21}r_{21}r_{21}r_{21}t_{21}e^{2i\phi} + \cdots \tag{4.83}$$

$$r_{121} = r_{12} + t_{12}r_{21}t_{21}e^{i\phi} + t_{12}r_{21}r_{21}r_{21}t_{21}e^{2i\phi} + \cdots \tag{4.84}$$

ただし，ϕ は膜内で光が往復することによって生じる位相差である．無限級数を計算することで，

$$r_{121} = \frac{r_{12}(1 - e^{i\phi})}{1 - r_{12}^2 e^{i\phi}} \tag{4.85}$$

$$t_{121} = \frac{1 - r_{12}^2}{1 - r_{12}^2 e^{i\phi}} \tag{4.86}$$

と計算できる．位相差は Q_0P_1R の行路長に膜内の波数 $\dfrac{n_2\omega}{c}$ をかけることで，$\phi = \dfrac{2n_2\omega d}{c}\cos\theta_T$ となる．吸収がない周波数領域の場合は，n は実数なので，ϕ も実数となる．この場合は容易にエネルギー保存則

$$|r_{121}|^2 + |t_{121}|^2 = 1 \tag{4.87}$$

が確認できる．この結果から，波長によっては反射が 0 となる波長が存在することがわかる．すなわち $m\lambda = 2nd\cos\theta_T$（$m$: 整数，$\lambda$：真空中の波長）の時に反射がゼロになる．これが無反射コーティングの原理である．

4.2.5　多層膜への拡張

実際の応用では前項のような1枚だけの薄膜を使うことはなく，反射をなくしたいものの上に多数の膜を積層させるのが普通である．これを多層膜と呼ぶ．多層膜では異なる膜からの反射が数多く存在するので，それを全て数え上げるのは不可能である．そこで使われるのが転送行列法と呼ばれる手法である． 図4.5のように多くの膜が積み重なっている状況を考える．(j) 番目の屈折率，特性インピーダンス，膜の厚さをそれぞれ n_j, Z_j, d_j とする．図4.6のように $(j-1)$ 番目の膜と (j) 番目の膜の境界と，(j) 番目の膜と $(j+1)$ 番目の膜の境界を考える．

以下では垂直入射を考えよう．膜の間の伝搬による位相差は $\varphi_j = \dfrac{\phi_j}{2} = \dfrac{n_j \omega d_j}{c}$ となる．他の多くの膜からの多重反射があるので，一般には膜の前後には $+z$,$-z$ に進行する2つの波が存在する．それぞれを E_j^+, E_j^- のように書くことにしよう．E, H は境界に平行であるので，

$$E_{j-1} = E_{j-1}^+ + E_{j-1}^- = E_j^+ e^{-i\varphi_j} + E_j^- e^{+i\varphi_j} \tag{4.88}$$

$$H_{j-1} = H_{j-1}^+ + H_{j-1}^- = H_j^+ e^{-i\varphi_j} + H_j^- e^{+i\varphi_j} \tag{4.89}$$

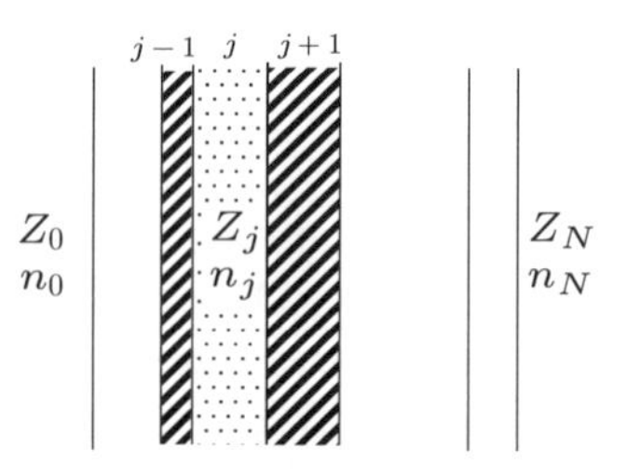

図4.5　多層膜の模式図

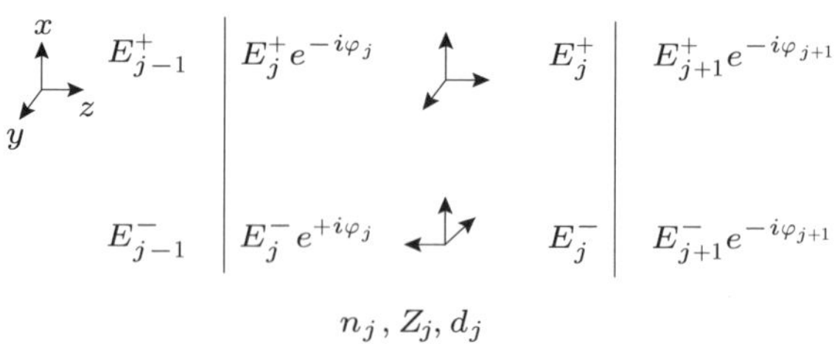

図4.6　多層膜における転送行列法

である．また，E と H は，特性インピーダンスによって $E_j^+ = Z_j H_j^+$, $E_j^- = -Z_j H_j^-$ のように結ばれているので，

$$E_j = E_j^+ + E_j^- \tag{4.90}$$

$$H_j = \frac{1}{Z_j}(E_j^+ - E_j^-) \tag{4.91}$$

が成り立つ．これを逆に解くことで，

$$E_j^+ = \frac{1}{2}(Z_j H_j + E_j) \tag{4.92}$$

$$E_j^- = \frac{1}{2}(-Z_j H_j + E_j) \tag{4.93}$$

が得られる．これを式 (4.88) と式 (4.89) に代入することで，

$$\begin{pmatrix} E_{j-1} \\ H_{j-1} \end{pmatrix} = \begin{pmatrix} \cos\varphi_j & -iZ_j \sin\varphi_j \\ -iZ_j^{-1}\sin\varphi_j & \cos\varphi_j \end{pmatrix} \begin{pmatrix} E_j \\ H_j \end{pmatrix} \tag{4.94}$$

が得られる．明らかに右辺の行列の行列式は 1 であり，逆行列を有する．この行列を転送行列と呼ぶ．転送行列を用いることで，さまざまな厚さ，屈折率を持つ多数の膜に対しても，透過，反射に関する計算が可能になる．入射電磁場を (E_0, H_0)，$(N-1)$ 番目の膜を通過したのちの電磁場を (E_N, H_N) とすると，転送行列を膜ごとにかけて，

$$\begin{pmatrix} E_0 \\ H_0 \end{pmatrix} = \prod_{j=1}^{n} \begin{pmatrix} \cos\varphi_j & -iZ_j \sin\varphi_j \\ -iZ_j^{-1}\sin\varphi_j & \cos\varphi_j \end{pmatrix} \begin{pmatrix} E_N \\ H_N \end{pmatrix} \tag{4.95}$$

が得られる．入射電場振幅を 1 とし，全体の膜を通過した後の入射側への反射振幅を R, 透過側の透過振幅を T とすると，

$$\begin{pmatrix} 1+R \\ (1-R)Z_0^{-1} \end{pmatrix} = \prod_{j=1}^{n} \begin{pmatrix} \cos\varphi_j & -iZ_j \sin\varphi_j \\ -iZ_j^{-1}\sin\varphi_j & \cos\varphi_j \end{pmatrix} \begin{pmatrix} T \\ TZ_N^{-1} \end{pmatrix} \tag{4.96}$$

と書くこともできる．この結果は，T と R に対する 2 つの連立方程式となっており，これから T と R を決定できる．この方法だと，ガラスの上に 2 種類の 5 枚の膜からなる多層膜を形成して反射をゼロにするような条件を，厚みを決定すべきパラメータとして見つけることができる．

4.2.6　ブリュースター角

p 偏光の成分は反射をせず s 偏光の成分のみが反射される入射角度 θ_B をブリュースターの偏光角という．誘電体におけるブリュースター角は

$$\tan\theta_B = \frac{n_2}{n_1} \tag{4.97}$$

で与えられる．その理由を以下に説明しよう．

スネルの法則より

$$\frac{\sin\theta_B}{\sin\theta_T} = \frac{n_2}{n_1} \tag{4.98}$$

であるから

$$\cos\theta_B = \sin\theta_T \tag{4.99}$$

が成り立つ．したがって，$\theta_T = \dfrac{\pi}{2} - \theta_B$ を得る．これより

$$r_p = \frac{\tan(\theta_B - \theta_T)}{\tan(\theta_B + \theta_T)} = 0 \tag{4.100}$$

すなわち，p 偏光の反射係数がゼロとなる．s 偏光のときには反射係数がゼロになる角度はない．

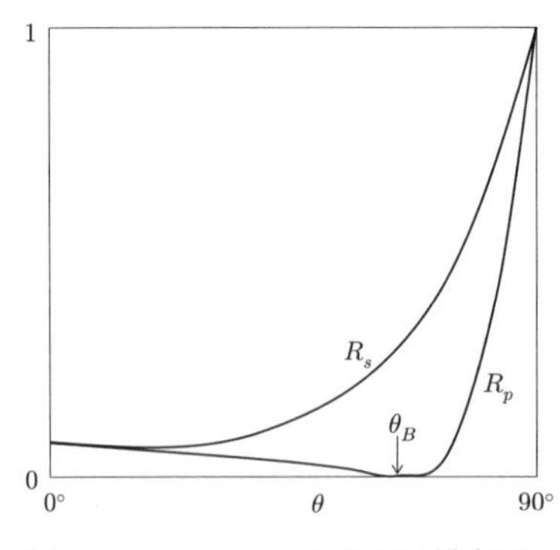

図 4.7　$n_1 > n_2$ のときの反射率 $\mathbf{R}$ の角度依存性

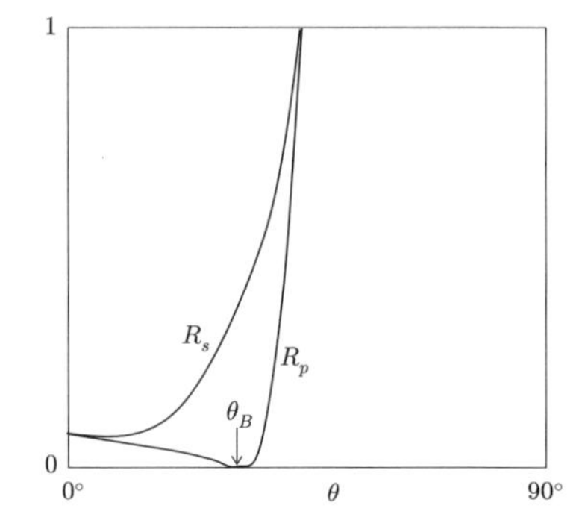

図 4.8　$n_1 < n_2$ のときの反射率 $\mathbf{R}$ の角度依存性

図 4.7 および図 4.8 にそれぞれ屈折率の高い物質から低い物質に入射する場合と逆に低い物質から高い物質に入射する場合の電磁波の反射率の様子をプ

ロットした．$n_1 > n_2$, $n_1 < n_2$ どちらの場合もそれぞれのときのブリュースター角で p 偏光の反射率がゼロとなる．$\theta = 0$ のときは

$$\mathrm{R}_p = \mathrm{R}_s = \left(\frac{n_1 - n_2}{n_1 + n_2}\right)^2 \tag{4.101}$$

で一致し，偏光によらず同じ値となる．図から，入射角度では，広い角度範囲で s 偏光の反射率が p 偏光の反射率より大きい．したがって，水面や雪面からの太陽の反射光は s 偏光が強いことになる．この原理を応用して s 偏光を通さない偏光サングラスをかけることによって，水面や雪面からの太陽の反射光の大部分をカットすることができる．

4.2.7 全反射

屈折率が高い物質から低い物質への光の屈折を考える ($n_1 > n_2$)．角度 θ に対して，式 (4.56) を満たす θ_T の実数解が存在するためには

$$\sin\theta_T = \frac{n_1}{n_2}\sin\theta \leq 1 \tag{4.102}$$

が必要である．等号が満たされるときの入射角 θ_0 を臨界値と呼び，

$$\sin\theta_0 = \frac{n_2}{n_1} \tag{4.103}$$

が成り立つ．$\sin\theta_T$ は

$$\sin\theta_T = \frac{\sin\theta}{\sin\theta_0} \tag{4.104}$$

と表されるので，

$$\theta \leq \theta_0 \tag{4.105}$$

に対して透過波が存在する．一方，

$$\theta > \theta_0 \tag{4.106}$$

のときは，

$$\cos\theta_T = \sqrt{1 - \left(\frac{\sin\theta}{\sin\theta_0}\right)^2} = i\sqrt{\left(\frac{\sin\theta}{\sin\theta_0}\right)^2 - 1} \tag{4.107}$$

から，$\cos\theta_T$ が純虚数となることがわかる．この場合，式(4.77)と式(4.78)から，偏光によらず反射率が1になることがわかる．これを「全反射」と呼ぶ．全反射の条件でも，透過波が存在する．式(4.19)の波数ベクトルから，

$$\omega\left(t-\frac{\sin\theta_T x+\cos\theta_T z}{v_2}\right)=\omega\left(t-\frac{\frac{\sin\theta}{\sin\theta_0}x+i\sqrt{\left(\frac{\sin\theta}{\sin\theta_0}\right)^2-1}z}{v_2}\right) \tag{4.108}$$

と与えられる．したがって，透過波は

$$\exp(-i\omega t)\exp\left(i\frac{\omega}{v_2}\frac{\sin\theta}{\sin\theta_0}x\right)\exp\left(-\frac{\omega}{v_2}\sqrt{\frac{\sin^2\theta}{\sin^2\theta_0}-1}\ z\right) \tag{4.109}$$

と表され，x 方向には物質2における電磁波の位相速度より小さい速度（大きい波数）で伝搬し，z 方向に指数関数的に減衰することがわかる．このような表面伝搬波を「エバネッセント波」と呼ぶ．

例：直角プリズム

空気 $n_2=1$ 中にガラス $n_1=1.5$ の直角二等辺プリズムを置いた場合を考えよう．この場合，全反射角は $\theta_0=41.8°$ となる．したがって，ガラスでできた直角プリズムの斜面に対して45度で光を入射させれば（二等辺の場合は，直角面に垂直に入射することになる），全反射することを意味している．多くの光学システムで直角プリズムは90度反射のミラーとして使われている．

全反射を用いた位相シフター

全反射条件において，反射係数の大きさは1となる．s 偏光，p 偏光に対しての反射係数の位相を $r^s=e^{i\theta_s}$, $r^p=e^{i\theta_p}$ とおくと，2つの偏光状態に対する反射光の位相差 $\delta\theta=\theta_p-\theta_s$ は，入射角 θ_1 において以下のように計算される．

$$\tan\frac{\theta_s}{2}=-\frac{\sqrt{\sin^2\theta_1-(n_2/n_1)^2}}{\cos\theta_1} \tag{4.110}$$

$$\tan\frac{\theta_p}{2}=-\frac{\sqrt{\sin^2\theta_1-(n_2/n_1)^2}}{(n_2/n_1)^2\cos\theta_1} \tag{4.111}$$

より，

$$\tan\frac{\delta\theta}{2}=\frac{\cos\theta_1\sqrt{\sin^2\theta_1-(n_2/n_1)^2}}{\sin^2\theta_1}. \tag{4.112}$$

上式より，p 偏光と s 偏光の反射時の位相差 θ は，入射角 θ_1 が $\theta_1=\frac{\pi}{2}$, θ_0 を満たすときにゼロとなることがわかる．また，s 偏光と p 偏光の位相差の最大値は

$$\frac{d\left(\tan\frac{\delta\theta}{2}\right)}{d\theta_1}=0, \tag{4.113}$$

すなわち

$$\sin^2\theta_1=\frac{2n_2^2}{n_1^2+n_2^2} \tag{4.114}$$

を満たす入射角 θ_1 の時に実現され，その時の位相差 $\delta\theta_m$ は，

$$\tan\frac{\delta\theta_m}{2}=\frac{n_1^2-n_2^2}{2n_1n_2} \tag{4.115}$$

で与えられる．

例: フレネルロム

図 4.9 のように，θ_i の角を持つ菱面体（ロム）を使って，側面から 45 度偏光の光を垂直入射し，内部全反射を 2 回使って s 偏光と p 偏光の光の間の位相差をつけることによって，3.6.3 項で述べたような偏光状態を変える光学素子（遅相子）を作ることができる．このような光学素子をフレネルロムと呼ぶ．例えば，$\frac{\lambda}{4}$ 波長板（直線偏光 → 円偏光）の場合，全体の位相差が $\delta\theta=\frac{\pi}{2}$，すなわち 1 回の反射で位相差が $\delta\theta=\frac{\pi}{4}$ となるように入射角（この場合はひし形の角

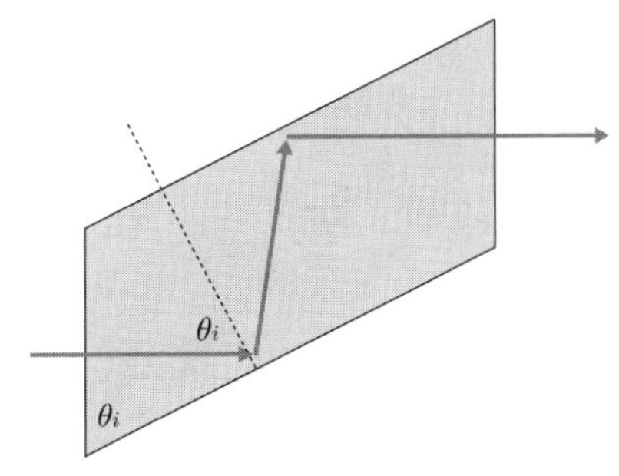

図 4.9　θ_1 の角を持つ菱面体を使って遅相子を作る

と同じ）を決めれば良い．$n = 1.5$ の材料（ガラス）を用いた場合 $\theta_i = 51.8^\circ$ とするとこの条件が実現できる．ガラスは等方的な均質材料にもかかわらず，全反射という現象を使って，偏光状態を制御できるのは面白い．

光のトンネル効果

全反射が起きている境界に異なる物質を近づけると，接していなくても光がその物質に伝搬することがある．これは，「光のトンネル現象」と知られている現象である．

図4.10のような状況を考える．基本的には，4.2.4項で扱った薄膜の問題と同じであるが，屈折率の大小として，$n_2 < n_1$ の場合を考える．ここでは，臨界角以上の入射で全反射が起きる場合を考える．以下では，簡単のため，TM波（p 偏光）の入射のみを考える．薄膜の時と同様で，全体の反射・透過係数は

$$r_{121} = \frac{r_{12}(1 - e^{i\phi})}{1 - r_{12}^2 e^{i\phi}} \tag{4.116}$$

$$t_{121} = \frac{1 - r_{12}^2}{1 - r_{12}^2 e^{i\phi}} \tag{4.117}$$

のように与えられる．ここで，

$$r_{12} = \frac{n_2 \cos\theta - n_1 \cos\theta_T}{n_2 \cos\theta + n_1 \cos\theta_T} \tag{4.118}$$

$$t_{12} = \frac{2n_1 \cos\theta}{n_2 \cos\theta + n_1 \cos\theta_T} \tag{4.119}$$

である．また，ϕ は

$$\phi = \frac{2n_2\omega d}{c} \cos\theta_T \tag{4.120}$$

で与えられる．入射角 θ が臨界角 θ_0 以上の場合，n_2 の領域において $\cos\theta_T$ は純虚数になる．この場合，ϕ も純虚数となる．$r^2 = r_{12}^2 = r_{23}^2$ とおくと，エネルギー透過率は以下のように与えられる．

$$\begin{aligned} \mathrm{T} &= \frac{(1 - r^2)^2}{1 - 2r^2 \cos\phi + r^4} = \frac{(1 - r^2)^2}{1 + r^4 - 2r^2 + 4r^2 \sin^2 \frac{\phi}{2}} \\ &= \frac{1}{1 + \frac{4r^2}{(1-r^2)^2} \sin^2 \frac{\phi}{2}} = \frac{1}{1 + \left(\frac{n_2^2 \cos^2\theta - n_1^2 \cos^2\theta_T}{2n_1 n_2 \cos\theta \cos\theta_T} \sin \frac{\phi}{2} \right)^2} \\ &= \frac{1}{1 + \left(\frac{k_1^2 - k_2^2}{2k_1 k_2} \sin \frac{\phi}{2} \right)^2} \end{aligned} \tag{4.121}$$

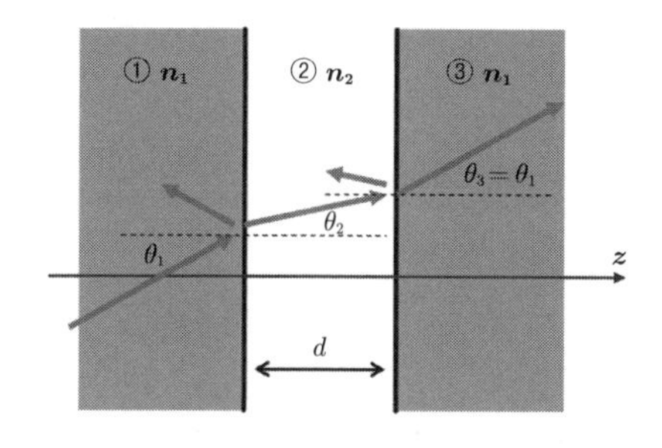

図 4.10　光のトンネル効果を考えるためのモデル

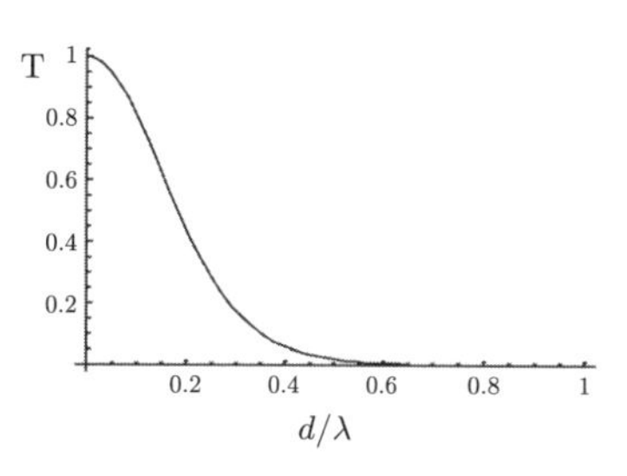

図 4.11　光のトンネル透過率の距離依存性

ここで，$k_1 = (\omega/c)n_2 \cos\theta$, $k_2 = (\omega/c)n_1 \cos\theta_T$ としている．また，$\cos\phi = 1 - 2\sin^2(\phi/2)$ を用いた．k_2 は純虚数であるので，実数 η, Q を

$$\eta = -i\frac{n_2}{n_1}k_2, \tag{4.122}$$

$$Q = \frac{\frac{n_2}{n_1}k_1^2 + \frac{n_1}{n_2}\eta^2}{2k_1\eta} \tag{4.123}$$

とおくと，エネルギー透過率の式は以下のようになる．

$$\mathrm{T} = \frac{1}{1 + (Q\sinh(\eta d))^2}. \tag{4.124}$$

定義よりわかるように η, Q は入射角や媒質の屈折率で決まる量であり，媒質間距離 d には依存しない．このため，透過率の d 依存性は sinh の中の部分のみとなる．この d 依存性を $n_1 = 1.5$, $\theta = 51.8°$ の場合に計算したのが図 4.11 である．横軸は波長を単位にした距離であり，波長の半分ぐらいの距離まで物体を離すと透過しなくなることがわかる [1]．これから，全反射が起こって境界の外側はエバネッセント光となっていても，その減衰距離より近くにもう一つの境界があると，また波動として伝わっていくことができることがわかった．この現象はレーザービームを 1 : 1 に分岐させるビームスプリッタと呼ばれる光学素子などに応用されている．

---

[1] ここで述べた光のトンネル現象は，ポテンシャル V_0 に運動エネルギー E の粒子が入射する場合のトンネル透過の量子力学の問題と等価である．量子力学では古典的には粒子が反射するエネルギー領域で，粒子がその波動性によって透過するという解釈であった．電磁気学においては，光ははじめから波動であるので，自然に理解できる．

§4.3　金属

金属中では自由に伝導する電子が存在する．そのため誘電体とは異なる応答を示す．この章ではまずモデルによる理解を行い，次に巨視的なマクスウェル方程式を用いた解析を行う．

4.3.1　ドルーデモデル

金属の場合は伝導電子が束縛されずに自由に動き回っている．そこで電子の位置を $\boldsymbol{r}(t)$ で表すと電場のもとでの運動は以下の方程式で記述される．

$$m\frac{d^2\boldsymbol{r}(t)}{dt^2} = -e\boldsymbol{E}(t) - \frac{m}{\tau}\frac{d\boldsymbol{r}(t)}{dt} \tag{4.125}$$

m は電子の質量，τ は緩和時間である．右辺の第二項は散乱の寄与である．直感的には時間間隔 τ に平均1回の頻度で不純物やフォノンなどの障害物に衝突して運動量をすべて失うことからくる摩擦と考えればよい．τ の値は金属物質の種類，不純物の密度，温度などによって異なる．

フーリエ変換を用いて

$$\boldsymbol{r}(t) = \int \frac{d\omega}{2\pi}\tilde{\boldsymbol{r}}(\omega)e^{-i\omega t} \tag{4.126}$$

$$\boldsymbol{E}(t) = \int \frac{d\omega}{2\pi}\widetilde{\boldsymbol{E}}(\omega)e^{-i\omega t} \tag{4.127}$$

と表すと，角振動数 ω に対応するフーリエ成分に対する方程式の解は

$$\tilde{\boldsymbol{r}}(\omega) = \frac{e}{m}\frac{\widetilde{\boldsymbol{E}}(\omega)}{\omega^2 + i\omega/\tau} \tag{4.128}$$

と求められる．これより電気双極子モーメント密度のフーリエ成分 $\boldsymbol{P}(\omega)$ は金属中の自由電子の数密度を n とすると

$$\widetilde{\boldsymbol{P}}(\omega) = -ne\tilde{\boldsymbol{r}}(\omega) = -\frac{ne^2}{m}\frac{\widetilde{\boldsymbol{E}}(\omega)}{\omega^2 + i\omega/\tau} \tag{4.129}$$

である．電束密度のフーリエ成分 $\boldsymbol{D}(\omega)$ は

$$\widetilde{\boldsymbol{D}}(\omega) := \epsilon_0\widetilde{\boldsymbol{E}}(\omega) + \widetilde{\boldsymbol{P}}(\omega) = \tilde{\epsilon}(\omega)\widetilde{\boldsymbol{E}}(\omega) \tag{4.130}$$

と書けるので，誘電率 $\epsilon(\omega)$ は

$$\tilde{\epsilon}(\omega) = \epsilon_0\left[1 - \frac{ne^2}{m\epsilon_0}\frac{1}{\omega^2 + i\omega/\tau}\right] \tag{4.131}$$

となる．この結果はローレンツの振動子モデルにおいて $\omega_i = 0$, $f_i = 1$, 自由電子の緩和時間 τ を用いて $\gamma_i = \dfrac{1}{\tau}$ に置き換えたものと等しい．

さて，プラズマ振動数 ω_P を

$$\omega_P^2 = \frac{ne^2}{m\epsilon_0} \tag{4.132}$$

で定義すると

$$\tilde{\epsilon}(\omega) = \epsilon_0 \left[1 - \frac{\omega_P^2}{\omega^2(1 + i\frac{1}{\omega\tau})}\right] \tag{4.133}$$

という形に書き換えられる．これをドルーデ分散とよぶ．緩和時間に比べて電場の周期が十分小さい，すなわち角振動数が十分大きい場合は $\dfrac{1}{\omega\tau} \ll 1$ であるから金属中の誘電率は

$$\tilde{\epsilon}(\omega) \approx \epsilon_0 \left(1 - \frac{\omega_P^2}{\omega}\right) \tag{4.134}$$

となる．

これより電磁波の角振動数の大きさにより誘電率は以下のようになる．

1. $\omega < \omega_P$ のとき：誘電率が負となり電磁波は金属中に侵入できず反射される．
2. $\omega = \omega_P$ のとき：誘電率がゼロとなる．
3. $\omega > \omega_P$ のとき：誘電率が正となり電磁波は金属中を伝搬できる．

4.3.2　オームの法則

金属中では，電場の大きさが十分小さく，電磁波の周波数が十分に低い場合には，電流は以下のオームの法則で表される．

$$\boldsymbol{J}(\omega) = \sigma(\omega)\boldsymbol{E}(\omega) \tag{4.135}$$

ここで $\sigma(\omega)$ は（交流）電気伝導度と呼ばれ，金属中の電子密度や不純物，その他の性質によって決まるパラメータである．前項のドルーデモデルによる分極は，低周波極限で

$$\boldsymbol{P}(\omega) = i\frac{\epsilon_0\tau\omega_p^2}{\omega}\boldsymbol{E}(\omega)$$

と書け，これによる分極電流は

$$\begin{aligned}\boldsymbol{J}(\omega) &= -i\omega\boldsymbol{P}(\omega)\\ &= \epsilon_0\tau\omega_p^2\boldsymbol{E}(\omega)\end{aligned}$$

であるから，低周波領域では $\sigma(\omega)$ は正の定数 $\sigma = \epsilon_0\tau{\omega_p}^2$ で与えられることがわかる．ドルーデモデル以外の分極の寄与を誘電率 $\epsilon(\omega)$ に取り込み電流，電荷としてドルーデモデルで記述されるものを代入すると，

$$\nabla \times \boldsymbol{E} - i\omega\boldsymbol{B} = 0 \tag{4.136}$$

$$\frac{1}{\mu}\nabla \times \boldsymbol{B} + i\omega\epsilon\boldsymbol{E} = \sigma\boldsymbol{E} \tag{4.137}$$

$$\epsilon\nabla \cdot \boldsymbol{E} = \rho \tag{4.138}$$

$$\nabla \cdot \boldsymbol{B} = 0 \tag{4.139}$$

が成り立つ．

また電荷の保存則 $-i\omega\rho + \nabla \cdot \boldsymbol{J} = 0$ にオームの法則 (4.135) と式 (4.138) を代入すると

$$-i\omega\rho + \frac{\sigma}{\epsilon}\rho = 0 \tag{4.140}$$

が得られる．これを解くと（$-i\omega \to \dfrac{\partial}{\partial t}$ に一度戻す），

$$\rho(\boldsymbol{r}, t) = \rho(\boldsymbol{r}, 0)e^{-\frac{\sigma}{\epsilon}t}$$

のように電荷密度は金属内部では指数関数的に減少することがわかる．通常の金属においては $\tau \sim 10^{-14}$ [s]， $\omega_p \sim 10^{16}$ [rad/s]， $\epsilon \sim 10\epsilon_0$ なので

$$\frac{\sigma}{\epsilon} \sim \frac{\epsilon_0\tau\omega_p^2}{\epsilon} \sim 10^{17}$$

となり，オームの法則が成立する周波数領域 $\omega\tau \ll 1$ では瞬時にゼロになってしまうことがわかる．

したがって，以下では電流を流し始めて十分に時間が経ったとし，$\rho = 0$ として議論を進める．

式 (4.136) と式 (4.137) の回転をとると，それぞれ

$$\Delta\boldsymbol{E} + \omega^2\epsilon\mu\boldsymbol{E} + i\omega\mu\sigma\boldsymbol{E} = 0 \tag{4.141}$$

$$\Delta \boldsymbol{B} + \omega^2 \epsilon\mu \boldsymbol{B} + i\omega\mu\sigma \boldsymbol{B} = 0 \tag{4.142}$$

を得る．ここで $\boldsymbol{\nabla}\cdot\boldsymbol{E} = 0$, $\boldsymbol{\nabla}\cdot\boldsymbol{B} = 0$ を用いた.

半無限に広がった金属があり，境界面に垂直に電磁波が入射する場合を考えよう．境界面を $z = 0$ にとり $z < 0$ の領域を真空，$z > 0$ の領域を金属内部とする．$z > 0$ の領域で電磁波が

$$\boldsymbol{E} = \boldsymbol{e}_1 T_0 \exp(ikz - i\omega t) \tag{4.143}$$

$$\boldsymbol{B} = \boldsymbol{e}_2 T_0 \frac{k}{\omega} \exp(ikz - i\omega t) \tag{4.144}$$

と表されるとしよう．ここで $\boldsymbol{e}_1, \boldsymbol{e}_2$ はそれぞれ x, y 方向の単位ベクトルである．式 (4.143) を式 (4.141) に代入すると

$$k^2 = \epsilon\mu\omega^2 + i\mu\sigma\omega \tag{4.145}$$

これを解いて

$$k = \sqrt{\epsilon\mu\omega^2 + i\mu\sigma\omega} = k_R + ik_I \tag{4.146}$$

ここで

$$k_R = \omega\sqrt{\epsilon\mu}\left[\frac{\sqrt{1+(\frac{\sigma}{\omega\epsilon})^2}+1}{2}\right]^{1/2} \tag{4.147}$$

$$k_I = \omega\sqrt{\epsilon\mu}\left[\frac{\sqrt{1+(\frac{\sigma}{\omega\epsilon})^2}-1}{2}\right]^{1/2} \tag{4.148}$$

とおいた.

電荷の減衰する時間 $\dfrac{\epsilon}{\sigma}$ にくらべて電磁波の周期 $\dfrac{2\pi}{\omega}$ が十分大きいとき

$$\frac{\sigma}{\omega\epsilon} \gg 1 \tag{4.149}$$

が成り立つ．この状況では

$$k = k_R + ik_I \approx (1+i)\sqrt{\frac{\mu\sigma\omega}{2}} \tag{4.150}$$

と近似できる．したがって，電磁波は

$$\boldsymbol{E} = \boldsymbol{e}_1 T_0 \exp\left(i\sqrt{\frac{\mu\sigma\omega}{2}}z - i\omega t\right)\exp\left(-\sqrt{\frac{\mu\sigma\omega}{2}}z\right) \tag{4.151}$$

$$\boldsymbol{B} = \boldsymbol{e}_2 T_0 \exp\left(i\sqrt{\frac{\mu\sigma\omega}{2}}z - i\omega t\right)\exp\left(-\sqrt{\frac{\mu\sigma\omega}{2}}z\right) \tag{4.152}$$

となり，金属中に電磁波が入射すると距離 $\Delta L = \sqrt{\frac{2}{\mu\sigma\omega}}$ 進み，$\frac{1}{e}$ 倍の割合で指数関数的に減衰することがわかる [2)].

$z < 0$ が負の領域での電磁波を

$$\boldsymbol{E} = \boldsymbol{e}_1 \left(E_0 \exp(ik_0 z - i\omega t) + R_0 \exp(-ik_0 z - i\omega t)\right) \tag{4.153}$$

$$\boldsymbol{B} = \boldsymbol{e}_2 \left(E_0 \frac{1}{c}\exp(ik_0 z - i\omega t) - R_0 \frac{1}{c}\exp(ik_0 z - i\omega t)\right) \tag{4.154}$$

とおく．ここで $k_0 = \omega\sqrt{\epsilon_0\mu_0} = \frac{\omega}{c}$ である．

境界面 $z = 0$ での電場 $\boldsymbol{E}$ の連続性より

$$E_0 + R_0 = T_0 \tag{4.155}$$

境界面 $z = 0$ での磁場 $\boldsymbol{H}$ の連続性より

$$\frac{1}{\mu_0 c}(E_0 - R_0) = \frac{k}{\mu\omega}T_0 \tag{4.156}$$

を得る．これより

$$T_0 = \frac{2k_0}{k_0 + k}E_0 \tag{4.157}$$

$$R_0 = \frac{k_0 - k}{k_0 + k}E_0 \tag{4.158}$$

エネルギー反射率 R は

$$\mathrm{R} = \left|\frac{R_0}{E_0}\right|^2 \tag{4.159}$$

$\frac{\sigma}{\omega\epsilon} \gg 1$ のとき $k \approx \frac{(1+i)}{\Delta L}$ となることから

$$\mathrm{R} = \frac{(1 - k_0\Delta L)^2 + 1}{(1 + k_0\Delta L)^2 + 1} \tag{4.160}$$

---

2) 本項で考えた ΔL は，外部から電磁波を加えた時の侵入長に関する見積もりであった．細長い金属線に交流電流を流した時にも，実際の電流が流れるのは金属線の表面だけであり，その領域は同じ深さ ΔL に限られることを示すことができる．これを表皮効果と呼ぶ．

となる．特に電気伝導率 $\sigma = \infty$ のとき $\Delta L = 0$ であるから，

$$\mathrm{R} = 1 \tag{4.161}$$

となり，電磁波は完全反射される．このような金属を完全導体という．

§4.4 導波管

ある場所で発生した電磁波は真空中を伝搬する場合は，球面波として広がるため，単位面積当たりに受け取るエネルギーは距離とともに弱くなり，遠方には伝わりにくい．図 4.12 のように導体で作られた中空の管を使うと，管の伸びる方向にそって，効率よく電磁波を伝えることができる．このような管を導波管といい，遠方への通信に用いられる重要なツールとして役立っている．ここでは，簡単のため完全導体でできた導波管についてマクスウェル方程式から伝播の様子を考察しよう．

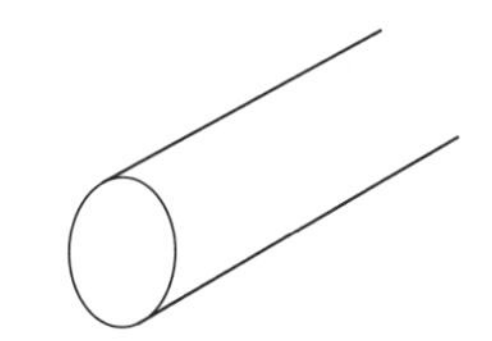

図 4.12 中空の導体でできた管

前節で見たように完全導体の場合は，導体内に電磁場は存在しない．また導体内の電荷密度，電流密度はゼロで，導体表面にのみ表面電荷密度，表面電流密度が存在する．したがって，導体表面で次の境界条件を満たす．

$$\boldsymbol{E}^{\parallel} = 0 \tag{4.162}$$

$$\boldsymbol{B}^{\parallel} = \mu_0 \boldsymbol{j} \tag{4.163}$$

$$\boldsymbol{E}^{\perp} = \frac{\sigma}{\epsilon_0} \tag{4.164}$$

$$\boldsymbol{B}^{\perp} = 0 \tag{4.165}$$

ここで $\boldsymbol{E}^{\parallel}$, $\boldsymbol{B}^{\parallel}$ はそれぞれ導体表面での電場と磁束密度の導体表面に平行な成分，$\boldsymbol{E}^{\perp}$, $\boldsymbol{B}^{\perp}$ はそれぞれ導体表面での電場と磁束密度の導体表面に垂直な成分である．また σ, $\boldsymbol{j}$ は表面電荷密度, 表面電流密度である．

導波管の管の伸びる方向を z 軸にとり，角振動数 ω で z 方向に波数 k で伝搬する電磁波を考える．電場および磁束密度は

$$\boldsymbol{E}(\boldsymbol{r},t) = \boldsymbol{E}_0(x,y)\exp\left(i(kz-\omega t)\right) \tag{4.166}$$

$$\boldsymbol{B}(\boldsymbol{r},t) = \boldsymbol{B}_0(x,y)\exp\left(i(kz-\omega t)\right) \tag{4.167}$$

と書ける．$\boldsymbol{E}_0$, $\boldsymbol{B}_0$ はそれぞれ電場および磁束密度の偏極ベクトルである．計算の見通しをよくするため色々なベクトルを z 方向の成分とそれに直交する成分に分解しよう．z 方向の単位ベクトルを $\boldsymbol{e}_3$ とおいて

$$\boldsymbol{E}_0 = \bar{\boldsymbol{E}}_0 + \boldsymbol{e}_3 E_0^z \tag{4.168}$$

$$\boldsymbol{B}_0 = \bar{\boldsymbol{B}}_0 + \boldsymbol{e}_3 B_0^z \tag{4.169}$$

$$\boldsymbol{\nabla}_0 = \bar{\boldsymbol{\nabla}}_0 + \boldsymbol{e}_3 \frac{\partial}{\partial z} \tag{4.170}$$

ここで $\bar{\boldsymbol{E}}_0$, $\bar{\boldsymbol{B}}_0$, $\bar{\boldsymbol{\nabla}}_0$ はそれぞれ $\boldsymbol{E}_0$，$\boldsymbol{B}_0$, $\boldsymbol{\nabla}$ の z 軸に直交する成分である．導波管の内部の電磁場を求めるため，これらを真空中のマクスウェル方程式に代入すると

$$(\bar{\boldsymbol{\nabla}} + ik\boldsymbol{e}_3)\cdot(\bar{\boldsymbol{E}}_0 + \boldsymbol{e}_3 E_0^z) = 0 \tag{4.171}$$

$$(\bar{\boldsymbol{\nabla}} + ik\boldsymbol{e}_3)\cdot(\bar{\boldsymbol{B}}_0 + \boldsymbol{e}_3 B_0^z) = 0 \tag{4.172}$$

$$(\bar{\boldsymbol{\nabla}} + ik\boldsymbol{e}_3)\times(\bar{\boldsymbol{E}}_0 + \boldsymbol{e}_3 E_0^z) = i\omega(\bar{\boldsymbol{B}}_0 + \boldsymbol{e}_3 B_0^z) \tag{4.173}$$

$$(\bar{\boldsymbol{\nabla}} + ik\boldsymbol{e}_3)\times(\bar{\boldsymbol{B}}_0 + \boldsymbol{e}_3 B_0^z) = -i\frac{1}{c^2}\omega(\bar{\boldsymbol{E}}_0 + \boldsymbol{e}_3 E_0^z) \tag{4.174}$$

と書き換えられる．最初の2式は両辺ともにスカラー量の方程式であるが，あとの2式は両辺ともにベクトル量の方程式である．したがって，後者をさらに z 軸の平行成分と垂直成分に分解でき計6種類の方程式となる．それらを具体的に書き下すと，スカラー量の方程式として

$$\bar{\boldsymbol{\nabla}}\cdot\bar{\boldsymbol{E}}_0 + ikE_0^z = 0 \tag{4.175}$$

$$\bar{\boldsymbol{\nabla}}\cdot\bar{\boldsymbol{B}}_0 + ikB_0^z = 0 \tag{4.176}$$

ベクトル量の方程式のうち z 軸に平行な成分の方程式として

$$\bar{\boldsymbol{\nabla}}\times\bar{\boldsymbol{E}}_0 - i\boldsymbol{e}_3\omega B_0^z = 0 \tag{4.177}$$

$$\bar{\boldsymbol{\nabla}} \times \bar{\boldsymbol{B}}_0 + i\boldsymbol{e}_3 \frac{\omega}{c^2} E_0^z = 0 \tag{4.178}$$

ベクトル量の方程式のうち z 軸に垂直な成分の方程式として

$$-\boldsymbol{e}_3 \times \bar{\boldsymbol{\nabla}} E_0^z + i\left(k\boldsymbol{e}_3 \times \bar{\boldsymbol{E}}_0 - \omega \bar{\boldsymbol{B}}_0\right) = 0 \tag{4.179}$$

$$-\boldsymbol{e}_3 \times \bar{\boldsymbol{\nabla}} B_0^z + i\left(k\boldsymbol{e}_3 \times \bar{\boldsymbol{B}}_0 + \frac{\omega}{c^2} \bar{\boldsymbol{E}}_0\right) = 0 \tag{4.180}$$

を得る．最後の 2 つの式は $\bar{\boldsymbol{E}}_0$, $\bar{\boldsymbol{B}}_0$ の連立方程式と見なせる．一般に z 方向に直交するベクトル $\bar{\boldsymbol{A}}$ に対して,

$$\boldsymbol{e}_3 \times \left(\boldsymbol{e}_3 \times \bar{\boldsymbol{A}}\right) = \boldsymbol{e}_3\left(\boldsymbol{e}_3 \cdot \bar{\boldsymbol{A}}\right) - \left(\boldsymbol{e}_3 \cdot \boldsymbol{e}_3\right)\bar{\boldsymbol{A}} = -\bar{\boldsymbol{A}} \tag{4.181}$$

が成り立つことを用いると簡単な計算ののち，この連立方程式は解けて，電場と磁束密度の偏極ベクトルの z 軸に垂直な成分は, z 成分のみで以下のように表せる．

偏極ベクトルの z 軸に垂直な成分の表式

$$\bar{\boldsymbol{E}}_0 = \frac{i}{\frac{\omega^2}{c^2} - k^2}\left(k\bar{\boldsymbol{\nabla}} E_0^z - \omega(\boldsymbol{e}_3 \times \bar{\boldsymbol{\nabla}} B_0^z)\right) \tag{4.182}$$

$$\bar{\boldsymbol{B}}_0 = \frac{i}{\frac{\omega^2}{c^2} - k^2}\left(\frac{\omega}{c^2}(\boldsymbol{e}_3 \times \bar{\boldsymbol{\nabla}} E_0^z) + k\bar{\boldsymbol{\nabla}} B_0^z\right) \tag{4.183}$$

電磁波は z 方向に進んでいるのに，偏極方向が z 方向に直交しないのは直感的には以下のように考えられる．前節で見たように電磁波は完全導体の表面で完全反射する．したがって，導波管の中で壁に対して電磁波が斜めに当たりながらジグザグ運動をしつつ全体としては z 方向に進むことが可能である．ただし，ここで求めた形の電磁波が導波管の壁での境界条件を満たすためには，単なる反射する電磁波のジグザグ運動ではなく z 軸に垂直な方向については一種の「定在波」のようになっている必要があるので，特定の振動モードだけが許されることになる．

さて，方程式を完全に解くにはこれらの解を式 (4.175), (4.176), (4.177), (4.178) に代入して解けばよい．未知関数 2 つに対して 4 つの方程式があるため過剰決定系に見えるが，実は $\bar{\boldsymbol{E}}_0$ についての解を式 (4.175) に代入しても, $\bar{\boldsymbol{B}}_0$ についての解を式 (4.178) に代入しても，どちらも以下に挙げる E_0^z に対する同じヘルムホルツ方程式を得る．また $\bar{\boldsymbol{B}}_0$ についての解を式 (4.176) に代入

しても，$\bar{\boldsymbol{E}}_0$ についての解を式 (4.177) に代入しても，どちらも以下に挙げる同じ B_0^z に対する同じヘルムホルツ方程式を得る．

E_0^z, B_0^z に対するヘルムホルツ方程式

$$\left(\bar{\boldsymbol{\nabla}}^2 + \frac{\omega^2}{c^2} - k^2\right) E_0^z = 0 \tag{4.184}$$

$$\left(\bar{\boldsymbol{\nabla}}^2 + \frac{\omega^2}{c^2} - k^2\right) B_0^z = 0 \tag{4.185}$$

ただし，この導出には以下のようにベクトル解析の公式を用いた．

$$\bar{\boldsymbol{\nabla}} \cdot (\boldsymbol{e}_3 \times \bar{\boldsymbol{\nabla}}) = 0 \tag{4.186}$$

$$\bar{\boldsymbol{\nabla}} \times (\boldsymbol{e}_3 \times \bar{\boldsymbol{\nabla}}) = \boldsymbol{e}_3 \bar{\boldsymbol{\nabla}}^2 - \left(\boldsymbol{e}_3 \cdot \bar{\boldsymbol{\nabla}}\right) \bar{\boldsymbol{\nabla}} = \boldsymbol{e}_3 \bar{\boldsymbol{\nabla}}^2 \tag{4.187}$$

ここまでをまとめよう．導波管内の電磁場を決定するには偏極ベクトルの z 成分のヘルムホルツ方程式 (4.184), (4.185) を解けばよい．その際，z 軸に垂直な成分を式 (4.182), (4.183) に代入して求めた上で，それらが境界条件の式 (4.162), (4.165) を満たすように選ぶ必要がある．ヘルムホルツ方程式の解は，境界条件を指定しなければ具体的な形は得られないので，以下では導波管の断面が長方形の場合と円の場合について詳しく調べる．

4.4.1　導波管の断面が長方形の場合

導波管の断面が x 方向に長さ L_x, y 方向に長さ L_y の長方形である場合を考えよう．電場の境界条件より $x = 0, L_x$ で $E_0^y = E_0^z = 0$, $y = 0, L_y$ で $E_0^x = E_0^z = 0$ となる．これより直ちに許されるモードは任意の整数 m, n を用いて

$$E_0^x(x, y) = E^{mn} \sin\left(\frac{\pi m}{L_x}\right) \sin\left(\frac{\pi n}{L_y}\right) \tag{4.188}$$

の形に限ることがわかる．ただしヘルムホルツ方程式より

$$\left(\frac{\pi m}{L_x}\right)^2 + \left(\frac{\pi n}{L_y}\right)^2 + k^2 = \frac{\omega^2}{c^2} \tag{4.189}$$

が成り立つことが必要である．

また磁束密度の境界条件より $x=0, L_x$ で $B_0^x=0$, $y=0, L_x$ で $B_0^y=0$ となる．この条件を課すために $\bar{\boldsymbol{B}}_0$ を求める必要がある．$\bar{\boldsymbol{B}}_0$ を直交座標で

$$\bar{\boldsymbol{B}}_0 = \boldsymbol{e}_1 B_0^x + \boldsymbol{e}_2 B_0^y \tag{4.190}$$

のように x, y 成分に分解して表そう．ここで $\boldsymbol{e}_1$, $\boldsymbol{e}_2$ はそれぞれ x 方向, y 方向の単位ベクトルである．すると式 (4.183) より

$$B_0^x = \frac{i}{\frac{\omega^2}{c^2}-k^2}\left(-\frac{\omega}{c^2}\frac{\partial E_0^z}{\partial y}+k\frac{\partial B_0^z}{\partial x}\right) \tag{4.191}$$

$$B_0^y = \frac{i}{\frac{\omega^2}{c^2}-k^2}\left(\frac{\omega}{c^2}\frac{\partial E_0^z}{\partial x}+k\frac{\partial B_0^z}{\partial y}\right) \tag{4.192}$$

となる．このことから磁束密度の境界条件は

$$\frac{\partial B_0^z}{\partial x}=0 \quad \text{for} \quad x=0, L_x \tag{4.193}$$

$$\frac{\partial B_0^z}{\partial y}=0 \quad \text{for} \quad y=0, L_y \tag{4.194}$$

である．したがって，B_0^z の許されるモードは任意の整数 m, n を用いて

$$B_0^x(x,y) = B^{mn}\cos\left(\frac{\pi m}{L_x}\right)\cos\left(\frac{\pi n}{L_y}\right) \tag{4.195}$$

の形に限ることがわかる．これより直ちにすべての成分が以下のように求められる．

整数 m, n に対応するモード

x 方向に長さ L_x, y 方向に長さ L_y の長方形の導波管における電磁波として整数 m, n に対応するモードの偏極ベクトルは

$$E_0^x = \frac{i}{\gamma_{mn}^2}\left(k\alpha_m E^{mn} - \omega\beta_n B^{mn}\right)\cos(\alpha_m x)\sin(\beta_n y) \tag{4.196}$$

$$E_0^y = \frac{i}{\gamma_{mn}^2}\left(k\beta_n E^{mn} + \omega\alpha_m B^{mn}\right)\sin(\alpha_m x)\cos(\beta_n y) \tag{4.197}$$

$$E_0^z = E^{mn}\sin(\alpha_m x)\sin(\beta_n y) \tag{4.198}$$

$$B_0^x = \frac{i}{\gamma_{mn}^2}\left(-\frac{\omega}{c^2}\beta_n E^{mn} - k\alpha_m B^{mn}\right)\sin(\alpha_m x)\cos(\beta_n y) \tag{4.199}$$

$$B_0^y = \frac{i}{\gamma_{mn}^2}\left(\frac{\omega}{c^2}\alpha_m E^{mn} - k\beta_n B^{mn}\right)\cos(\alpha_m x)\sin(\beta_n y) \tag{4.200}$$

$$B_0^z = B^{mn}\cos(\alpha_m x)\cos(\beta_n y) \tag{4.201}$$

と書ける．ただし

$$\alpha_m = \frac{\pi m}{L_x},\ \beta_n = \frac{\pi n}{L_y},\ \gamma_{mn} = \sqrt{\alpha_m^2 + \beta_n^2} \tag{4.202}$$

とおいた．このとき角振動数 ω, z 方向の波数 k には

$$\frac{\omega^2}{c^2} = k^2 + \gamma_{mn}^2 \tag{4.203}$$

という関係が成り立つ．

パラメータ E^{mn} と B^{mn} は完全に自由なパラメータなので，それぞれ独立なモードを与える．前者は $B_0^z = 0$ のモード，後者は $E_0^z = 0$ のモードである．以下でそれぞれのモードに分解して議論する．

TM モード

$E^{mn} \neq 0$ で $B^{mn} = 0$ のモードは $E_0^z \neq 0$, $B_0^z = 0$ なので磁束密度のみが進行方向に直交する偏極をもつ．したがって，このモードを transverse magnetic (TM) モードという．このモードは式 (4.196)～(4.201) に対して $B^{mn} = 0$ を代入して

$$E_0^x = \frac{i}{\gamma_{mn}^2}(k\alpha_m E^{mn})\cos(\alpha_m x)\sin(\beta_n y) \tag{4.204}$$

$$E_0^y = \frac{i}{\gamma_{mn}^2}(k\beta_n E^{mn})\sin(\alpha_m x)\cos(\beta_n y) \tag{4.205}$$

$$E_0^z = E^{mn}\sin(\alpha_m x)\sin(\beta_n y) \tag{4.206}$$

$$B_0^x = \frac{i}{\gamma_{mn}^2}\left(-\frac{\omega}{c^2}\beta_n E^{mn}\right)\sin(\alpha_m x)\cos(\beta_n y) \tag{4.207}$$

$$B_0^y = \frac{i}{\gamma_{mn}^2}\left(\frac{\omega}{c^2}\alpha_m E^{mn}\right)\cos(\alpha_m x)\sin(\beta_n y) \tag{4.208}$$

$$B_0^z = 0 \tag{4.209}$$

と書ける．α または β のどちらか一方でもゼロのとき，偏極ベクトルがすべてゼロとなることがわかるので，整数 m, n ともにゼロでないことが必要である．したがって，伝播が可能な最小の角振動数 $\omega_{\min}$ は

$$\frac{\omega_{\min}}{c} = \gamma_{mn} \tag{4.210}$$

である．

TE モード

$E^{mn}=0$ で $B^{mn}\neq 0$ のモードは $E_0^z=0$, $B_0^z\neq 0$ なので電場のみが進行方向に直交する偏極をもつ．したがって，このモードを transverse electric (TE) モードという．このモードは式 (4.196)〜(4.201) に対して $E^{mn}=0$ を代入して

$$
\begin{aligned}
E_0^x &= \frac{i}{\gamma_{mn}^2}\left(-\omega\beta B^{mn}\right)\cos\left(\alpha_m x\right)\sin\left(\beta_n y\right) && (4.211)\\
E_0^y &= \frac{i}{\gamma_{mn}^2}\left(\omega\alpha_m B^{mn}\right)\sin\left(\alpha_m x\right)\cos\left(\beta_n y\right) && (4.212)\\
E_0^z &= 0 && (4.213)\\
B_0^x &= \frac{i}{\gamma_{mn}^2}\left(-k\alpha_m B^{mn}\right)\sin\left(\alpha_m x\right)\cos\left(\beta_n y\right) && (4.214)\\
B_0^y &= \frac{i}{\gamma_{mn}^2}\left(-k\beta_n B^{mn}\right)\cos\left(\alpha_m x\right)\sin\left(\beta_n y\right) && (4.215)\\
B_0^z &= B^{mn}\cos\left(\alpha_m x\right)\cos\left(\beta_n y\right) && (4.216)
\end{aligned}
$$

と書ける．α_m と β_n の両方がともにゼロのとき，偏極ベクトルがすべてゼロとなることがわかるので，整数 m,n の少なくともどちらか一方がゼロでないことが必要である．したがって，伝播が可能な最小の角振動数 $\omega_{\min}$ は

$$
\frac{\omega_{\min}}{c}=\gamma_{mn} \tag{4.217}
$$

である．

TEM モード

E_0^z, B_0^z がともにゼロのモード（TEM モードと呼ぶ）は存在するだろうか．このときはあらためて式 (4.175)〜(4.178) を用いると

$$
\bar{\boldsymbol{\nabla}}\cdot\bar{\boldsymbol{E}}_0 = 0 \tag{4.218}
$$

$$
\bar{\boldsymbol{\nabla}}\cdot\bar{\boldsymbol{B}}_0 = 0 \tag{4.219}
$$

$$
\bar{\boldsymbol{\nabla}}\times\bar{\boldsymbol{E}}_0 = 0 \tag{4.220}
$$

$$
\bar{\boldsymbol{\nabla}}\times\bar{\boldsymbol{B}}_0 = 0 \tag{4.221}
$$

という方程式を得る．式 (4.220) にあるように $\bar{\boldsymbol{E}}_0$ は回転がないので，あるスカラー関数 ϕ を用いて

$$
\bar{\boldsymbol{E}}_0 = -\bar{\boldsymbol{\nabla}}\phi \tag{4.222}
$$

と発散の形に書ける．これを式 (4.218) に代入すると，ϕ は

$$\bar{\boldsymbol{\nabla}}^2 \phi = 0 \tag{4.223}$$

を満たす，すなわち調和関数である．境界条件より導体の表面上で $\bar{\boldsymbol{E}}_0$ は表面に垂直である．すなわち ϕ は表面上で一定である．導体の断面の内部が単連結のときは，調和関数 ϕ が境界で一定値をとるとき内部の領域でも一定値をとることを使うと電場は内部の領域でゼロであることがわかる．まったく同様の議論により磁束密度もゼロとなる．このことから TEM モードは存在しない．内部の領域が単連結でないときは TEM モードの存在が許される．同軸ケーブルはその良い例である．このとき $\omega = kc$ となるので任意の角振動数が可能である．導波管は角振動数が $\omega_{\min}$ 以上という制限があるため，信号が高周波であることが必要であるが，同軸ケーブルは周波数に対する制限がないのが違いの一つである．

4.4.2　導波管の断面が円の場合

次に導波管の断面が半径 a の円である場合を考察しよう．円筒座標を用いて $x = r\cos\phi$, $y = r\sin\phi$ とおく．また

$$\boldsymbol{e}_r = \begin{pmatrix} \cos\phi \\ \sin\phi \\ 0 \end{pmatrix}, \quad \boldsymbol{e}_\phi = \begin{pmatrix} -\sin\phi \\ \cos\phi \\ 0 \end{pmatrix}, \tag{4.224}$$

とおく．偏極ベクトルと微分の z 軸に垂直な成分は

$$\bar{\boldsymbol{E}}_0 = E_0^r \boldsymbol{e}_r + E_0^\phi \boldsymbol{e}_\phi \tag{4.225}$$

$$\bar{\boldsymbol{B}}_0 = B_0^r \boldsymbol{e}_r + B_0^\phi \boldsymbol{e}_\phi \tag{4.226}$$

$$\bar{\boldsymbol{\nabla}}_0 = \boldsymbol{e}_r \frac{\partial}{\partial r} + \boldsymbol{e}_\phi \frac{1}{r}\frac{\partial}{\partial \phi} \tag{4.227}$$

と書ける．まず E_0^z, B_0^z に対するヘルムホルツ方程式 (4.184), (4.185) を考える．z 軸に直交する 2 次元のラプラシアンは式 (4.227) より

$$\bar{\boldsymbol{\nabla}}^2 = \frac{\partial^2}{\partial r^2} + \frac{1}{r}\frac{\partial}{\partial r} + \frac{1}{r^2}\frac{\partial^2}{\partial \phi^2} \tag{4.228}$$

と書けるので，ヘルムホルツ方程式は

$$\left(\frac{\partial^2}{\partial r^2} + \frac{1}{r}\frac{\partial}{\partial r} + \frac{1}{r^2}\frac{\partial^2}{\partial \phi^2} + \gamma^2 \right) E_0^z(r,\phi) = 0 \tag{4.229}$$

$$\left(\frac{\partial^2}{\partial r^2}+\frac{1}{r}\frac{\partial}{\partial r}+\frac{1}{r^2}\frac{\partial^2}{\partial \phi^2}+\gamma^2\right)B_0^z(r,\phi) = 0 \tag{4.230}$$

となる．ここで式を導入するため

$$\gamma^2=\frac{\omega^2}{c^2}-k^2 \tag{4.231}$$

とおいた．角度についてのフーリエ級数展開を行い，その中の特定の振動数 m のモード $E_0^z(r,\phi) = E^m(r)e^{im\phi}$, $B_0^z(r,\phi) = B^m(r)e^{im\phi}$ に着目するとヘルムホルツ方程式は

$$\left(\frac{d^2}{dr^2}+\frac{1}{r}\frac{d}{dr}-\frac{m^2}{r^2}+\gamma^2\right)E^m(r) = 0 \tag{4.232}$$

$$\left(\frac{d^2}{dr^2}+\frac{1}{r}\frac{d}{dr}-\frac{m^2}{r^2}+\gamma^2\right)B^m(r) = 0 \tag{4.233}$$

に帰着される．この方程式は $x = \gamma r$ というスケール変換を施して微分方程式の定数項を 1 となるように調整すると 3.10 節「数学に関する補足」で与えたベッセル関数の微分方程式に帰着する．解は $J_m(x)$ と $N_m(x)$ の 2 つがあるが，後者は原点で特異性を持つので棄却される．したがって，角度 ϕ 方向の振動数 m のモードに対応する z 方向の偏極ベクトルは E^m, B^m を定数として

$$E_0^z(r) = E^m J_m(\gamma r)e^{im\phi} \tag{4.234}$$

$$B_0^z(r) = B^m J_m(\gamma r)e^{im\phi} \tag{4.235}$$

となる．

次に z 軸に直交する方向の偏極ベクトルを求めよう．式 (4.225)〜(4.227) を式 (4.182), (4.183) に代入し $\boldsymbol{e}_r$ 方向成分と $\boldsymbol{e}_\phi$ 方向成分をそれぞれ抜き出すと

$$E_0^r = \frac{i}{\gamma^2}\left(k\frac{\partial E_0^z}{\partial r}+\omega\frac{1}{r}\frac{\partial B_0^z}{\partial \phi}\right) \tag{4.236}$$

$$E_0^\phi = \frac{i}{\gamma^2}\left(k\frac{1}{r}\frac{\partial E_0^z}{\partial \phi}-\omega\frac{\partial B_0^z}{\partial r}\right) \tag{4.237}$$

$$B_0^r = \frac{i}{\gamma^2}\left(-\frac{\omega}{c^2}\frac{1}{r}\frac{\partial E_0^z}{\partial \phi}+k\frac{\partial B_0^z}{\partial r}\right) \tag{4.238}$$

$$B_0^\phi = \frac{i}{\gamma^2}\left(\frac{\omega}{c^2}\frac{\partial E_0^z}{\partial r}+k\frac{1}{r}\frac{\partial B_0^z}{\partial \phi}\right) \tag{4.239}$$

と求められる．ここで式(4.227)による円筒座標での微分の表式と，簡単なベクトル解析の計算により得られる式

$$\boldsymbol{e}_3 \times \bar{\boldsymbol{\nabla}} = -\boldsymbol{e}_r \frac{1}{r}\frac{\partial}{\partial \phi} + \boldsymbol{e}_\phi \frac{\partial}{\partial r} \tag{4.240}$$

を用いた．境界条件は $r = a$ で電場の境界面に平行な方向成分と磁束密度の境界に垂直な方向成分がゼロであるから

$$E_0^z = 0, \quad E_0^\phi = 0, \quad B_0^r = 0 \tag{4.241}$$

である．以下，断面が長方形の場合にならってTMモードとTEモードに分解して境界条件を考察しよう．

4.4.3　TMモード

磁束密度の z 方向の成分 B^m がゼロのモードのとき

$$E_0^z(r,\phi) = E^m J_m(\gamma r) e^{im\phi} \tag{4.242}$$

$$B_0^z(r,\phi) = 0 \tag{4.243}$$

$$E_0^r(r,\phi) = \frac{ikE^m}{\gamma^2}\frac{dJ_m(\gamma r)}{dr} e^{im\phi} \tag{4.244}$$

$$E_0^\phi(r,\phi) = -\frac{mkE^m}{\gamma^2 r} J_m(\gamma r) e^{im\phi} \tag{4.245}$$

$$B_0^r(r,\phi) = \frac{mE^m\omega}{\gamma^2 r c^2} J_m(\gamma r) e^{im\phi} \tag{4.246}$$

$$B_0^\phi(r,\phi) = \frac{iE^m\omega}{\gamma^2 c^2}\frac{dJ_m(\gamma r)}{dr} e^{im\phi} \tag{4.247}$$

である．したがって，境界条件を満たすには

$$J_m(\gamma a) = 0 \tag{4.248}$$

であればよい．ベッセル関数は零点を加算無限個もつ．その加算無限個の $J_m(x)$ のゼロ点を整数 n でラベルし

$$j_{m,n} \quad (n = 1, 2, 3, \ldots) \tag{4.249}$$

とおくと，境界条件から角度の振動数 m に対応するTMモードを特徴づける γ は

$$\gamma_{mn} = \frac{j_{m,n}}{a} \quad (n = 1, 2, 3, \ldots) \tag{4.250}$$

と離散化される．

4.4.4 TE モード

磁束密度の z 方向の成分 E^m がゼロのモードのとき

$$
\begin{aligned}
E_0^z(r,\phi) &= 0 && (4.251)\\
B_0^z(r,\phi) &= B^m J_m(\gamma r)e^{im\phi} && (4.252)\\
E_0^r(r,\phi) &= -\frac{B^m m\omega}{\gamma^2 r}J_m(\gamma r)e^{im\phi} && (4.253)\\
E_0^\phi(r,\phi) &= -\frac{i\omega B^m}{\gamma^2}\frac{dJ_m(\gamma r)}{dr}e^{im\phi} && (4.254)\\
B_0^r(r,\phi) &= \frac{ikB^m}{\gamma^2}\frac{dJ_m(\gamma r)}{dr}e^{im\phi} && (4.255)\\
B_0^\phi(r,\phi) &= -\frac{kB^m m}{\gamma^2 r}J_m(\gamma r)e^{im\phi} && (4.256)
\end{aligned}
$$

である．したがって，境界条件を満たすには

$$
\left.\frac{dJ_m(\gamma r)}{dr}\right|_{r=a} = 0 \tag{4.257}
$$

であればよい．ベッセル関数の微分は零点を加算無限個もつ．その加算無限個の $\dfrac{dJ_m(x)}{dx}$ のゼロ点を整数 n でラベルし

$$
j'_{m,n} \quad (n = 1, 2, 3, \ldots) \tag{4.258}
$$

とおくと，境界条件から角度の振動数 m に対応する TE モードを特徴づける γ は

$$
\gamma_{mn} = \frac{j'_{m,n}}{a} \quad (n = 1, 2, 3, \ldots) \tag{4.259}
$$

と離散化される．

4.4.5 導波管の電磁波の分散関係

以上見てきたように，導波管には形状とモード数 m, n で決まる固有のモードがある．角振動数 ω は z 方向の波数 k およびモードに固有のパラメータ γ_{mn} を用いて

$$
\frac{\omega}{c} = \sqrt{\gamma_{mn}^2 + k^2} \tag{4.260}
$$

と表される．

したがって，導波管内を伝播する電磁波の位相速度 v_{phase} は

$$v_{\mathrm{phase}} = \frac{\omega}{k} = c\sqrt{1 + \frac{\gamma_{mn}^2}{k^2}} > c \tag{4.261}$$

となり，光速を超える．しかしながら情報を伝える群速度 v_{group} は

$$v_{\mathrm{group}} = \frac{d\omega}{dk} = \frac{c}{\sqrt{1 + \frac{\gamma_{mn}^2}{k^2}}} < c \tag{4.262}$$

となり光速を超えない．

§4.5　ファイバー

ファイバーは，ガラスや透明なプラスチックなどからできた線材で，光通信に用いられる．基本的構造は半径 a の円柱状のコアと呼ばれる屈折率 n_1 の線材を，屈折率 $n_2\,(< n_1)$ のクラッド (clad) で取り囲んだものである．入射した光はクラッドとの境界で全反射を繰り返しながら伝播する．軸方向と光の入射方向のなす角度を θ とすると

$$\theta < \theta_{\mathrm{max}} = \cos^{-1}\left(\frac{n_2}{n_1}\right) \tag{4.263}$$

のときは全反射が起こり遠方まで損失なく伝播できる．これよりも大きな角度で入射した光は全反射がおきず，光は外に漏れだして遠方に到達できない．全反射がおきる場合は本質的に導波管と同じである．導波管に使われる導体は完全導体でないため，光のエネルギーは導体表面の電流による熱エネルギーによって減衰する．それに対してファイバーはそのようなエネルギー損失がないため理想的な通信素材となりうる．

§4 の章末問題

問題 1　水面に垂直に入射した光に対して，反射係数 r_p，透過係数 t_p およびエネルギー反射率 R とエネルギー透過率 T を求めよ．水の屈折率は $\dfrac{4}{3}$ とする．

問題 2　水面から L の深さの水中から，真上を見たとき水面上でちょうど真上の点を中心とする半径 R の円内は明るく見え，半径 R より外側は暗く見える．この半径 R を深さ L を用いて表せ．水の屈折率は $\dfrac{4}{3}$ とする．

問題 3　電離層での電磁波の伝播を考える．大気は電子と陽イオンに分離したプラズマ状態になっている．電離層に $\boldsymbol{E} = \boldsymbol{E}^{(0)} \exp(-i\omega t)$ の電磁波が入射したとする．このとき陽イオンが重く，電子のみが動くとする．電子の運動方程式は電子の位置を $\boldsymbol{r}$，電荷を $-e$，質量を m として

$$m\frac{d^2\boldsymbol{r}}{dt^2} = -e\boldsymbol{E}^{(0)} \exp(-i\omega t) \tag{4.264}$$

で与えられる．プラズマ中の電子の個数密度を N とすると屈折率は

$$n := \sqrt{\frac{\epsilon}{\epsilon_0}} = \sqrt{1 - \frac{\omega_P^2}{\omega^2}} \tag{4.265}$$

で与えられることを示せ．ただし $\omega_P := \sqrt{\dfrac{Ne^2}{m\epsilon_0}}$ である．

問題 4　図 4.4 中の $\mathrm{P}_0 \to \mathrm{Q}_0$ のように透過する光と，$\mathrm{P}_0 \to \mathrm{Q}_0 \to \mathrm{P}_1 \to \mathrm{Q}_1$ で透過する波の間に位相差 $\phi = \frac{2n_2\omega d}{c} \cos\theta_T$ がつくことを示せ．
ヒント：光路差は図 4.4 の $\mathrm{Q}_0 \to \mathrm{P}_1 \to \mathrm{R}$ である．

問題 5　（トポロジカル絶縁体）トポロジカル絶縁体と呼ばれる物質群における電磁場との相互作用は，磁場によって分極が誘起されたり，電場によって磁化が発生するような物質方程式

$$\boldsymbol{D} = \epsilon\boldsymbol{E} - \alpha\boldsymbol{B} \tag{4.266}$$

$$\boldsymbol{H} = \frac{1}{\mu}\boldsymbol{B} + \alpha\boldsymbol{E} \tag{4.267}$$

によって表現される．ここで ϵ，μ や α は定数であるとする．

(1)　自由な電荷や電流がない場合のマクスウェル方程式に上の物質方程式を代入して $\boldsymbol{E}$ と $\boldsymbol{B}$ に対する方程式を求めよ．また，単色平面波の $(\boldsymbol{E}, \boldsymbol{B})$ がその解であることを示せ．

(2)　この物質に直線偏光の単色平面波が垂直に入射したとする．反射波の電場は直線偏光のままであるが，偏光ベクトルの向きは θ_K だけ回転する．θ_K を求めよ．これは反射波の偏光に関するカー回転効果と呼ばれる．

コメント：ここで取り上げた物質方程式の α 項（式 (4.266)，式 (4.267) の右辺第2項）は電磁場の運動方程式にはあらわれないが，境界条件において重要な役割を果たす．この意味で，4.1.1 項で取り扱った θ 項を有する場合の作用積分からの導出と同じ結果を与える．

第5章　電磁放射の基礎

この章では，時間変化する電荷密度と電流密度のつくる電磁場について述べる．まず，一般的に電荷密度や電流密度のつくる電磁場が遅延ポテンシャルで与えられることを示す．次に，電荷密度や電流密度がある限られた領域内のみにあるときに多重極展開を用いて遠方での輻射の様子を見る．最後に運動する荷電粒子のつくる電磁場を与えるリエナール・ヴィルフェルトポテンシャルを求めたのち，荷電粒子による輻射の公式を導く．

§5.1　遅延ポテンシャル

第3章で見たようにスカラーポテンシャル ϕ とベクトルポテンシャル $\boldsymbol{A}$ を導入して電磁場を

$$\boldsymbol{E} = -\boldsymbol{\nabla}\phi - \frac{\partial \boldsymbol{A}}{\partial t} \tag{5.1}$$

$$\boldsymbol{B} = \boldsymbol{\nabla} \times \boldsymbol{A} \tag{5.2}$$

と表したとき，ゲージ変換の自由度を上手く使ってローレンツゲージ

$$\boldsymbol{\nabla} \cdot \boldsymbol{A} + \frac{1}{c^2}\frac{\partial \phi}{\partial t} = 0 \tag{5.3}$$

を満たすようにすることができる．このときのマクスウェル方程式は

$$\boldsymbol{\nabla}^2\phi - \frac{1}{c^2}\frac{\partial^2 \phi}{\partial t^2} = -\frac{\rho}{\epsilon_0} \tag{5.4}$$

$$\boldsymbol{\nabla}^2\boldsymbol{A} - \frac{1}{c^2}\frac{\partial^2 \boldsymbol{A}}{\partial t^2} = -\mu_0\boldsymbol{J} \tag{5.5}$$

で与えられる．

この方程式の解は以下で与えられる．

$$\phi(\boldsymbol{r}, t) = \frac{1}{4\pi\epsilon_0}\int d^3\boldsymbol{r}'\,\frac{\rho(\boldsymbol{r}', t_R)}{|\boldsymbol{r} - \boldsymbol{r}'|} \tag{5.6}$$

$$\boldsymbol{A}(\boldsymbol{r}, t) = \frac{\mu_0}{4\pi}\int d^3\boldsymbol{r}'\,\frac{\boldsymbol{J}(\boldsymbol{r}', t_R)}{|\boldsymbol{r} - \boldsymbol{r}'|} \tag{5.7}$$

ただし $t_R = t - |\boldsymbol{r} - \boldsymbol{r}'|/c$

これを遅延ポテンシャルと呼ぶ．遅延ポテンシャルの導出は5.8節「数学に関する補足」で説明する．

§5.2　振動する電荷・電流からの放射

第4章と同様の考え方で，微分方程式の解の解析を簡単にするために，場を複素化して考えよう．この節ではそれに合わせてさらに電荷密度と電流密度も複素化して考える．物理的な量を求めるときには実部をとることにする．

以下のように角振動数 ω で時間変化する電荷密度，電流密度からの放射を考えよう．

$$\rho(\boldsymbol{r},t)=\rho(\boldsymbol{r})e^{-i\omega t},\quad \boldsymbol{J}(\boldsymbol{r},t)=\boldsymbol{J}(\boldsymbol{r})e^{-i\omega t} \tag{5.8}$$

ポテンシャルも同様に角振動数 ω で振動し

$$\phi(\boldsymbol{r},t)=\phi(\boldsymbol{r})e^{-i\omega t},\quad \boldsymbol{A}(\boldsymbol{r},t)=\boldsymbol{A}(\boldsymbol{r})e^{-i\omega t} \tag{5.9}$$

となる．これを式(5.6), (5.7)に代入すると

$$\begin{aligned}\phi(\boldsymbol{r})&=\frac{1}{4\pi\epsilon_0}\int d^3\boldsymbol{r}'\frac{\rho(\boldsymbol{r}')e^{ikR}}{R},\\ \boldsymbol{A}(\boldsymbol{r})&=\frac{\mu_0}{4\pi}\int d^3\boldsymbol{r}'\frac{\boldsymbol{J}(\boldsymbol{r}')e^{ikR}}{R},\quad \text{ただし } R=|\boldsymbol{r}-\boldsymbol{r}'|\end{aligned} \tag{5.10}$$

が成り立つ．さて，観測点の位置ベクトルの大きさ $|\boldsymbol{r}|$ が源の大きさと波長 $\lambda=\dfrac{2\pi}{k}$ にくらべ十分大きいとき，$|\boldsymbol{r}|\gg\lambda,\ |\boldsymbol{r}'|$ が成り立つ．そこで R を近似して

$$R=\sqrt{r^2-2\boldsymbol{r}\cdot\boldsymbol{r}'+r'^2}\approx r-\hat{\boldsymbol{r}}\cdot\boldsymbol{r}'$$

としよう．ここで $\hat{\boldsymbol{r}}$ はベクトル $\boldsymbol{r}$ 方向の単位ベクトル $\dfrac{\boldsymbol{r}}{r}$ である．この近似のもとで，ポテンシャルの $\boldsymbol{r}$ 依存性は

$$\phi(\boldsymbol{r})=\frac{1}{4\pi\epsilon_0}\frac{e^{ikr}}{r}\int d^3\boldsymbol{r}'\rho(\boldsymbol{r}')e^{-ik\hat{\boldsymbol{r}}\cdot\boldsymbol{r}'}+O\left(\frac{1}{r^2}\right) \tag{5.11}$$

$$\boldsymbol{A}(\boldsymbol{r})=\frac{\mu_0}{4\pi}\frac{e^{ikr}}{r}\int d^3\boldsymbol{r}'\boldsymbol{J}(\boldsymbol{r}')e^{-ik\hat{\boldsymbol{r}}\cdot\boldsymbol{r}'}+O\left(\frac{1}{r^2}\right) \tag{5.12}$$

となる．

便宜上，積分量 $\boldsymbol{F}$ を以下のように定義する．

$$\boldsymbol{F} = \int d^3\boldsymbol{r}'\boldsymbol{J}(\boldsymbol{r}')e^{-ik\hat{\boldsymbol{r}}\cdot\boldsymbol{r}'} \tag{5.13}$$

$\boldsymbol{F}$ は電流密度と放射方向の単位ベクトル $\hat{\boldsymbol{r}}$ に依存する量であり，電流密度の空間フーリエ変換の放射方向の波数成分となっている．ベクトルポテンシャルの回転をとると十分遠方での磁束密度は

$$\boldsymbol{B} = \boldsymbol{\nabla}\times\boldsymbol{A} = \frac{\mu_0}{4\pi}\left[ik\frac{e^{ikr}}{r}\hat{\boldsymbol{r}}\times\boldsymbol{F} + O\left(\frac{1}{r^2}\right)\right] \tag{5.14}$$

となる．マクスウェル方程式より

$$\boldsymbol{E} = \frac{ic}{k}\boldsymbol{\nabla}\times\boldsymbol{B} = \frac{ic}{k}(ik\hat{\boldsymbol{r}})\times\boldsymbol{B} + O\left(\frac{1}{r^2}\right) \tag{5.15}$$

ここで，$\boldsymbol{\nabla}r = \hat{\boldsymbol{r}}$ を用いた．したがって，十分遠方での電場は

$$\boldsymbol{E} = -c\hat{\boldsymbol{r}}\times\boldsymbol{B} + O\left(\frac{1}{r^2}\right) \tag{5.16}$$

と表される．

これをもとにポインティングベクトルを計算すると

$$\begin{aligned}\boldsymbol{Y} =& \frac{1}{\mu_0}\boldsymbol{E}\times\boldsymbol{B} = -\frac{c}{\mu_0}(\hat{\boldsymbol{r}}\times\boldsymbol{B})\times\boldsymbol{B}\\ =& \frac{c}{\mu_0}\left(-\boldsymbol{B}(\hat{\boldsymbol{r}}\cdot\boldsymbol{B}) + \hat{\boldsymbol{r}}(\boldsymbol{B}\cdot\boldsymbol{B})\right) = \frac{c}{\mu_0}(\boldsymbol{B}\cdot\boldsymbol{B})\hat{\boldsymbol{r}}\end{aligned} \tag{5.17}$$

これより時間依存性を復活させると

$$\begin{aligned}\boldsymbol{B}(\boldsymbol{r},t) &= \frac{\mu_0 k}{4\pi r}\hat{\boldsymbol{r}}\times\mathrm{Re}\left[ie^{i(kr-\omega t)}\boldsymbol{F}(\boldsymbol{r})\right]\\ &= \frac{\mu_0 k}{4\pi r}\hat{\boldsymbol{r}}\times[-(\mathrm{Re}\boldsymbol{F})\sin(kr-\omega t) - (\mathrm{Im}\boldsymbol{F})\cos(kr-\omega t)]\end{aligned} \tag{5.18}$$

を得る．ポインティングベクトルを求めるため，$|\boldsymbol{B}|^2$ を計算すると

$$\begin{aligned}|\boldsymbol{B}(\boldsymbol{r},t)|^2 = \left(\frac{\mu_0}{4\pi}\right)^2\frac{k^2}{r^2}|\hat{\boldsymbol{r}}\times[&-(\mathrm{Re}\boldsymbol{F})\sin(kr-\omega t)\\ &-(\mathrm{Im}\boldsymbol{F})\cos(kr-\omega t)]|^2\end{aligned} \tag{5.19}$$

時間平均を $\langle\cdots\rangle_t$ と表すと，上の表式からポインティングベクトルの時間平均は

$$\langle \boldsymbol{Y}(\boldsymbol{r},t)\rangle_t = \frac{\mu_0}{(4\pi)^2}\frac{k^2 c}{2r^2}\left[|\hat{\boldsymbol{r}}\times \mathrm{Re}\boldsymbol{F}|^2 + |\hat{\boldsymbol{r}}\times \mathrm{Im}\boldsymbol{F}|^2\right]\hat{\boldsymbol{r}} \tag{5.20}$$

となる．これより立体角 $d\Omega$ 内へ流出する輻射エネルギーの時間平均 $\langle dP\rangle_t$ は以下のように示すことができる．

立体角 $d\Omega$ 内へ流出する輻射エネルギーの時間平均

$$\begin{aligned}\langle dP\rangle_t &= r^2 d\Omega\langle \boldsymbol{Y}\rangle_t\cdot\hat{\boldsymbol{r}} = \frac{k^2}{2(4\pi)^2\epsilon_0 c}\left[|\hat{\boldsymbol{r}}\times \mathrm{Re}\boldsymbol{F}|^2 + |\hat{\boldsymbol{r}}\times \mathrm{Im}\boldsymbol{F}|^2\right]d\Omega\\ &= \frac{k^2}{2(4\pi)^2\epsilon_0 c}\left[|\mathrm{Re}\boldsymbol{F}|^2 - (\hat{\boldsymbol{r}}\cdot\mathrm{Re}\boldsymbol{F})^2 + |\mathrm{Im}\boldsymbol{F}|^2 - (\hat{\boldsymbol{r}}\cdot\mathrm{Im}\boldsymbol{F})^2\right]d\Omega\end{aligned} \tag{5.21}$$

§5.3　多重極放射

$\boldsymbol{F}$ は以下のように多重極展開で与えられる．

$$\boldsymbol{F} = \sum_{n=0}^{\infty}\boldsymbol{F}_n = \sum_{n=0}^{\infty}\frac{1}{n!}\int d^3\boldsymbol{r}'\boldsymbol{J}(\boldsymbol{r}')(-ik\hat{\boldsymbol{r}}\cdot\boldsymbol{r}')^n \tag{5.22}$$

波長に比べて，電流の広がりが小さいときは展開の最初の数項の寄与が支配的である．以下 $n=0,1$ の寄与を見て行こう．その前に準備として以下の公式を示す．

任意の関数 $f(\boldsymbol{r}')$ に対して

$$\int d^3\boldsymbol{r}'(\boldsymbol{\nabla}_{\boldsymbol{r}'}f(\boldsymbol{r}'))\cdot\boldsymbol{J}(\boldsymbol{r}') = -i\omega\int d^3\boldsymbol{r}'f(\boldsymbol{r}')\rho(\boldsymbol{r}') \tag{5.23}$$

証明　電荷の保存則より

$$-\boldsymbol{\nabla}_{\boldsymbol{r}'}\cdot\boldsymbol{J}(\boldsymbol{r}') = -i\omega\rho(\boldsymbol{r}') \tag{5.24}$$

が成り立つ．この両辺に $f(\boldsymbol{r}')$ をかけて $\boldsymbol{r}'$ について積分を行うと左辺は

$$-\int d^3\boldsymbol{r}' f(\boldsymbol{r}')\boldsymbol{\nabla}_{\boldsymbol{r}'}\cdot\boldsymbol{J}(\boldsymbol{r}') \tag{5.25}$$

となる．部分積分を行うとこの積分は

$$\begin{aligned}&-\int d^3\boldsymbol{r}'\boldsymbol{\nabla}_{\boldsymbol{r}'}\cdot\left(f(\boldsymbol{r}')\boldsymbol{J}(\boldsymbol{r}')\right)+\int d^3\boldsymbol{r}'\boldsymbol{\nabla}_{\boldsymbol{r}'}f(\boldsymbol{r}')\cdot\boldsymbol{J}(\boldsymbol{r}')\\&=\int d^3\boldsymbol{r}'\boldsymbol{\nabla}_{\boldsymbol{r}'}f(\boldsymbol{r}')\cdot\boldsymbol{J}(\boldsymbol{r}')\end{aligned} \tag{5.26}$$

と書き換えられる．ここで第一項はガウスの定理を用いて無限遠方での表面積分に書き換えられるが，電流分布が有限の領域に限ることからゼロとなることを用いた．一方で右辺の積分は

$$-i\omega\int d^3\boldsymbol{r}' f(\boldsymbol{r}')\rho(\boldsymbol{r}') \tag{5.27}$$

となることから公式が成り立つ．　　　　　　　　　　　　　(証明終わり)

5.3.1　電気双極子放射

$n=0$ の場合を考察しよう．式 (5.23) において関数 f を $f(\boldsymbol{r}')=r'_i$ $(i=1,2,3)$ と選ぶと

$$\int d^3\boldsymbol{r}' J_i(\boldsymbol{r}')=-i\omega\int d^3\boldsymbol{r}' r'_i\rho(\boldsymbol{r}') \tag{5.28}$$

となる．したがって，$\boldsymbol{F}_0$ は

$$\boldsymbol{F}_0=\int d^3\boldsymbol{r}'\boldsymbol{J}(\boldsymbol{r}')=-i\omega\int d^3\boldsymbol{r}'\boldsymbol{r}'\rho(\boldsymbol{r}')=-i\omega\boldsymbol{p} \tag{5.29}$$

となる．ここで $\boldsymbol{p}$ は電荷分布から求めた電気双極子モーメントである．したがって，$n=0$ の寄与を電気双極子輻射と呼ぶ．電気双極子輻射による遠方での電磁場は式 (5.14), (5.16) に式 (5.29) を代入して

$$\boldsymbol{E}(\boldsymbol{r})=-\frac{\mu_0\omega^2}{4\pi r}\left[\hat{\boldsymbol{r}}\times(\hat{\boldsymbol{r}}\times\boldsymbol{p})\right]e^{ikr}=\frac{\mu_0\omega^2}{4\pi r}\left[\boldsymbol{p}-\hat{\boldsymbol{r}}\left(\hat{\boldsymbol{r}}\cdot\boldsymbol{p}\right)\right]e^{ikr} \tag{5.30}$$

$$\boldsymbol{B}(\boldsymbol{r})=\frac{\mu_0\omega^2}{4\pi rc}\left(\hat{\boldsymbol{r}}\times\boldsymbol{p}\right)e^{ikr} \tag{5.31}$$

また式 (5.21) に式 (5.29) を代入すると輻射エネルギーについて以下の結果を得る．

電気双極子輻射

角振動数ωでその大きさが振動する電気双極子モーメント$\boldsymbol{p}$が立体角$d\Omega$の角度領域に単位時間あたりに放出する輻射強度の時間平均は

$$\frac{\langle dP\rangle_t}{d\Omega} = \frac{\omega^4 p^2 \sin^2\theta}{32\pi^2\epsilon_0 c^3} \tag{5.32}$$

で与えられる．ここでpは電気双極子モーメントの大きさでθは放射方向のベクトルと電気双極子モーメントのなす角である．

図5.1に電気双極子輻射強度の角度依存性を示す．電気双極子モーメントと輻射の方向のなす角θに対する輻射強度をその方向への長さで表している．したがって，図から電気双極子モーメントと同じ方向への輻射強度はゼロで角度が大きくなるにつれ強度も大きくなり，$\theta = 90^\circ$で強度が最大となる．輻射の角度分布を立体角で積分すると単位時間あたりの全輻射エネルギーは

$$P = 2\pi\int_0^\pi d\theta\sin\theta\frac{\langle dP\rangle_t}{d\Omega} = \frac{\omega^4 p^2}{12\pi\epsilon_0 c^3} \tag{5.33}$$

となる．

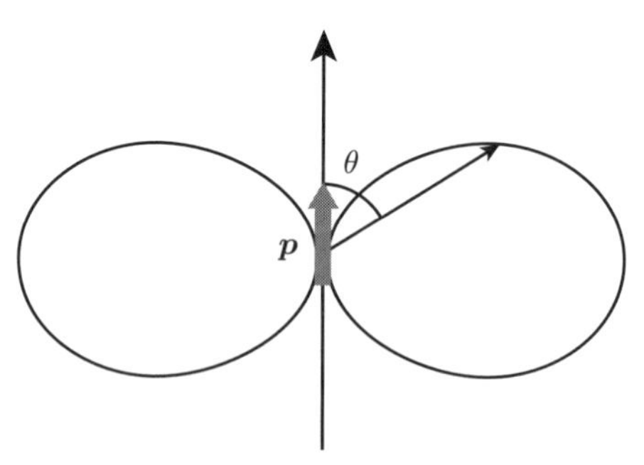

図5.1　電気双極子輻射強度の角度依存性

5.3.2　磁気双極子放射と電気四重極子放射

つぎに$n=1$の場合を考察しよう．式(5.23)において関数fを$f(\boldsymbol{r}') = r'_i r'_j$ $(i, j = 1, 2, 3)$と選ぶと

$$\int d^3\boldsymbol{r}'\left(\boldsymbol{r}'_i J_j(\boldsymbol{r}') + \boldsymbol{r}'_j J_i(\boldsymbol{r}')\right) = -i\omega\int d^3\boldsymbol{r}' r'_i r'_j \rho(\boldsymbol{r}') \tag{5.34}$$

となる．さて $\boldsymbol{F}_1$ は

$$
\begin{aligned}
(\boldsymbol{F}_1)_i =& -\frac{ik}{r}\sum_{j=1}^{3} r_j \int d^3\boldsymbol{r}' r'_j J_i(\boldsymbol{r}') \\
=& -\frac{ik}{2r}\sum_{j=1}^{3} r_j \left[\int d^3\boldsymbol{r}' \left(r'_i J_j(\boldsymbol{r}') + r'_j J_i(\boldsymbol{r}')\right)\right. \\
& \left. - \int d^3\boldsymbol{r}'(r'_i J_j(\boldsymbol{r}') - r'_j J_i(\boldsymbol{r}'))\right]
\end{aligned}
\tag{5.35}
$$

で与えられるので，右辺の第一項に公式の結果を用い，第二項には外積に対する公式

$$
\left(\boldsymbol{r}' \times \boldsymbol{J}(\boldsymbol{r}')\right) \times \boldsymbol{r} = (\boldsymbol{r}\cdot\boldsymbol{r}')\boldsymbol{J}(\boldsymbol{r}') - \left(\boldsymbol{r}\cdot\boldsymbol{J}(\boldsymbol{r}')\right)\boldsymbol{r}' \tag{5.36}
$$

を用いると

$$
(\boldsymbol{F}_1)_i = (-ik\boldsymbol{m}\times\hat{\boldsymbol{r}})_i - \frac{\omega k}{6r}\sum_{j=1}^{3} Q_{ij} r_j - \frac{\omega k}{6r} S r_i \tag{5.37}
$$

を得る．ここで

$$
\begin{aligned}
\boldsymbol{m} &= \frac{1}{2}\int d^3\boldsymbol{r}' \left(\boldsymbol{r}' \times \boldsymbol{j}(\boldsymbol{r}')\right) && (5.38) \\
Q_{ij} &= \int d^3\boldsymbol{r}'(3r'_i r'_j - \delta_{ij} r'^2)\rho(\boldsymbol{r}') && (5.39) \\
S &= \int d^3\boldsymbol{r}' r'^2 \rho(\boldsymbol{r}') && (5.40)
\end{aligned}
$$

式 (5.37) の第三項は $\hat{\boldsymbol{r}}$ に比例するため遠方でのエネルギー放射の公式 (5.21) に代入するとゼロとなり，したがって，放射には寄与しない．第一項と第二項の寄与からの放射をそれぞれ磁気双極子輻射，電気四重極輻射と呼ぶ．

磁気双極子輻射

磁気双極子による輻射，すなわち $\boldsymbol{F}_1$ が

$$
\boldsymbol{F}_1 = -ik\boldsymbol{m}\times\hat{\boldsymbol{r}} \tag{5.41}
$$

と表されるとき，磁気双極子輻射による遠方での電磁場は式 (5.14), (5.16) に式 (5.41) を代入して

$$
\boldsymbol{B}(\boldsymbol{r}) = -\frac{\mu_0\omega^2}{4\pi rc^2}\left[\hat{\boldsymbol{r}}\times(\hat{\boldsymbol{r}}\times\boldsymbol{m})\right]e^{ikr} = \frac{\mu_0\omega^2}{4\pi rc^2}\left[\boldsymbol{m} - \hat{\boldsymbol{r}}\left(\hat{\boldsymbol{r}}\cdot\boldsymbol{m}\right)\right]e^{ikr} \tag{5.42}
$$

$$\boldsymbol{E}(\boldsymbol{r}) = -\frac{\mu_0\omega^2}{4\pi rc}\left(\hat{\boldsymbol{r}}\times\boldsymbol{m}\right)e^{ikr} \tag{5.43}$$

となる．また式 (5.21) に式 (5.41) を代入すると輻射エネルギーについて以下の結果を得る．

磁気双極子輻射

角振動数 ω でその大きさが振動する電気双極子モーメント $\boldsymbol{p}$ が立体角 $d\Omega$ の角度領域に単位時間あたりに放出する輻射強度の時間平均は

$$\frac{\langle dP\rangle_t}{d\Omega} = \frac{\omega^4 m^2\sin^2\theta}{32\pi^2\epsilon_0 c^5} \tag{5.44}$$

で与えられる．ここで m は磁気双極子モーメントの大きさで θ は放射方向のベクトルと磁気双極子モーメントのなす角である．

角度分布の様子は電気双極子輻射のときと同様である．輻射の角度分布を立体角で積分すると単位時間当たりの全輻射エネルギーは

$$P = 2\pi\int_0^\pi d\theta\sin\theta\frac{\langle dP\rangle_t}{d\Omega} = \frac{\omega^4 m^2}{12\pi\epsilon_0 c^5} \tag{5.45}$$

となる．

パルサーは固有の磁気双極子モーメントをもち，それが歳差運動することによって電磁波を輻射しているものとみなせる．このときの輻射を求めてみよう．大きさ m_0 の磁気双極子モーメントが z に対して角度 θ_0 だけ傾いており z 軸のまわりに角速度 ω で回転しているとする．このときの磁気双極子モーメントは $\boldsymbol{e}_1, \boldsymbol{e}_2, \boldsymbol{e}_3$ をそれぞれ x, y, z 方向の単位ベクトルとして

$$\boldsymbol{m} = m_0\left(\sin\theta_0\left(\cos(\omega t)\boldsymbol{e}_1 + \sin(\omega t)\boldsymbol{e}_2\right) + \cos\theta_0\boldsymbol{e}_3\right) \tag{5.46}$$

と表される．前節までで取り扱ったように複素化を行うと，複素化された磁気双極子モーメントのうち $e^{-i\omega t}$ で振動する成分は

$$\boldsymbol{m} = m_0\sin\theta_0\left(\boldsymbol{e}_1 - i\boldsymbol{e}_2\right)e^{-i\omega t} \tag{5.47}$$

これより

$$\boldsymbol{F}_1 = -ikm_0\sin\theta_0(\boldsymbol{e}_1 - i\boldsymbol{e}_2)\times\hat{\boldsymbol{r}} \tag{5.48}$$

となる．これは x 方向に向いた振動する磁気双極子モーメントと y 方向に向いた振動する磁気双極子モーメントが位相 90° ずれて振動していると見なせる．式 (5.21) からわかるように時間平均された輻射エネルギーは $\boldsymbol{F}$ の実部と虚部それぞれからの寄与の和となる．すなわち，時間平均された輻射エネルギーは x 方向に振動する磁気双極子輻射と，y 方向に振動する磁気双極子輻射の和が観測される．

§5.4 アンテナからの放射

アンテナモデルとして次のものを考えよう．図 5.2 のように原点から z 方向の正負の方向にそれぞれ長さ $\dfrac{L}{2}$ の導線を配置し，中心部から大きさ I_0，角振動数 ω の周期的な電流を流す．このときの電流密度は

$$\boldsymbol{J}(\boldsymbol{r},t) = I_0\delta(x)\delta(y)\cos\left(\frac{\pi z}{L}\right)\boldsymbol{e}_3 e^{-i\omega t} \tag{5.49}$$

で与えられる．ここで，$\boldsymbol{e}_3$ は z 方向の単位ベクトルである．アンテナからの放射は電流の広がりが波長と同程度の場合を想定しているので多重極展開の近似は使えない．元の表式にもどって放射を議論する必要がある．$\boldsymbol{F}$ は

$$\boldsymbol{F} = \int d\boldsymbol{r}'\boldsymbol{J}(\boldsymbol{r}')e^{ik\hat{\boldsymbol{r}}\cdot\boldsymbol{r}'}\boldsymbol{e}_3 = I_0\int_{-L/2}^{L/2} dz'\cos\left(\frac{\pi z'}{L}\right)\exp(ik\cos\theta z')\boldsymbol{e}_3 \tag{5.50}$$

となる．ここで θ は，電磁波の観測点方向への単位ベクトル $\hat{\boldsymbol{r}}$ の極座標表示

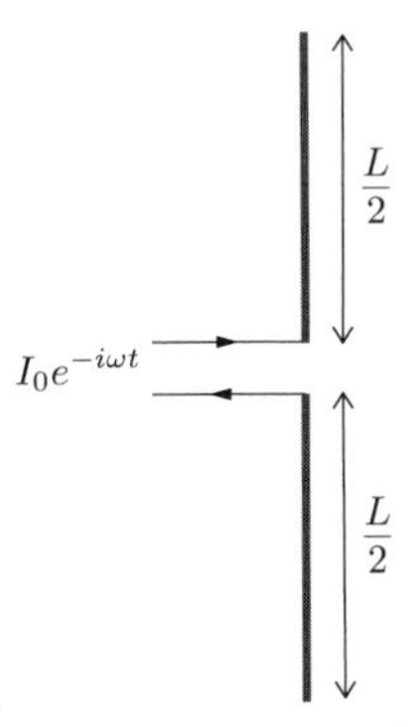

図 5.2　アンテナのモデル

$$\hat{\boldsymbol{r}} = \begin{pmatrix} \sin\theta\cos\phi \\ \sin\theta\sin\phi \\ \cos\theta \end{pmatrix} \tag{5.51}$$

に現れる角度である．式 (5.50) の積分を行うと，

$$\boldsymbol{F} = I_0 \frac{2\pi L \cos\left(\frac{kL}{2}\cos\theta\right)}{\pi^2 - (kL\cos\theta)^2} \boldsymbol{e}_3 \tag{5.52}$$

を得る．

さて，アンテナの長さが電磁波の波長の半分である場合を特に考察しよう．このとき $kL = \pi$ が成り立つので

$$\boldsymbol{F} = \frac{2I_0}{k} \frac{\cos\left(\frac{\pi}{2}\cos\theta\right)}{\sin^2\theta} \boldsymbol{e}_3 \tag{5.53}$$

を得る．

式 (5.14) に代入すると

$$\boldsymbol{B} = i\frac{\mu_0 I_0}{2\pi r} \frac{\cos\left(\frac{\pi}{2}\cos\theta\right)}{\sin^2\theta} e^{i(kr-\omega t)} \hat{\boldsymbol{r}} \times \boldsymbol{e}_3 \tag{5.54}$$

極座標表示に適した基底ベクトルとして

$$\boldsymbol{e}_r = \hat{\boldsymbol{r}} = \begin{pmatrix} \sin\theta\cos\phi \\ \sin\theta\sin\phi \\ \cos\theta \end{pmatrix}, \quad \boldsymbol{e}_\theta = \begin{pmatrix} \cos\theta\cos\phi \\ \cos\theta\sin\phi \\ -\sin\theta \end{pmatrix}, \quad \boldsymbol{e}_\phi = \begin{pmatrix} -\sin\phi \\ \cos\phi \\ 0 \end{pmatrix}, \tag{5.55}$$

を定義する．この基底ベクトルは正規直交基底，すなわち

$$\boldsymbol{e}_i \cdot \boldsymbol{e}_j = \delta_{ij}, \quad \boldsymbol{e}_i \times \boldsymbol{e}_j = \sum_{k=r,\theta,\phi} \epsilon_{ijk}, \quad (i, j = r, \theta, \phi) \tag{5.56}$$

を満たすことは容易に示せる．ここで ϵ_{ijk} は完全反対称テンソルである．これを用いて

$$\hat{\boldsymbol{r}} \times \boldsymbol{e}_3 = \boldsymbol{e}_r \times (\cos\theta \boldsymbol{e}_r - \sin\theta \boldsymbol{e}_\theta) = -\sin\theta \boldsymbol{e}_\phi \tag{5.57}$$

となることから，遠方での磁場は

$$\boldsymbol{B} = -i\frac{I_0}{2\pi\epsilon_0 c^2 r} \frac{\cos\left(\frac{\pi}{2}\cos\theta\right)}{\sin\theta} e^{i(kr-\omega t)} \boldsymbol{e}_\phi \tag{5.58}$$

となる．これより遠方での電場は

$$\boldsymbol{E} = -c\boldsymbol{r} \times \boldsymbol{B} = -i\frac{I_0}{2\pi\epsilon_0 cr}\frac{\cos\left(\frac{\pi}{2}\cos\theta\right)}{\sin\theta}e^{i(kr-\omega t)}\boldsymbol{e}_\theta \tag{5.59}$$

偏極の方向を図示したものが図 5.3 である．観測者が原点を見たとき，視線に直交する方向に電流の振動を射影すると電流の振動と電場の振動は同じ方向，磁場の振動はそれと直交する方向であることがわかる．

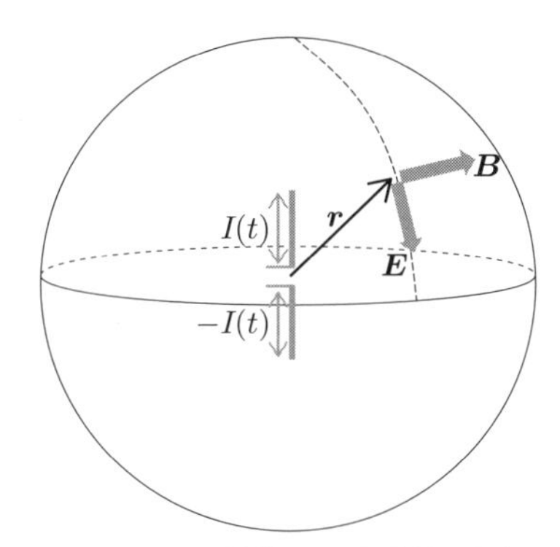

図 5.3　アンテナから放射する電磁波の偏極ベクトル

エネルギーの流れを表すポインティングベクトルは

$$\begin{aligned}\boldsymbol{Y} &= \frac{1}{\mu_0}\mathrm{Re}(\boldsymbol{E}) \times \mathrm{Re}(\boldsymbol{B}) \\ &= \frac{I_0^2}{4\pi^2\epsilon_0 cr^2}\left(\frac{\cos\left(\frac{\pi}{2}\cos\theta\right)}{\sin\theta}\right)^2 \sin^2(kr-\omega t)\boldsymbol{e}_r\end{aligned} \tag{5.60}$$

時間平均をとると

$$\langle \boldsymbol{Y} \rangle_t = \frac{1}{\mu_0}\mathrm{Re}(\boldsymbol{E}) \times \mathrm{Re}(\boldsymbol{B}) = \frac{I_0^2}{8\pi^2\epsilon_0 cr^2}\left(\frac{\cos\left(\frac{\pi}{2}\cos\theta\right)}{\sin\theta}\right)^2 \hat{\boldsymbol{r}} \tag{5.61}$$

となる．

また単位時間当たりの全放射エネルギー W は

$$W = \int_0^\pi d\theta \sin\theta \int_0^{2\pi} d\phi \langle \boldsymbol{Y} \rangle_t \cdot \boldsymbol{r} = \frac{I_0^2}{4\pi\epsilon_0 c}\int_0^\pi d\theta \frac{\cos^2\left(\frac{\pi}{2}\cos\theta\right)}{\sin\theta} \tag{5.62}$$

である．

波長とアンテナの長さが一般のときは

$$\boldsymbol{B} = -i\frac{I_0}{2\epsilon_0 c^2 r}\frac{kL\cos\left(\frac{kL}{2}\cos\theta\right)\sin\theta}{\pi^2-(kL\cos\theta)^2}e^{i(kr-\omega t)}\boldsymbol{e}_\phi \tag{5.63}$$

$$\boldsymbol{E} = -i\frac{I_0}{2\epsilon_0 c r}\frac{kL\cos\left(\frac{kL}{2}\cos\theta\right)\sin\theta}{\pi^2-(kL\cos\theta)^2}e^{i(kr-\omega t)}\boldsymbol{e}_\theta \tag{5.64}$$

$$\langle \boldsymbol{Y}\rangle_t = \frac{I_0^2}{8\epsilon_0 c r^2}\left(\frac{kL\cos\left(\frac{kL}{2}\cos\theta\right)\sin\theta}{\pi^2-(kL\cos\theta)^2}\right)^2\hat{\boldsymbol{r}} \tag{5.65}$$

となる．図5.4に長さ $L=\dfrac{\lambda}{2}$, λ, $\dfrac{3}{2}\lambda$ をもつアンテナからのエネルギー放射の角度依存性を示す．アンテナが長くなると $\theta=\dfrac{\pi}{2}$ 方向の放射強度が L^2 に比例して指向性が増すことがわかる．また，$L\to 0$ の極限で電子双極子放射と同じ $\sin^2\theta$ の角度依存性となる．

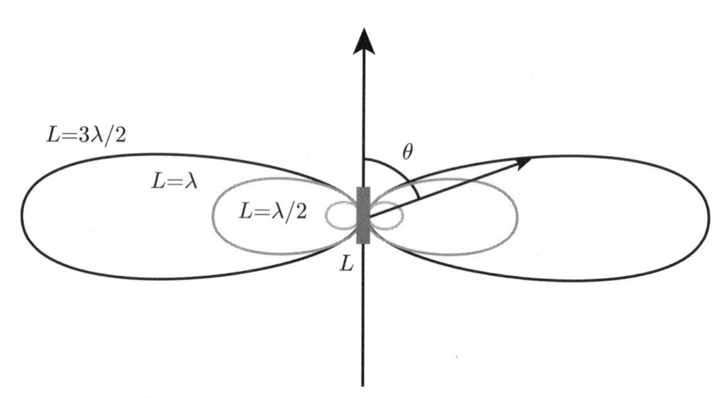

図5.4　さまざまな長さのアンテナからのエネルギー放射強度の角度依存性

§5.5　リエナール・ヴィルフェルトポテンシャル

遅延ポテンシャルの表式から運動する点電荷からのポテンシャルを求めることができる．時刻 t での電荷の大きさ q の点電荷の位置を $\boldsymbol{r}_0(t)$ とおくと，電荷密度，および電流密度は

$$\rho(\boldsymbol{r},t) = q\delta^3(\boldsymbol{r}-\boldsymbol{r}_0(t)) \tag{5.66}$$
$$\boldsymbol{J}(\boldsymbol{r},t) = q\frac{d\boldsymbol{r}_0(t)}{dt}\delta^3(\boldsymbol{r}-\boldsymbol{r}_0(t)) \tag{5.67}$$

で与えられる．これよりスカラーポテンシャルは

$$\begin{aligned}\phi(\boldsymbol{r},t) &= \frac{1}{4\pi\epsilon_0}\int d^3\boldsymbol{r}'\frac{\rho(\boldsymbol{r}',t-\frac{|\boldsymbol{r}-\boldsymbol{r}'|}{c})}{|\boldsymbol{r}-\boldsymbol{r}'|}\\ &= \frac{1}{4\pi\epsilon_0}\int dt'\int d^3\boldsymbol{r}'\delta\left(t'-\left(t-\frac{|\boldsymbol{r}-\boldsymbol{r}'|}{c}\right)\right)\frac{\rho(\boldsymbol{r}',t')}{|\boldsymbol{r}-\boldsymbol{r}'|}\end{aligned} \tag{5.68}$$

と表されるので，式 (5.66) を式 (5.68) に代入して $\boldsymbol{r}'$ についての積分を実行すると

$$\phi(\boldsymbol{r},t) = \frac{q}{4\pi\epsilon_0}\int dt'\frac{\delta\left(t'-\left(t-\frac{|\boldsymbol{r}-\boldsymbol{r}_0(t')|}{c}\right)\right)}{|\boldsymbol{r}-\boldsymbol{r}_0(t')|} \tag{5.69}$$

を得る．同様の計算によりベクトルポテンシャルは

$$\boldsymbol{A}(\boldsymbol{r},t) = \frac{\mu_0 q}{4\pi}\int dt'\frac{\frac{d\boldsymbol{r}_0(t')}{dt'}\delta\left(t'-\left(t-\frac{|\boldsymbol{r}-\boldsymbol{r}_0(t')|}{c}\right)\right)}{|\boldsymbol{r}-\boldsymbol{r}_0(t')|} \tag{5.70}$$

となる．上記の表式において t' の積分を実行しよう．上の表式はデルタ関数の中に t' に依存する複雑な関数が現れる形になっている．さて，一般に t' の関数 $f(t')$, $g(t')$ に対して

$$\int dt'\delta(f(t'))g(t') = g(t_R)\frac{1}{\left|\frac{df(t_R)}{t_R}\right|} \tag{5.71}$$

が成り立つ．ここで t_R は $f(t_R)=0$ を満たす時刻である．以上のことより，運動する点電荷のつくるスカラーポテンシャルとベクトルポテンシャルは以下のリエナール・ヴィルフェルトポテンシャルで与えられる．

リエナール・ヴィルフェルトポテンシャル

任意の時刻 t での位置が $\boldsymbol{r}_0(t)$ で与えられる電荷の大きさ q の点電荷のつくるスカラーポテンシャルとベクトルポテンシャルは

$$\boldsymbol{\phi}(\boldsymbol{r},t) = \frac{q}{4\pi\epsilon_0|\boldsymbol{r}-\boldsymbol{r}_0(t_R)|}\frac{1}{b} \tag{5.72}$$
$$\boldsymbol{A}(\boldsymbol{r},t) = \frac{\mu_0 q\frac{d\boldsymbol{r}_0(t_R)}{dt_R}}{4\pi|\boldsymbol{r}-\boldsymbol{r}_0(t_R)|}\frac{1}{b} \tag{5.73}$$

で与えられる．ここで t_R は

$$t_R = t - \frac{|\boldsymbol{r} - \boldsymbol{r}_0(t_R)|}{c} \tag{5.74}$$

を満たす時刻で，b は

$$b = 1 - \frac{(\boldsymbol{r} - \boldsymbol{r}_0(t_R)) \cdot \frac{d\boldsymbol{r}_0(t_R)}{dt_R}}{|\boldsymbol{r} - \boldsymbol{r}_0(t_R)|c} \tag{5.75}$$

で与えられる．

リエナール・ヴィルフェルトポテンシャルを用いて電磁場を求めよう．

$$\boldsymbol{E}(\boldsymbol{r}, t) = -\boldsymbol{\nabla}\phi - \frac{\partial \boldsymbol{A}}{\partial t} \tag{5.76}$$

に式 (5.69), (5.70) を代入すると

$$\begin{aligned}
\boldsymbol{E}(\boldsymbol{r}, t) &= \frac{q}{4\pi\epsilon_0}\int dt' \frac{\boldsymbol{r} - \boldsymbol{r}_0(t')}{|\boldsymbol{r} - \boldsymbol{r}_0(t')|^3}\delta\left(t' - t + \frac{|\boldsymbol{r} - \boldsymbol{r}_0(t')|}{c}\right) \\
&\quad - \frac{q}{4\pi\epsilon_0}\int dt' \frac{\boldsymbol{r} - \boldsymbol{r}_0(t')}{c|\boldsymbol{r} - \boldsymbol{r}_0(t')|^2}\delta'\left(t' - t + \frac{|\boldsymbol{r} - \boldsymbol{r}_0(t')|}{c}\right) \\
&\quad + \frac{\mu_0 q}{4\pi}\int dt' \frac{\frac{d\boldsymbol{r}_0(t')}{dt'}}{|\boldsymbol{r} - \boldsymbol{r}_0(t')|}\delta'\left(t' - t + \frac{|\boldsymbol{r} - \boldsymbol{r}_0(t')|}{c}\right) \qquad (5.77) \\
&= \frac{q}{4\pi\epsilon_0}\int dt' \left[\frac{\boldsymbol{r} - \boldsymbol{r}_0(t')}{|\boldsymbol{r} - \boldsymbol{r}_0(t')|^3}\delta\left(t' - t + \frac{|\boldsymbol{r} - \boldsymbol{r}_0(t')|}{c}\right)\right. \\
&\quad \left. - \frac{\frac{\boldsymbol{r} - \boldsymbol{r}_0(t')}{|\boldsymbol{r} - \boldsymbol{r}_0(t')|} - \frac{1}{c}\frac{d\boldsymbol{r}_0(t')}{dt'}}{c|\boldsymbol{r} - \boldsymbol{r}_0(t')|}\delta'\left(t' - t + \frac{|\boldsymbol{r} - \boldsymbol{r}_0(t')|}{c}\right)\right] \qquad (5.78)
\end{aligned}$$

となる．t' についての積分を実行するため，引数に陰関数を持つ場合のデルタ関数の微分のある積分の公式を用意しよう．時間の関数 $f(t')$, $g(t')$ に対して以下の積分 I を定義しよう．

$$I = \int dt' \delta'(f(t'))g(t') = \int dt' \frac{d\delta(f)}{df} g = \int dt' \frac{1}{\frac{df(t')}{dt'}} \frac{d}{dt'}(\delta(f))\, g \tag{5.79}$$

t' についての部分積分を実行すると

$$I - \int df \delta(f(t')) \frac{d}{dt'}\left(\frac{g(t')}{\frac{df(t')}{dt'}}\right) = -\frac{1}{\left|\frac{df(t_R)}{dt_R}\right|}\frac{d}{dt_R}\left(\frac{g(t_R)}{\frac{df(t_R)}{dt_R}}\right) \tag{5.80}$$

ここで t_R は $f(t_R) = 0$ を満たす時刻である．

表記を簡単にするため

$$\boldsymbol{R} = \boldsymbol{r} - \boldsymbol{r}_0(t_R), \quad \boldsymbol{v}(t_R) = \frac{d\boldsymbol{r}_0(t_R)}{dt_R} \tag{5.81}$$

とおき，上記の公式を用いると

$$\boldsymbol{E}(\boldsymbol{r},t) = \frac{q}{4\pi\epsilon_0}\left[\frac{1}{b}\frac{\hat{\boldsymbol{R}}}{|\boldsymbol{R}|^2} + \frac{1}{bc}\frac{d}{dt_R}\left(\frac{\hat{\boldsymbol{R}} - \boldsymbol{v}/c}{b|\boldsymbol{R}|}\right)\right] \tag{5.82}$$

となる．ここで t_R, b は

$$t_R = t - |\boldsymbol{R}|/c, \qquad b = 1 - \hat{\boldsymbol{R}}\cdot\boldsymbol{v}/c \tag{5.83}$$

を満たすものとして定義される．さて時刻 t_R での点電荷の加速度 $\boldsymbol{a}$ を

$$\boldsymbol{a} = \frac{d\boldsymbol{v}}{dt_R} \tag{5.84}$$

とおく．

$$\frac{d\boldsymbol{R}}{dt_R} = -\boldsymbol{v}, \qquad \frac{d|\boldsymbol{R}|}{dt_R} = -\hat{\boldsymbol{R}}\cdot\boldsymbol{v} \tag{5.85}$$

および，これから導かれる式

$$\frac{d\hat{\boldsymbol{R}}}{dt_R} = -\frac{\boldsymbol{v} - (\hat{\boldsymbol{R}}\cdot\boldsymbol{v})\hat{\boldsymbol{R}}}{|\boldsymbol{R}|} \tag{5.86}$$

$$\frac{db}{dt_R} = -\frac{\hat{\boldsymbol{R}}\cdot\boldsymbol{a}}{c} + \frac{|\boldsymbol{v}|^2 - (\hat{\boldsymbol{R}}\cdot\boldsymbol{v})^2}{|\boldsymbol{R}|c} \tag{5.87}$$

を用いると

$$\boldsymbol{E}(\boldsymbol{r},t) = \boldsymbol{E}_1(\boldsymbol{r},t) + \boldsymbol{E}_2(\boldsymbol{r},t) \tag{5.88}$$

ここで $\boldsymbol{E}_1, \boldsymbol{E}_2$ はそれぞれ加速度 $\boldsymbol{a}$ によらない寄与と加速度 $\boldsymbol{a}$ に依存する寄与を表し

$$\begin{aligned}\boldsymbol{E}_1(\boldsymbol{r},t) &= \frac{q}{4\pi\epsilon_0}\left[\frac{(\hat{\boldsymbol{R}} - \boldsymbol{v}/c)(1 - |\boldsymbol{v}|^2/c^2)}{R^2b^3}\right] \\ \boldsymbol{E}_2(\boldsymbol{r},t) &= \frac{q}{4\pi\epsilon_0}\left[\frac{\hat{\boldsymbol{R}}\times\left[\left(\hat{\boldsymbol{R}} - \boldsymbol{v}/c\right)\times\boldsymbol{a}\right]}{Rb^3c^2}\right]\end{aligned} \tag{5.89}$$

で与えられる．加速度によらない寄与は遠方で $\dfrac{1}{R^2}$ に比例して減衰するため，放射には寄与しない．遠方に放射を与えるには電荷が加速度運動することが必

要である．このことは，直感的には静止した電荷の作るクーロン電場をローレンツ変換しても放射を与えないことで理解できる．

リエナール・ヴィルフェルトポテンシャルの作る磁束密度は，式(5.70)を代入すると

$$
\begin{aligned}
\boldsymbol{B}(\boldsymbol{r},t) &= \boldsymbol{\nabla}\times\boldsymbol{A}(\boldsymbol{r},t) \\
&= \frac{\mu_0 q}{4\pi}\int dt'(\boldsymbol{r}-\boldsymbol{r}_0(t')) \\
&\quad \times \frac{d\boldsymbol{r}_0(t')}{dt'}\left[-\frac{\delta(t'-t+\frac{|\boldsymbol{r}-\boldsymbol{r}_0(t')|}{c})}{|\boldsymbol{r}-\boldsymbol{r}_0(t')|^3}+\frac{\delta'(t'-t+\frac{|\boldsymbol{r}-\boldsymbol{r}_0(t')|}{c})}{c|\boldsymbol{r}-\boldsymbol{r}_0(t')|^2}\right]
\end{aligned}
\tag{5.90}
$$

となる．公式(5.80)を用いて t' についての積分を実行すると，

$$
\boldsymbol{B}(\boldsymbol{r},t) = -\frac{\mu_0 q}{4\pi}\int dt'\left[\frac{\hat{\boldsymbol{R}}\times\boldsymbol{v}}{b|\boldsymbol{R}|^2}+\frac{1}{b}\frac{d}{dt_R}\left(\frac{\hat{\boldsymbol{R}}\times\boldsymbol{v}}{bc|\boldsymbol{R}|}\right)\right] \tag{5.91}
$$

この結果から，

$$
\boldsymbol{B}(\boldsymbol{r},t) = \frac{1}{c}\hat{\boldsymbol{R}}\times\boldsymbol{E} \tag{5.92}
$$

であることが，式(5.88)(および式(5.89))の両辺に $\hat{\boldsymbol{R}}$ をかけて簡単な式変形を行うことにより示せる．ポインティングベクトルは

$$
\boldsymbol{Y} = \frac{1}{\mu_0}\boldsymbol{E}\times\boldsymbol{B} = \frac{1}{\mu_0 c}\left(|\boldsymbol{E}|^2\hat{\boldsymbol{R}}-(\boldsymbol{E}\cdot\hat{\boldsymbol{R}})\boldsymbol{E}\right) \tag{5.93}
$$

で与えられる．表式から明らかなように，ポインティングベクトルは電場について2次式で与えられるので，遠方で $\frac{1}{R^2}$ で減衰する寄与は $\boldsymbol{E}_2$ のみから生ずる．その寄与のみを抜き出したものを $\boldsymbol{Y}_2$ と表すと

$$
\boldsymbol{Y}_2 = \frac{1}{\mu_0 c}|\boldsymbol{E}_2|^2\hat{\boldsymbol{R}} \tag{5.94}
$$

となる．ここで $\hat{\boldsymbol{R}}\cdot\boldsymbol{E}_2 = 0$ を用いた．

ここまでをまとめると以下のようになる．

リエナール・ヴィルフェルトポテンシャルの作る電磁場

リエナール・ヴィルフェルトポテンシャルの作る電磁場は

$$\boldsymbol{E}(\boldsymbol{r},t)=\boldsymbol{E}_1(\boldsymbol{r},t)+\boldsymbol{E}_2(\boldsymbol{r},t),\quad \boldsymbol{B}(\boldsymbol{r},t)=\frac{1}{c}\hat{\boldsymbol{R}}\times\boldsymbol{E} \tag{5.95}$$

で与えられる．ただし

$$\boldsymbol{E}_1(\boldsymbol{r},t)=\frac{q}{4\pi\epsilon_0}\left[\frac{(\hat{\boldsymbol{R}}-\boldsymbol{v}/c)(1-|\boldsymbol{v}|^2/c^2)}{R^2b^3}\right] \tag{5.96}$$

$$\boldsymbol{E}_2(\boldsymbol{r},t)=\frac{q}{4\pi\epsilon_0}\left[\frac{\hat{\boldsymbol{R}}\times\left[\left(\hat{\boldsymbol{R}}-\boldsymbol{v}/c\right)\times\boldsymbol{a}\right]}{Rb^3c^2}\right] \tag{5.97}$$

と定義した．また，輻射を表すポインティングベクトルのうち遠方での $\frac{1}{R^2}$ で減衰する部分は

$$\boldsymbol{Y}_2=\frac{1}{\mu_0 c}|\boldsymbol{E}_2|^2\hat{\boldsymbol{R}} \tag{5.98}$$

で与えられる．

§5.6 輻射によるエネルギーの損失

式(5.98)の輻射によって，荷電粒子が時間 dt の間に立体角 $d\Omega$ の方向に放出するエネルギー dU は

$$dU=\hat{\boldsymbol{R}}\cdot\boldsymbol{Y}_2R^2d\Omega dt=\frac{|\boldsymbol{E}_2|^2R^2}{\mu_0 c}d\Omega dt \tag{5.99}$$

で与えられる．ここで t は遠方の観測者からみた時間であり，荷電粒子が電磁波を放出する時間 t_R と

$$t=t_R+|\boldsymbol{r}-\boldsymbol{r}_0(t_R)|/c \tag{5.100}$$

という関係で結ばれている．したがって，荷電粒子からみた時間 dt_R と dt の関係は

$$dt=\left(1-\frac{\hat{\boldsymbol{R}}\cdot\boldsymbol{v}}{c}\right)dt_R=bdt_R \tag{5.101}$$

となる．これより t_R で測った荷電粒子の輻射エネルギー放出の角度分布は

$$\frac{dP}{d\Omega}=\frac{dU}{dt_Rd\Omega}=\frac{|\boldsymbol{E}_2|^2R^2b}{\mu_0 c} \tag{5.102}$$

で与えられる．

以下にいろいろな場合の輻射エネルギー放出を求めてみよう．

5.6.1　速度が小さい極限

荷電粒子の速度が小さい極限では $\boldsymbol{v}=\boldsymbol{0}$ とおける．このとき $b=1$ が成り立つ．また，$\boldsymbol{E}_2$ は

$$\boldsymbol{E}_2=\frac{q}{4\pi\epsilon_0}\frac{(\hat{\boldsymbol{R}}\cdot\boldsymbol{a})\hat{\boldsymbol{R}}-\boldsymbol{a}}{Rc^2} \tag{5.103}$$

これを式 (5.102) に代入すると

$$\frac{dP}{d\Omega}=\frac{q^2}{16\pi^2\epsilon_0c^3}\left(|\boldsymbol{a}|^2-(\hat{\boldsymbol{R}}\cdot\boldsymbol{a})^2\right) \tag{5.104}$$

を得る．加速度 $\boldsymbol{a}$ の方向と放射の方向 $\boldsymbol{R}$ とのなす角度を θ とすると

$$\frac{dP}{d\Omega}=\frac{q^2}{16\pi^2\epsilon_0c^3}a^2\sin^2\theta \tag{5.105}$$

となる．ここで a は加速度の大きさである．立体角による積分を行うとラーマーの輻射公式を得る．

ラーマーの輻射公式

電荷 q をもつ荷電粒子が加速度 $\boldsymbol{a}$ で運動するとき荷電粒子の輻射による単位時間あたりの損失エネルギーは速度が小さい極限で

$$P=\frac{q^2\boldsymbol{a}^2}{6\pi\epsilon_0c^3} \tag{5.106}$$

で与えられる．

原点を中心に単振動する電荷は，原点におかれた静電荷と単振動する電気双極子 $\boldsymbol{p}(t)=\boldsymbol{p}\cos(\omega t)$ を合わせた系と等価である．静電荷は放射に寄与しないので無視すると，電荷の加速度と単振動する電荷の加速度との間に

$$q\boldsymbol{a}(t)=-\omega^2\boldsymbol{p}(t)=-\omega^2\boldsymbol{p}\cos(\omega t) \tag{5.107}$$

という対応関係が得られる．これを式 (5.105) に代入すると

$$\frac{dP}{d\Omega}=\frac{p^2\omega^4}{16\pi^2\epsilon_0c^3}\sin^2\theta\cos^2(\omega t) \tag{5.108}$$

となる．時間平均をとると

$$\frac{d\langle P\rangle_t}{d\Omega} = \frac{p^2\omega^4}{32\pi^2\epsilon_0 c^3}\sin^2\theta \tag{5.109}$$

となり，以前に求めた電気双極子放射の公式と一致する．

5.6.2 直線運動のとき

荷電粒子が直線上を減速，または加速運動する場合を考えよう．とくに減速するときに電磁波を放射する現象を制動放射という．加速度 $\boldsymbol{a}$ が速度 $\boldsymbol{v}$ に比例するので

$$\boldsymbol{E}_2 = \frac{q}{4\pi\epsilon_0}\frac{(\hat{\boldsymbol{R}}\cdot\boldsymbol{a})\hat{\boldsymbol{R}}-\boldsymbol{a}}{Rb^3c^2} \tag{5.110}$$

となる．これを式(5.102)に代入すると

$$\frac{dP}{d\Omega} = \frac{q^2}{16\pi^2\epsilon_0 b^5 c^3}\left(|\boldsymbol{a}|^2 - (\hat{\boldsymbol{R}}\cdot\boldsymbol{a})^2\right) \tag{5.111}$$

を得る．加速度 $\boldsymbol{a}$ の方向と放射の方向 $\boldsymbol{R}$ とのなす角度を θ とすると

$$\frac{dP}{d\Omega} = \frac{q^2}{16\pi^2\epsilon_0 c^3}a^2\frac{\sin^2\theta}{\left(1-\frac{v}{c}\cos\theta\right)^5} \tag{5.112}$$

となる．ここで v, a はそれぞれ速度と加速度の大きさである．$\dfrac{v}{c}\to 0$ の極限ではラーマーの輻射公式を再現する．

一方，$\dfrac{v}{c}\to 1$ に近いときは

$$\cos\theta_* = \frac{\sqrt{15(v/c)^2+1}-1}{3(v/c)} \tag{5.113}$$

を満たす前方側の角度 θ_* に放射強度のピークを持つ．全立体角で積分を行うと

$$P = \frac{q^2a^2}{6\pi\epsilon_0 c^3\left(1-\frac{v}{c}\right)^3} \tag{5.114}$$

となる．

§5.7　シンクロトロン放射光

電荷が円運動をするときの放射をシンクロトロン放射という．式(5.102)にリエナール・ヴィルフェルトポテンシャルから求めた電場

$$\boldsymbol{E}_2 = \frac{q}{4\pi\epsilon_0}\frac{(\hat{\boldsymbol{R}}\cdot\boldsymbol{a})(\hat{\boldsymbol{R}}-\frac{\boldsymbol{v}}{c})-b\boldsymbol{a}}{Rb^3c^2} \tag{5.115}$$

を代入して加速度と速度が直交することを用いると，エネルギー放射の角度依存性は

$$\frac{dP}{d\Omega} = \frac{q^2}{(4\pi)^2\epsilon_0 c^3 b^5}\left(b^2a^2-(1-(v/c)^2)(\hat{\boldsymbol{R}}\cdot\boldsymbol{a})^2\right) \tag{5.116}$$

となる．直線運動のときと同様に，$\dfrac{v}{c}$ が1に近い極限では表式の中の

$$\frac{1}{b^5} = \frac{1}{\left(1-\hat{\boldsymbol{R}}\cdot\boldsymbol{v}/c\right)^5} \tag{5.117}$$

の寄与のため，速度方向付近の狭い角度付近に強度のピークが生じる．そこで，さらに放射の方向 $\hat{\boldsymbol{R}}$ がほぼ速度方向に向く場合に限って表式を求めよう．円運動では速度と加速度が直交するので，近似的に $\hat{\boldsymbol{R}}$ と $\boldsymbol{a}$ も直交する．したがって，

$$\boldsymbol{E}_2 \approx -\frac{q}{4\pi\epsilon_0}\frac{\boldsymbol{a}}{Rb^2c^2} \tag{5.118}$$

このことから，光速に近い荷電粒子の電場は，ほぼ円運動の加速度方向に偏極することがわかる．

単位時間当たりの輻射エネルギーは立体角の積分を行って

$$P = \frac{q^2c}{6\pi\epsilon_0 R_0^2}(v/c)^4\left(\frac{1}{1-(v/c)^2}\right)^2 \tag{5.119}$$

となる．ここで円運動の半径を R_0 とした．相対論における粒子のエネルギー E は

$$E = \frac{mc^2}{\sqrt{1-(v/c)^2}} \tag{5.120}$$

で与えられるので，シンクロトロン放射エネルギーは

$$P = \frac{q^2c}{6\pi\epsilon_0 R_0^2}(v/c)^4\frac{E^4}{m^4}\frac{1}{c^8} \tag{5.121}$$

と表される．このことから，荷電粒子を同じエネルギー E まで加速して円運動をさせたときのエネルギー損失は，軌道半径の逆数の2乗に比例し，粒子の質量の逆数の4乗に比例する．したがって，エネルギー損失をおさえるには大きな半径で，質量の大きな荷電粒子が有利であることがわかる．現在の最高エネルギーの素粒子衝突実験が全周約 27km の巨大加速器 LHC(Large Hadron Collider) を用いており，電子ではなく陽子を加速して行われている理由の一つがそこにある．

§5.8 数学に関する補足

遅延ポテンシャルの導出

スカラーポテンシャル，ベクトルポテンシャルがローレンツゲージで満たす方程式は以下の形に帰着される．

$$\left(\boldsymbol{\nabla}^2 - \frac{1}{c^2}\frac{\partial^2}{\partial t^2}\right) F(\boldsymbol{r}, t) = -S(\boldsymbol{r}, t) \tag{5.122}$$

そこでこの方程式の解を求めよう．時間についてフーリエ変換を行って $\tilde{F}$, $\tilde{S}$ を以下のように導入する．

$$\widetilde{F}(\boldsymbol{r}, \omega) = \int_{-\infty}^{+\infty} dt e^{i\omega t} F(\boldsymbol{r}, t), \tag{5.123}$$

$$\widetilde{S}(\boldsymbol{r}, \omega) = \int_{-\infty}^{+\infty} dt e^{i\omega t} S(\boldsymbol{r}, t) \tag{5.124}$$

すると式 (5.122) は

$$\left(\boldsymbol{\nabla}^2 + k^2\right) \widetilde{F}(\boldsymbol{r}, \omega) = -\widetilde{S}(\boldsymbol{r}, \omega) \quad \text{ただし } k = \frac{\omega}{c} \tag{5.125}$$

となる．

この方程式の解は

$$\widetilde{F}(\boldsymbol{r}, \omega) = \int d^3\boldsymbol{r}' \frac{C_R e^{ik|\boldsymbol{r}-\boldsymbol{r}'|} + C_A e^{-ik|\boldsymbol{r}-\boldsymbol{r}'|}}{4\pi|\boldsymbol{r}-\boldsymbol{r}'|} \widetilde{S}(\boldsymbol{r}', \omega) \tag{5.126}$$

ただし C_R, C_A は $C_R + C_A = 1$ を満たす定数

で与えられる．このことを $\boldsymbol{r} \neq \boldsymbol{r}'$ の点と $\boldsymbol{r} = \boldsymbol{r}'$ に分けて確かめよう．

- $\boldsymbol{r} \neq \boldsymbol{r}'$ のとき

$$\left(\boldsymbol{\nabla}^2 + k^2\right) \frac{e^{\pm ik|\boldsymbol{r}-\boldsymbol{r}'|}}{|\boldsymbol{r}-\boldsymbol{r}'|} = 0 \tag{5.127}$$

となることは簡単な計算で示せる．

- $\boldsymbol{r} = \boldsymbol{r}'$ の点では上記の計算は特異点のため正しくない．点 $\boldsymbol{r}'$ を取り囲む微小な領域を V，その表面を S としガウスの定理を用いると

$$\begin{aligned}
&\int_V d^3\boldsymbol{r}' \boldsymbol{\nabla}_{\boldsymbol{r}}^2 \left(\frac{e^{ik|\boldsymbol{r}-\boldsymbol{r}'|}}{|\boldsymbol{r}-\boldsymbol{r}'|}\right) \\
&= \int_V d^3\boldsymbol{r}' \boldsymbol{\nabla}_{\boldsymbol{r}} \cdot \left(-\frac{(\boldsymbol{r}-\boldsymbol{r}')e^{ik|\boldsymbol{r}-\boldsymbol{r}'|}}{|\boldsymbol{r}-\boldsymbol{r}'|^3} + \frac{ik(\boldsymbol{r}-\boldsymbol{r}')e^{ik|\boldsymbol{r}-\boldsymbol{r}'|}}{|\boldsymbol{r}-\boldsymbol{r}'|^2}\right) \\
&= \int_S dS' \boldsymbol{n} \cdot \left(-\frac{(\boldsymbol{r}-\boldsymbol{r}')e^{ik|\boldsymbol{r}-\boldsymbol{r}'|}}{|\boldsymbol{r}-\boldsymbol{r}'|^3} + \frac{ik(\boldsymbol{r}-\boldsymbol{r}')e^{ik|\boldsymbol{r}-\boldsymbol{r}'|}}{|\boldsymbol{r}-\boldsymbol{r}'|^2}\right)
\end{aligned} \tag{5.128}$$

を得る．ここで $\boldsymbol{n}$ は $\boldsymbol{r}'$ を中心とする微小な領域の表面 S の単位法線ベクトルである．表面 S を微小な半径 R_0 の球面にとると $\boldsymbol{n} = \dfrac{\boldsymbol{r}-\boldsymbol{r}'}{|\boldsymbol{r}-\boldsymbol{r}'|}$ である．$\boldsymbol{r}'$ を原点とする極座標表示で表面積分を表すと

$$\int_V d^3\boldsymbol{r}' \boldsymbol{\nabla}_{\boldsymbol{r}}^2 \left(\frac{e^{ik|\boldsymbol{r}-\boldsymbol{r}'|}}{|\boldsymbol{r}-\boldsymbol{r}'|}\right) = \int d\Omega R_0^2 \left(-\frac{e^{ikR_0}}{R_0^2} + \frac{ike^{ikR_0}}{R_0}\right) \tag{5.129}$$

この積分は $R_0 \to 0$ の極限をとると -4π となる．したがって，原点にデルタ関数的寄与があることがわかり

$$\left(\boldsymbol{\nabla}^2 + k^2\right) \frac{e^{\pm ik|\boldsymbol{r}-\boldsymbol{r}'|}}{|\boldsymbol{r}-\boldsymbol{r}'|} = -4\pi\delta^3(\boldsymbol{r}-\boldsymbol{r}') \tag{5.130}$$

が成り立つことが示せる．これより方程式 (5.125) の解が式 (5.126) となることが導かれる．

$\widetilde{F}(\boldsymbol{r}, \omega)$ の解の逆フーリエ変換を行うと

$$\begin{aligned}
F(\boldsymbol{r}, t) &= \int \frac{d\omega}{2\pi} e^{-i\omega t} \int d^3\boldsymbol{r}' \frac{C_R e^{i\frac{\omega}{c}|\boldsymbol{r}-\boldsymbol{r}'|} + C_A e^{-i\frac{\omega}{c}|\boldsymbol{r}-\boldsymbol{r}'|}}{4\pi|\boldsymbol{r}-\boldsymbol{r}'|} \widetilde{S}(\boldsymbol{r}', \omega) \\
&= \int d^3\boldsymbol{r}' \int dt' \frac{C_R S(\boldsymbol{r}', (t - \frac{|\boldsymbol{r}-\boldsymbol{r}'|}{c})) + C_A S(\boldsymbol{r}', (t + \frac{|\boldsymbol{r}-\boldsymbol{r}'|}{c}))}{4\pi|\boldsymbol{r}-\boldsymbol{r}'|}
\end{aligned} \tag{5.131}$$

係数C_Rを持つ項を遅延ポテンシャル，C_Aを持つ項を先進ポテンシャルと呼ぶ．因果律を考えると$C_R = 1, C_A = 0$となる解，すなわち遅延ポテンシャルが物理的な解である．$C_R = 1, C_A = 0$とおくと

$$F(\boldsymbol{r}, t) = \int d^3\boldsymbol{r}' \int dt' \frac{S(\boldsymbol{r}', (t - \frac{|\boldsymbol{r}-\boldsymbol{r}'|}{c}))}{4\pi|\boldsymbol{r} - \boldsymbol{r}'|} \tag{5.132}$$

となる．

□益川コラム　アンテナ学

物理学を学習する過程において，実は，この“アンテナ”のことに触れた教科書は意外と少ないのではないだろうか．このコラムでは，まえがきや既刊『電磁気学I』のコラムでも言及したように，電磁気学の実用での側面を挙げることにしよう．

アンテナ学に対する興味は，僕が過ごした東京の部屋が1階であった，という事情によるものだった．目の前の住宅が5階建てであり，趣味のクラシック音楽を聴くためのFM放送の周波数帯の電波の受信が困難で，雑音に悩まされた．そして悪いことに，僕の部屋のアンテナは建物の向こうにあり，アンテナに直接触ることができなかった．またその当時，アンテナの購入のため秋葉原に出かけてみても，売られているものは高価であったため，なんとか自分でこのことに対処したいと考えたことによるものである．

FMアンテナは，通常，フィーダー（給電）線を使ってT字型に配線することで，簡易アンテナを作ることができる．T字の横方向の導線の左右の長さをそれぞれ受信する波長の $\frac{1}{4}$ にすること（すなわち横導線の全長は半波長，約1.5m）で，他の障害から影響を受けることなく，雑音なく受信することが可能となる．アンテナは電磁波の受信とともに，放射にとっても重要な役割を演じる．本書では5.4節「アンテナからの放射」において，双極子輻射の結果を用いて図5.2のようにFMアンテナと同様に半波長の長さをもつアンテナからの放射についての議論が展開されている．原理の詳細についてはそこを参照すると良い．なお，この分野の参考書籍としては，『アンテナ工学ハンドブック電子通信学会編』（オーム社，1980）がある．

最後に，実用化されたアンテナの代表として八木・宇田アンテナがある．今では誰もがテレビの受信用として知るアンテナを，物理理論を駆使して実用化にまで高めたものである．これは，物理学者である八木秀次（1886年–1976年）が工学者である宇田新太郎（1896年–1976年）の主導の下に発明したアンテナで，一般には，八木アンテナ株式会社（1952年創業）の製品として知られていた．

東北大学（当時は東北帝国大学）工学部に居た八木先生が，大阪大学（当時は大阪帝国大学）に移った後，そこで研究していた若き湯川秀樹に研究を論文にまとめるようにと叱咤激励して生まれたのが，後になってノーベル物理学賞を受賞する第一論文である「素粒子の相互作用について」であるのは有名な話である．ちなみに湯川理論にある，核子間に交換される電子の約200倍の質量を持った粒子の場，“湯川場”は，最初の論文ではベクトル場の第0成分として扱われている．それは電磁場との関連で考えられていたからであろうか．後の論文では，（擬）スカラー場であることが明らかにされている．

《益川敏英》

§5 の章末問題

問題 1

無限に重い電荷 $-q$ のまわりを質量 m の電荷 q の粒子が半径 r_0 で円運動する状況を考える．この時の輻射のエネルギーは以下のように与えられることを示せ．

$$P = \left(\frac{q^2}{4\pi\epsilon_0}\right)^3 \frac{2}{3m^2c^3r_0^4} \tag{5.133}$$

問題 2

問題 1 と同じ状況において，現実には輻射によってエネルギーが失われるので，電荷は円運動でなくらせん運動をしながら，中心に落ち込んでいく．しかし，エネルギーの損失が極めて小さい場合は，一回の回転はほとんど円運動で半径 r が時間の関数としてゆっくりと小さくなっていくとみなせる．この近似のもとでエネルギーの保存則を考えよう．

(1)　ある時刻に重い電荷のまわりを半径 $r(t)$ でほぼ円運動している質量 m の電荷のもつエネルギー E は以下のように与えられることを示せ．

$$E = -\frac{q^2}{8\pi\epsilon_0 r} \tag{5.134}$$

(2)　電荷のエネルギーの損失が輻射のエネルギーに等しいと考えて

$$\frac{dE}{dt} = -P \tag{5.135}$$

を用いて，半径 $r(t)$ が時間とともにどのように振る舞うかを述べよ．

(3)　水素原子の半径を $r_0 = 0.53 \times 10^{-10}$ [m]，電子の質量を $m = 9.1 \times 10^{-31}$ [kg]，電子の素電荷を 1.6×10^{-19} [C]，光速 $c = 3.0 \times 10^8$ [m/s]，真空の誘電率 $\epsilon_0 = 8.9 \times 10^{-12}$ [$\mathrm{C^2/(N{\cdot}m^2)}$] として，古典的な水素原子が潰れるまでの時間を求めよ．

問題 3

x–y 平面上の半径 a の円周上に電流 $I(t) = I_0 \cos(\omega t)$ が流れている．この電流による輻射を考える．この電流の作る輻射の角度分布を求めよ．

問題 4

単位時間あたりのシンクロトロン放射エネルギーを表す式 (5.119) を角度分布の式 (5.116) を角度で積分することによって導け．

第6章　電磁波（光）の散乱と回折

入射光が物質に入射した際に，平面境界の反射の法則やフレネルの法則とは異なる振る舞いを示す時，光が散乱された，もしくは光が回折したと呼ぶ．通常，なめらかでない境界を持つ物体に光が入った時や物体の内部において，入射光と異なる向きに進む光が生じた場合を散乱と呼び，狭い開口や鋭い形状を持つ物体から入射光と異なる向きに進む光が生じた場合を回折と呼ぶことが多いようだが，ここに明瞭な物理的区別はない．いずれの場合でも，入射光の電磁場は物体中の自由電子や束縛電子を駆動し，電流を作り出す．この電流は新たな電磁場を作り出して，遠方に伝わっていく光を生成する．物体の形や性質に応じて，遠方で観測される光の電磁場は大きく変わる．本章ではこのような散乱や回折の基本的な事項について述べる．

§6.1　散乱・回折のスカラー理論

6.1.1　基礎方程式の導出

誘電体が一様ではなく，空間的に揺らいで配置された状況を考える．マクスウェル方程式は，式 (3.54)，式 (3.55) で $\rho_f = 0$，$\boldsymbol{J}_f = 0$ とおいて，

$$\nabla \cdot \boldsymbol{D} = 0, \qquad \nabla \cdot \boldsymbol{B} = 0 \tag{6.1}$$

$$\nabla \times \boldsymbol{E} = -\frac{\partial \boldsymbol{B}}{\partial t},\ \nabla \times \boldsymbol{H} = \frac{\partial \boldsymbol{D}}{\partial t} \tag{6.2}$$

と与えられる．時間的に $e^{-i\omega t}$ に比例する単色光を考え，場の時間フーリエ成分を考える．物質方程式として，

$$\boldsymbol{D}(\boldsymbol{r},\omega) = \epsilon_0\epsilon_r(\boldsymbol{r},\omega)\boldsymbol{E}(\boldsymbol{r},\omega),\ \ \boldsymbol{B}(\boldsymbol{r},\omega) = \mu_0\boldsymbol{H}(\boldsymbol{r},\omega) \tag{6.3}$$

を考える．誘電率が空間依存していることに注意せよ．マクスウェル方程式は

$$\nabla \cdot (\epsilon_r(\boldsymbol{r},\omega)\boldsymbol{E}(\boldsymbol{r},\omega)) = 0,\ \ \nabla \cdot \boldsymbol{B}(\boldsymbol{r},\omega) = 0 \tag{6.4}$$

$$\nabla \times \boldsymbol{E}(\boldsymbol{r},\omega) = i\omega\boldsymbol{B}(\boldsymbol{r},\omega),\ \ \nabla \times \boldsymbol{B}(\boldsymbol{r},\omega) = -i\omega\epsilon_r(\boldsymbol{r},\omega)\epsilon_0\mu_0\boldsymbol{E}(\boldsymbol{r},\omega) \tag{6.5}$$

となり，$\nabla \times \boldsymbol{E}$ の方程式の左から $\nabla\times$ を作用させ，式 (6.4) と式 (6.5) を使うことで，

$$\left(\Delta+\epsilon_r(\boldsymbol{r},\omega)k^2\right)\boldsymbol{E}(\boldsymbol{r},\omega)+\nabla\left(\boldsymbol{E}(\boldsymbol{r},\omega)\cdot\boldsymbol{\nabla}\left(\ln\epsilon_r(\boldsymbol{r},\omega)\right)\right)=0 \tag{6.6}$$

がすぐに得られる．ただし，$k=\dfrac{\omega}{c}$ である．ここで，左辺の第三項は電場の直交成分が複雑に絡み合っているので，この方程式を解くのは至難である．したがって，この式を用いて回折や散乱を扱うのは難しい．しかし，誘電率 $\epsilon_r(\boldsymbol{r},\omega)$ の空間変化がゆっくりとしており，波長 $\lambda=\dfrac{2\pi}{k}=\dfrac{2\pi c}{\omega}$ 程度の範囲では実質的に一定であると仮定すると，この第三項は無視でき，方程式は

$$\left(\Delta+n^2(\boldsymbol{r},\omega)k^2\right)\boldsymbol{E}(\boldsymbol{r},\omega)\,=\,0 \tag{6.7}$$

となる．ここで，屈折率 $n(\boldsymbol{r},\omega)=\sqrt{\epsilon_r(\boldsymbol{r},\omega)}$ を導入した．この式は電場の直交成分が分離しているので解きやすい．実際，電場の直交座標成分を取り上げて，式 (6.7) の解を求め，その振る舞いを調べるだけで，多くの現象が理解できることがわかっている（章末問題 1 をみよ）．そこで，スカラー関数 $\Psi(\boldsymbol{r})$ を，場の直交座標成分と考えて，スカラー方程式

$$\left(\Delta+n^2(\boldsymbol{r})k^2\right)\Psi(\boldsymbol{r})\,=\,0 \tag{6.8}$$

を考えよう．

回折の場合

狭い開口や鋭い形状を持つ物体による，電磁波（光）の回折の場合は，電磁波（光）は真空か空気中を伝わり，物体は境界条件として扱うことが多い．この場合は，$n(\boldsymbol{r})=1$ とおくことができ，

$$\left(\Delta+k^2\right)\Psi(\boldsymbol{r})=0 \tag{6.9}$$

のヘルムホルツ方程式を扱うことになる．

散乱の場合

結晶などの周期的構造体からの回折像，不均質なガラスなどの大きな構造体からの光散乱を扱う場合には，式 (6.8) の屈折率の空間分布をきちんと扱う必要がある．その基礎となる積分方程式を導出しよう．式 (6.8) を便宜的に

$$\left(\Delta+k^2\right)\Psi(\boldsymbol{r})\,=\,-4\pi F(\boldsymbol{r})\Psi(\boldsymbol{r}) \tag{6.10}$$

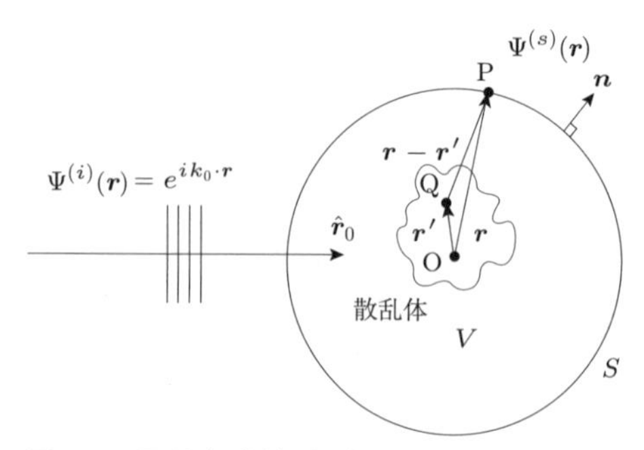

図6.1　電磁波（光）散乱の基礎方程式の導出

のように書き換える．ここで，

$$F(\boldsymbol{r}) = \frac{1}{4\pi}k^2\left(n(\boldsymbol{r})^2 - 1\right) \tag{6.11}$$

である．関数$F(\boldsymbol{r})$は媒質の散乱ポテンシャルと呼ばれる．同じような方程式は時間に依存しないシュレディンガー方程式においてポテンシャル散乱を考える時にも現れる．

ここで，図6.1のような状況を考えよう．空間的に局在した散乱体に入射場（波）$\Psi^{(i)}(\boldsymbol{r})$が照射され，散乱場（波）$\Psi^{(s)}(\boldsymbol{r})$が生じている．散乱体を含む大きな体積$V$を考え，その表面$P$で場を観測しよう．式(6.10)のスカラー場（波）$\Psi(\boldsymbol{r})$は入射場（波）$\Psi^{(i)}(\boldsymbol{r})$と散乱場（波）$\Psi^{(s)}(\boldsymbol{r})$の和として書くことができる．入射波として平面波$\Psi^{(i)}(\boldsymbol{r}) = e^{i\boldsymbol{k}_0\cdot\boldsymbol{r}}$を考え，全空間でヘルムホルツ方程式(6.9)を満たすとする．ただし，$|\boldsymbol{k}_0| = k$である．

$$\left(\Delta + k^2\right)\Psi^{(i)}(\boldsymbol{r}) = 0 \tag{6.12}$$

式(6.10)に$\Psi(\boldsymbol{r}) = \Psi^{(i)}(\boldsymbol{r}) + \Psi^{(s)}(\boldsymbol{r})$を代入し，式(6.12)を考えると，

$$\left(\Delta + k^2\right)\Psi^{(s)}(\boldsymbol{r}) = -4\pi F(\boldsymbol{r})\Psi(\boldsymbol{r}) \tag{6.13}$$

が得られる．

この方程式は，5.8節「数学に関する補足」の式(5.130)で示したヘルムホルツ演算子のグリーン関数を使うと，積分方程式に書き換えることができる．グリーン関数として，散乱であることを考えて，外向きの球面波に対応するものを採用する．散乱体を含む大きな体積Vに関して積分を行うことによって，

$$\Psi^{(s)}(\boldsymbol{r}) = \int_V \Psi(\boldsymbol{r}')F(\boldsymbol{r}')\frac{e^{ik|\boldsymbol{r}-\boldsymbol{r}'|}}{|\boldsymbol{r}-\boldsymbol{r}'|}d^3\boldsymbol{r}' \tag{6.14}$$

が得られる．入射波を加えると，

$$\Psi(\boldsymbol{r}) = e^{i\boldsymbol{k}_0\cdot\boldsymbol{r}} + \int_V \Psi(\boldsymbol{r}')F(\boldsymbol{r}')\frac{e^{ik|\boldsymbol{r}-\boldsymbol{r}'|}}{|\boldsymbol{r}-\boldsymbol{r}'|}d^3\boldsymbol{r}' \tag{6.15}$$

が最終的に得られる．これが全体のスカラー場を記述する基礎方程式で，ポテンシャル散乱の積分方程式と呼ばれる．

6.1.2 ボルン近似

前項で導出したポテンシャル散乱の積分方程式を解くには，体積 V にわたっての解が必要であり，通常は求めることができない．散乱のポテンシャル $F(\boldsymbol{r})$ が弱いとき，すなわち屈折率の空間分布が 1 より大きく離れないときには，これを小さい摂動として扱って，逐次近似的に解くことができる．初期の解として入射場 $\Psi_0(\boldsymbol{r}) = \Psi^{(i)}(\boldsymbol{r})$ を用い，積分方程式 (6.15) の積分の $\Psi(\boldsymbol{r})$ に代入すると，

$$\Psi_1(\boldsymbol{r}) = e^{i\boldsymbol{k}_0\cdot\boldsymbol{r}} + \int_V \Psi_0(\boldsymbol{r}')F(\boldsymbol{r}')\frac{e^{ik|\boldsymbol{r}-\boldsymbol{r}'|}}{|\boldsymbol{r}-\boldsymbol{r}'|}d^3\boldsymbol{r}' \tag{6.16}$$

が得られる．これを第 1 次ボルン近似，または単純にボルン近似と呼ぶ．さらに，$\Psi_1(\boldsymbol{r})$ を積分方程式 (6.15) の積分の $\Psi(\boldsymbol{r})$ として使えば，より精度の高い解が

$$\Psi_2(\boldsymbol{r}) = \int_V \Psi_1(\boldsymbol{r}')F(\boldsymbol{r}')\frac{e^{ik|\boldsymbol{r}-\boldsymbol{r}'|}}{|\boldsymbol{r}-\boldsymbol{r}'|}d^3\boldsymbol{r}' \tag{6.17}$$

のように得られる．これが第 2 次ボルン近似である．式 (6.16) を代入すると，

$$\begin{aligned}\Psi_2(\boldsymbol{r}) = e^{i\boldsymbol{k}_0\cdot\boldsymbol{r}} &+ \int_V \Psi_0(\boldsymbol{r}')F(\boldsymbol{r}')\frac{e^{ik|\boldsymbol{r}-\boldsymbol{r}'|}}{|\boldsymbol{r}-\boldsymbol{r}'|}d^3\boldsymbol{r}' \\ &+ \int_V\int_V \Psi_0(\boldsymbol{r}'')F(\boldsymbol{r}'')\frac{e^{ik|\boldsymbol{r}'-\boldsymbol{r}''|}}{|\boldsymbol{r}'-\boldsymbol{r}''|}F(\boldsymbol{r}')\frac{e^{ik|\boldsymbol{r}-\boldsymbol{r}'|}}{|\boldsymbol{r}-\boldsymbol{r}'|}d^3\boldsymbol{r}'d^3\boldsymbol{r}''\end{aligned} \tag{6.18}$$

となる．これは，図 6.2 に示すように，散乱場が（入射波）+（散乱ポテンシャルで 1 回散乱された波）+（散乱ポテンシャルで 2 回散乱された波）の和として書けることを表している．このような逐次近似を繰り返すことで，

$$\Psi_1(\boldsymbol{r}),\ \Psi_2(\boldsymbol{r}),\ \Psi_3(\boldsymbol{r}),\ \Psi_4(\boldsymbol{r}),\ \ldots,\ \Psi_n(\boldsymbol{r}),\ \ldots$$

のように精度の高い解が得られていく．一般的に，$\Psi_n(\boldsymbol{r})$ は考えている散乱過程において，n 回の多重散乱過程まで考慮した解である．

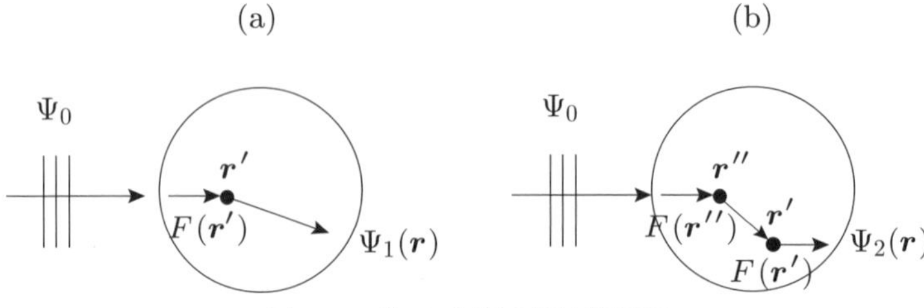

図 6.2　ボルン近似の逐次近似解

最後に，ボルン近似の解を遠方において考えよう．$\hat{\boldsymbol{r}}$ を $\boldsymbol{r}$ 方向の単位ベクトル，$\hat{\boldsymbol{r}}_0$ を入射波の $\boldsymbol{k}_0$ 方向の単位ベクトルとする．すなわち，$\boldsymbol{r} = r\hat{\boldsymbol{r}}$, $\boldsymbol{k}_0 = k\hat{\boldsymbol{r}}_0$ である．観測している場所が散乱体の大きさよりずっと遠い場合は，

$$|\boldsymbol{r} - \boldsymbol{r}'| \sim r - \hat{\boldsymbol{r}} \cdot \boldsymbol{r}' \tag{6.19}$$

であるので，

$$\frac{e^{ik|\boldsymbol{r}-\boldsymbol{r}'|}}{|\boldsymbol{r} - \boldsymbol{r}'|} \sim \frac{e^{ikr}}{r} e^{-ik\hat{\boldsymbol{r}}\cdot\boldsymbol{r}'} \tag{6.20}$$

となる．これを式 (6.16) に代入すると，

$$\Psi_1(\boldsymbol{r}) \sim e^{ikr(\hat{\boldsymbol{r}}\cdot\hat{\boldsymbol{r}}_0)} + f_1(\hat{\boldsymbol{r}}, \hat{\boldsymbol{r}}_0)\frac{e^{ikr}}{r} \tag{6.21}$$

が得られる．散乱場は基本的に球面波であり，その複素振幅は $f_1(\hat{\boldsymbol{r}}, \hat{\boldsymbol{r}}_0)$ で与えられることがわかる，この複素振幅は散乱振幅と呼ばれ，

$$f_1(\hat{\boldsymbol{r}}, \hat{\boldsymbol{r}}_0) = \int F(\boldsymbol{r}')e^{-ik(\hat{\boldsymbol{r}}-\hat{\boldsymbol{r}}_0)\cdot\boldsymbol{r}'} d^3\boldsymbol{r}' \tag{6.22}$$

である．ここで積分範囲は遠方近似 $(kr \to \infty)$ によって無限遠まで拡張されている．式 (6.22) は散乱ポテンシャル $F(\boldsymbol{r})$ の空間フーリエ変換の $k(\hat{\boldsymbol{r}} - \hat{\boldsymbol{r}}_0) = (\boldsymbol{k} - \boldsymbol{k}_0)$ 成分となっている．これから，物理的に重要な結論が導かれる．

ボルン近似における散乱振幅

散乱体に $\hat{\boldsymbol{r}}_0$ 方向から波数 k の平面波が入射した場合に，遠方の散乱波は球面波で記述され，$\hat{\boldsymbol{r}}$ 方向への散乱振幅は散乱ポテンシャルの空間フーリエ変換の $k(\hat{\boldsymbol{r}} - \hat{\boldsymbol{r}}_0)$ 成分で与えられる．

もし，散乱体に空間的な周期性があるとすると，屈折率も周期性を持ち，結果的に散乱ポテンシャル $F(\boldsymbol{r})$ も周期性を持つことになる．この時，散乱振幅は周期の逆数に関係した特定の方向で大きな値を持つ．X 線回折のラウエ斑点や回折格子の特定方向への回折は，空間フーリエ変換で特徴付けられるこの散乱振幅の特性に起因している．

§6.2 散乱断面積

6.2.1 スカラー場のエネルギー流とエネルギー密度

この項では，スカラー場が散乱体に入射した場合にどのくらい散乱が起きるのか，どのくらい入射場が減衰したかを定量的に求めることを考える．そのためには，スカラー場のエネルギー流とエネルギー密度を考える必要がある．

これまで考えてきたスカラー場 $\Psi(\boldsymbol{r})$ に $e^{-i\omega t}$ の時間依存性を加えた実スカラー場

$$V(\boldsymbol{r},t) = \mathrm{Re}\left(\Psi(\boldsymbol{r})e^{-i\omega t}\right) \tag{6.23}$$

を考える．$\Psi(\boldsymbol{r})$ は真空中でヘルムホルツ方程式に従うので，$V(\boldsymbol{r},t)$ は波動方程式

$$\nabla^2 V(\boldsymbol{r},t) - \frac{1}{c^2}\frac{\partial^2}{\partial t^2}V(\boldsymbol{r},t) = 0 \tag{6.24}$$

に従う．式 (6.24) の左から $\dfrac{\partial V(\boldsymbol{r},t)}{\partial t}$ をかけると，次の連続の式を導くことができる．

$$\nabla\cdot\boldsymbol{Y}(\boldsymbol{r},t) + \frac{\partial W(\boldsymbol{r},t)}{\partial t} = 0 \tag{6.25}$$

ここで，

$$\boldsymbol{Y}(\boldsymbol{r},t) = -\alpha\frac{\partial V(\boldsymbol{r},t)}{\partial t}\boldsymbol{\nabla}V(\boldsymbol{r},t) \tag{6.26}$$

$$W(\boldsymbol{r},t) = \frac{1}{2}\alpha\left[|\boldsymbol{\nabla}V(\boldsymbol{r},t)|^2 + \frac{1}{c^2}\left(\frac{\partial V(\boldsymbol{r},t)}{\partial t}\right)^2\right] \tag{6.27}$$

であり，α は次元合わせのための定数である．これから，$\boldsymbol{Y}(\boldsymbol{r},t)$ をエネルギー流，$W(\boldsymbol{r},t)$ をエネルギー密度として考えることができる．式 (6.26)，(6.27)

に$V(\boldsymbol{r},t)$を代入し，$\Psi(\boldsymbol{r})$で書き下すと，

$$\boldsymbol{Y}(\boldsymbol{r},t) = -\frac{i\omega}{4}\alpha\left\{-\Psi\boldsymbol{\nabla}\Psi^* + \Psi^*\boldsymbol{\nabla}\Psi - \Psi\boldsymbol{\nabla}\Psi e^{-2i\omega t} + \Psi^*\boldsymbol{\nabla}\Psi^* e^{2i\omega t}\right\} \tag{6.28}$$

$$W(\boldsymbol{r},t) = \frac{1}{2}\alpha\left\{\frac{1}{4}\left(2\boldsymbol{\nabla}\Psi\cdot\boldsymbol{\nabla}\Psi^* + |\boldsymbol{\nabla}\Psi|^2 e^{-2i\omega t} + |\boldsymbol{\nabla}\Psi^*|^2 e^{2i\omega t}\right)\right.$$
$$\left. + \frac{\omega^2}{4c^2}\left(2\Psi\Psi^* - \Psi^2 e^{-2i\omega t} - \Psi^{*2} e^{2i\omega t}\right)\right\} \tag{6.29}$$

が得られる．ここで時間平均を考えると，2ωの振動成分は消えて，時間平均されたエネルギー流とエネルギー密度

$$\langle\boldsymbol{Y}(\boldsymbol{r})\rangle_t = -i\beta\left\{\Psi^*\boldsymbol{\nabla}\Psi - \Psi\boldsymbol{\nabla}\Psi^*\right\} \tag{6.30}$$

$$\langle W(\boldsymbol{r})\rangle_t = \frac{\alpha}{4}\left(\boldsymbol{\nabla}\Psi\cdot\boldsymbol{\nabla}\Psi^* + k^2\Psi\Psi^*\right) \tag{6.31}$$

が得られる．ここで，$\beta = \dfrac{\omega}{4}\alpha$とおいた．

6.2.2　散乱断面積と減衰断面積

スカラー場を入射場（波）と散乱場（波）の和として書くことにする．

$$\Psi(\boldsymbol{r}) = \Psi_{\mathrm{inc}}(\boldsymbol{r}) + \Psi_{\mathrm{sc}}(\boldsymbol{r}) \tag{6.32}$$

時間平均されたエネルギー流は3つの成分からなる．

$$\langle\boldsymbol{Y}\rangle_t = \left\langle\boldsymbol{Y}^{\mathrm{inc}}\right\rangle_t + \left\langle\boldsymbol{Y}^{\mathrm{sc}}\right\rangle_t + \left\langle\boldsymbol{Y}^{\mathrm{ext}}\right\rangle_t \tag{6.33}$$

ここで，それぞれのエネルギー流は以下のように書ける．

$$\left\langle\boldsymbol{Y}^{\mathrm{inc}}\right\rangle_t = -i\beta\left\{\Psi_{\mathrm{inc}}^*\boldsymbol{\nabla}\Psi_{\mathrm{inc}} - c.c.\right\} \tag{6.34}$$

$$\left\langle\boldsymbol{Y}^{\mathrm{sc}}\right\rangle_t = -i\beta\left\{\Psi_{\mathrm{sc}}^*\boldsymbol{\nabla}\Psi_{\mathrm{sc}} - c.c.\right\} \tag{6.35}$$

$$\left\langle\boldsymbol{Y}^{\mathrm{ext}}\right\rangle_t = -i\beta\left\{\Psi_{\mathrm{inc}}^*\boldsymbol{\nabla}\Psi_{\mathrm{sc}} - \Psi_{\mathrm{sc}}\boldsymbol{\nabla}\Psi_{\mathrm{inc}}^* - c.c.\right\} \tag{6.36}$$

ここで，散乱体に原点を置き，散乱体を含む大きな半径Rの球面Sを考える．球面に外向きの法線ベクトルを$\boldsymbol{n}$とし，$\langle\boldsymbol{Y}\rangle_t$の球面での表面積分を考える．

$$W = \iint_S \langle\boldsymbol{Y}\rangle_t\cdot\boldsymbol{n}dS = W^{\mathrm{inc}} + W^{\mathrm{sc}} + W^{\mathrm{ext}} \tag{6.37}$$

散乱体でエネルギーの吸収がない時には明らかに $W=0$ である．散乱体に吸収がある場合には，その単位時間当たりの吸収を W^{abs} とおくと，

$$W = W^{\text{inc}} + W^{\text{sc}} + W^{\text{ext}} = -W^{\text{abs}} \tag{6.38}$$

が成り立つ．

以下では，それぞれの項についてボルン近似の遠方を用いて吟味していこう．入射波が平面波で散乱が弱い場合には，遠方解は式 (6.21) のように与えられる．すなわち，

$$\Psi_{\text{inc}}(\boldsymbol{r}) = e^{ikr(\hat{\boldsymbol{r}}\cdot\hat{\boldsymbol{r}}_0)} \tag{6.39}$$

$$\Psi_{\text{sc}}(\boldsymbol{r}) = f_1(\hat{\boldsymbol{r}}, \hat{\boldsymbol{r}}_0)\frac{e^{ikr}}{r} \tag{6.40}$$

である．簡単な計算から，入射波に対しては，以下が得られる．

$$\left\langle \boldsymbol{Y}^{\text{inc}} \right\rangle_t = 2\beta k \hat{\boldsymbol{r}}_0 \tag{6.41}$$

$$W^{\text{inc}} = 2\beta k \iint_S \hat{\boldsymbol{r}}_0 \cdot \boldsymbol{n} dS = 0 \tag{6.42}$$

散乱波に対しては，$f_1(\hat{\boldsymbol{r}}, \hat{\boldsymbol{r}}_0)$ は動径方向の依存性がないこと，球面波の微分として，ik が $\dfrac{1}{R}$ より十分大きいとし（遠方近似），大きい R の球面では，$\boldsymbol{n} = \hat{\boldsymbol{r}}$ であることを使うと，以下が得られる．

$$\left\langle \boldsymbol{Y}^{\text{sc}} \right\rangle_t = \frac{2\beta k}{R^2} |f_1(\hat{\boldsymbol{r}}, \hat{\boldsymbol{r}}_0)|^2 \hat{\boldsymbol{r}} \tag{6.43}$$

$$W^{\text{sc}} = 2\beta k \iint_{4\pi} |f_1(\hat{\boldsymbol{r}}, \hat{\boldsymbol{r}}_0)|^2 d\Omega \tag{6.44}$$

$W^{\text{inc}} = 0$ であるので，

$$-W^{\text{ext}} = W^{\text{abs}} + W^{\text{sc}} \tag{6.45}$$

が成り立つ．すなわち，$-W^{\text{ext}}$ は入射光が散乱体によって散乱されたり，吸収されたりして減少する単位時間当たりのエネルギーを表している．以下では，$-W^{\text{ext}}$ を見積もる．$\left\langle \boldsymbol{Y}^{\text{ext}} \right\rangle_t$ に Ψ_{inc} と Ψ_{sc} を代入すると，

$$\begin{aligned}\left\langle \boldsymbol{Y}^{\text{ext}} \right\rangle_t &= \beta k(\hat{\boldsymbol{r}} + \hat{\boldsymbol{r}}_0) \\ &\quad \times \left\{ \frac{e^{ikR}}{R} f_1(\hat{\boldsymbol{r}}, \hat{\boldsymbol{r}}_0) e^{-ikR(\hat{\boldsymbol{r}}\cdot\hat{\boldsymbol{r}}_0)} - \frac{e^{-ikR}}{R} f_1^*(\hat{\boldsymbol{r}}, \hat{\boldsymbol{r}}_0) e^{ikR(\hat{\boldsymbol{r}}\cdot\hat{\boldsymbol{r}}_0)} \right\}\end{aligned} \tag{6.46}$$

となる．$W^{\rm ext}$ の積分計算は少々難しい．R が大きいところで成り立つジョーンズの補助定理[1)]

$$\frac{1}{R}\iint_S G(\boldsymbol{n})e^{-ikR(\boldsymbol{n}\cdot\hat{\boldsymbol{r}}_0)}\cdot\boldsymbol{n}dS \sim \frac{2\pi i}{k}\left[G(\boldsymbol{r}_0)e^{-ikR} - G(-\boldsymbol{r}_0)e^{ikR}\right] \tag{6.47}$$

を用いると，積分は実行できる．ここで，$G(\boldsymbol{n})$ は $\boldsymbol{n}$ の任意関数である．結果として，$f_1(\hat{\boldsymbol{r}},\hat{\boldsymbol{r}}_0)$ の中の $\hat{\boldsymbol{r}}$ に $\hat{\boldsymbol{r}}_0$ が代入されて，

$$-W^{\rm ext} = W^{\rm abs} + W^{\rm sc} = 8\pi\beta{\rm Im}\{f_1(\hat{\boldsymbol{r}}_0,\hat{\boldsymbol{r}}_0)\} \tag{6.48}$$

が得られる．すなわち，散乱および吸収過程により入射光から失われる単位時間当たりのエネルギーは $\hat{\boldsymbol{r}} = \hat{\boldsymbol{r}}_0$ で与えられる前方への散乱振幅 $f_1(\hat{\boldsymbol{r}}_0,\hat{\boldsymbol{r}}_0)$ の虚数部に比例することがわかった．

ここで，$-W^{\rm ext}$, $W^{\rm sc}$, $W^{\rm abs}$ を入射光の時間平均エネルギー流の大きさ $|\langle\boldsymbol{Y}^{\rm inc}\rangle_t| = 2\beta k$ で規格化した $Q^{\rm sc}$, $Q^{\rm ext}$, $Q^{\rm abs}$ を考えよう．$Q^{\rm ext}$ は，

$$Q^{\rm ext} = Q^{\rm sc} + Q^{\rm abs} = \frac{4\pi}{k}{\rm Im}\{f_1(\hat{\boldsymbol{r}}_0,\hat{\boldsymbol{r}}_0)\} \tag{6.49}$$

で与えられ，断面積の次元を持つことから「減衰断面積」(Extinction Cross-Section) と呼ばれる．この法則は，光学断面積定理（光学定理）と呼ばれている．散乱体の吸収がなければ，$Q^{\rm ext} = Q^{\rm sc}$ である．$Q^{\rm sc}$ は

$$Q^{\rm sc} = \iint_{4\pi}|f_1(\hat{\boldsymbol{r}},\hat{\boldsymbol{r}}_0)|^2 d\Omega \tag{6.50}$$

で与えられ，断面積の次元を持つことから，「散乱断面積」(Scattering Cross-Section) と呼ばれる．積分の中の散乱振幅の絶対値の2乗

$$\frac{\partial\sigma}{\partial\Omega} = |f_1(\hat{\boldsymbol{r}},\hat{\boldsymbol{r}}_0)|^2 \tag{6.51}$$

は，単位立体角あたりの散乱確率を表し，「微分散乱断面積」と呼ばれる．これらの量に関しては，6.5節でも扱う．

§6.3　キルヒホッフの回折理論

回折現象はレオナルド・ダ・ビンチ (1452–1519) によって最初に報告されたが，それを波動論の視点から物理的に論じたのはフレネル (1788–1827) だっ

[1)] 証明は M. Born and E. Wolf『光学の原理 III』，第7版，（草川徹訳，東海大学出版会，2006），付録 XII に与えられている．

た．フレネルはホイヘンス (1629–1695) の原理を用いて解析を行ったが，その数学的な根拠を明確に示したのはキルヒホッフ (1824–1887) である．この節では，キルヒホッフの方法を使って回折を考えよう．ここでは，前節でやったようにスカラー場を考える．

6.3.1 ヘルムホルツ–キルヒホッフの積分定理

スカラー場 $\Psi(\boldsymbol{r})$ が式 (6.9) のヘルムホルツ方程式を満たしているとしよう．

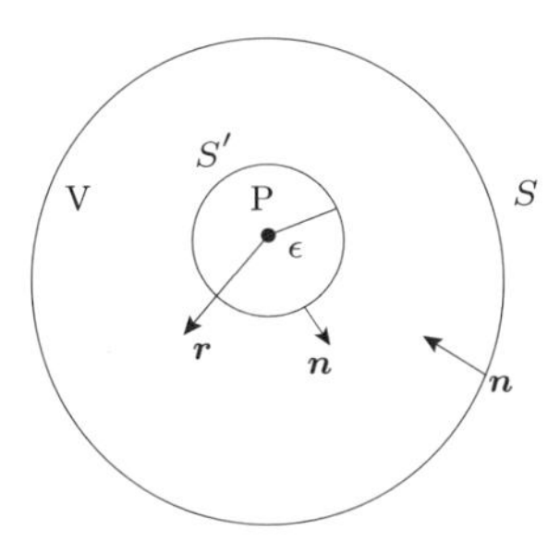

図 6.3 ヘルムホルツ–キルヒホッフの積分定理の導出

図 6.3 のように，閉曲面 S で囲まれた閉空間 V の中に P 点を置く．$\Psi(\boldsymbol{r})$ は閉局面上および内部で連続かつ 1 次，2 次偏微分可能であるとする．$\Phi(\boldsymbol{r})$ を $\Psi(\boldsymbol{r})$ と同じ連続条件を満たす別の任意関数であるとすると，次のグリーンの定理が成り立つ [2)]．

グリーンの定理

$$\iiint_V \left(\Psi(\boldsymbol{r})\boldsymbol{\nabla}^2\Phi(\boldsymbol{r}) - \Phi(\boldsymbol{r})\boldsymbol{\nabla}^2\Psi(\boldsymbol{r})\right) dV$$
$$= -\iint_S \left(\Psi(\boldsymbol{r})\frac{\partial\Phi(\boldsymbol{r})}{\partial n} - \Phi(\boldsymbol{r})\frac{\partial\Psi(\boldsymbol{r})}{\partial n}\right) dS \qquad (6.52)$$

ただし，$\dfrac{\partial}{\partial n}$ は S の内向きの法線方向に沿った微分である．$\Phi(\boldsymbol{r})$ も式 (6.9) のヘルムホルツ方程式を満たすとすると，式 (6.52) の左辺の積分の中は V のすべての点で 0 となり，

2) これは 2.5 節「数学に関する補足」の式 (2.131) で述べた，閉曲線に囲まれた閉曲面に関するグリーンの定理の 3 次元版である．左辺を $\boldsymbol{\nabla}\cdot$ でくくり，ガウスの定理を考えることで容易に証明できる．

$$\iint_S \left(\Psi(\boldsymbol{r}) \frac{\partial \Phi(\boldsymbol{r})}{\partial n} - \Phi(\boldsymbol{r}) \frac{\partial \Psi(\boldsymbol{r})}{\partial n} \right) dS = 0 \tag{6.53}$$

が得られる．$\Phi(s) = \dfrac{e^{iks}}{s}$ とし，s をP点から点 $\boldsymbol{r}(x, y, z)$ までの距離とする．$\Phi(\boldsymbol{r})$ は $s = 0$，すなわちP点で特異点を持つので，P点を体積積分から除外する必要がある．図6.3のように，P点から半径 ϵ の球を考え，その表面を S' として，式(6.52)の体積積分を S と S' の間で行うことにする．左辺が0になるのは同様なので，以下が成り立つ．

$$\left(\iint_S + \iint_{S'} \right) \left[\Psi(\boldsymbol{r}) \frac{\partial}{\partial n} \left(\frac{e^{iks}}{s} \right) - \frac{e^{iks}}{s} \frac{\partial \Psi(\boldsymbol{r})}{\partial n} \right] dS = 0 \tag{6.54}$$

$$\begin{aligned} &\iint_S \left[\Psi(\boldsymbol{r}) \frac{\partial}{\partial n} \left(\frac{e^{iks}}{s} \right) - \frac{e^{iks}}{s} \frac{\partial \Psi(\boldsymbol{r})}{\partial n} \right] dS \\ &= - \iint_{S'} \left[\Psi(\boldsymbol{r}) \left(ik - \frac{1}{s} \frac{e^{iks}}{s} \right) - \frac{e^{iks}}{s} \frac{\partial \Psi(\boldsymbol{r})}{\partial n} \right] dS' \\ &= - \iint_{\Omega} \left[\Psi(\boldsymbol{r}) \left(ik - \frac{1}{\epsilon} \frac{e^{ik\epsilon}}{\epsilon} \right) - \frac{e^{ik\epsilon}}{\epsilon} \frac{\partial \Psi(\boldsymbol{r})}{\partial n} \right] \epsilon^2 d\Omega \end{aligned} \tag{6.55}$$

最右辺の S' 上の積分は ϵ によらず立体角 Ω だけに依存するので，$\epsilon \to 0$ の極限をとって良い．第1項と第3項は極限で0となり，第2項は $4\pi\Psi(\mathrm{P})$ を与える．結果として，

$$\Psi(\mathrm{P}) = \frac{1}{4\pi} \iint_S \left[\Psi(\boldsymbol{r}) \frac{\partial}{\partial n} \left(\frac{e^{iks}}{s} \right) - \frac{e^{iks}}{s} \frac{\partial \Psi(\boldsymbol{r})}{\partial n} \right] dS \tag{6.56}$$

が得られる．この式は，ヘルムホルツ–キルヒホッフの積分定理と呼ばれる．

6.3.2　フレネル–キルヒホッフの回折公式

図6.4のように，点光源 $\mathrm{P_0}$ 点を出た光が，光を透過しない平面の衝立（ここではスクリーンと呼ぶ）に開けられた開口 Σ を通って反対側に伝搬し，観測点Pに至る場合を考える．開口中に点 $\mathrm{Q}(\xi, \eta)$ をとり，点光源 $\mathrm{P_0}$ から点Qまでの距離を r とする．観測点Pを中心として，スクリーンと交差するような半径 R の球面を考えよう．球面が衝立と交差しているスクリーンの部分を A とし，交差がない球面を B とする．

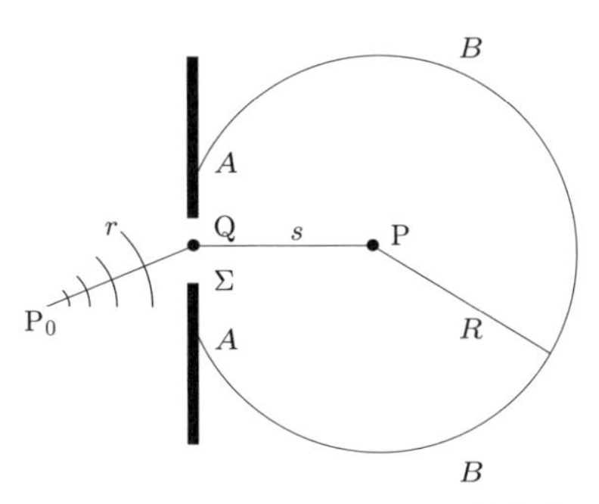

図 6.4　フレネル–キルヒホッフの回折公式の導出

観測点 P でのスカラー場を決めるためには，開口 Σ，A，B からなる閉曲面 S 上で式 (6.56) のヘルムホルツ–キルヒホッフの積分定理を適用すれば良い．観測点 P から閉曲面 S 上の点までの距離を s とおくと，以下が得られる．

$$\Psi(\mathrm{P})=\frac{1}{4\pi}\left[\iint_{\Sigma}+\iint_{A}+\iint_{B}\right]\left\{\Psi(\boldsymbol{r})\frac{\partial}{\partial n}\left(\frac{e^{iks}}{s}\right)-\frac{e^{iks}}{s}\frac{\partial\Psi(\boldsymbol{r})}{\partial n}\right\}dS \tag{6.57}$$

キルヒホッフの境界条件

入射場とその法線微分は点光源 P_0 からの球面波なので，

$$\begin{aligned}\Psi^{(i)}&=E\frac{e^{ikr}}{r}\\ \frac{\partial\Psi^{(i)}}{\partial n}&=E\left(\frac{ik}{r}-\frac{1}{r^2}\right)e^{ikr}\cos\theta_r\end{aligned} \tag{6.58}$$

で与えられる．ここで，$\cos\theta_r$ は P_0 から S へのベクトルと S の内向き法線ベクトルがなす角である．式 (6.57) の積分を実行するために，キルヒホッフは開口 Σ とスクリーン A 上のスカラー場 Ψ と入射場 $\Psi^{(i)}$ の間に以下のような境界条件（キルヒホッフの境界条件）をおいた．

$$\Psi=\begin{cases}0, & A\text{ 上で}\\ \Psi^{(i)}, & \Sigma\text{ 上で}\end{cases} \tag{6.59}$$

$$\frac{\partial\Psi}{\partial n}=\begin{cases}0, & A\text{ 上で}\\ \dfrac{\partial\Psi^{(i)}}{\partial n}, & \Sigma\text{ 上で}\end{cases} \tag{6.60}$$

以下ではこのキルヒホッフの境界条件を使って，式 (6.57) の積分を考える．

フレネル–キルヒホッフの回折公式

キルヒホッフの境界条件を適用すると，式 (6.57) の A での積分は 0 になる．一方，B での積分は，$R \to \infty$ の条件下で $\Psi^{(i)} \to 0$，$\dfrac{\partial \Psi}{\partial n} \to 0$ の条件だけでは 0 になることは言えない．しかし，十分遠方で，散乱場が $\Psi \sim \dfrac{e^{iks}}{s}$ のように振舞えば，被積分関数が引き算で打消し合うことから 0 になることを示せる [3)]．以上により，式 (6.57) の積分としては開口部分 Σ だけが残ることになる．開口部分 Σ の積分においては $\Psi(\boldsymbol{r})$ として式 (6.58) を代入して，$\dfrac{e^{ikr}}{r}$ や $\dfrac{e^{iks}}{s}$ の法線方向への微分で現れる $\dfrac{1}{r}$ や $\dfrac{1}{s}$ を ik に比べて無視する（遠方近似）と，

$$\Psi(P) = -\frac{iE}{2\lambda} \iint_{\Sigma} \left(\frac{e^{ik(r+s)}}{rs} \right) [\cos\theta_r - \cos\theta_s] \, dS \tag{6.61}$$

が得られる．$\lambda = \dfrac{2\pi}{k} = \dfrac{2\pi c}{\omega}$ は入射波の波長，θ_s は Σ 上の点を Q とした時の P から Q へのベクトルと Σ の法線（P の方に向いている）のなす角である．式 (6.61) はフレネル–キルヒホッフの回折公式として知られている．この式は，現在でも様々な光学機器の設計や光学像の歪み（収差と呼ぶ）の基礎原理として用いられている重要な公式となっている．

ホイヘンスの原理との関係

波動の伝搬の考え方として，しばしばホイヘンスの原理が使われる．ホイヘンスの原理は，「波源 $\mathrm{P_0}$ から出た波の時間 t 後の波面を $\phi_{\mathrm{P}}(t)$，またこの波面の任意の点 Q から出た波の時間 s 後の波面を $\phi_{\mathrm{Q}}(s)$ とすると，波源 P からの波の時間 $t+s$ 後の波面 $\phi_P(t+s)$ はすべての $\{\phi_{\mathrm{Q}}(s) | \mathrm{Q} \in \phi_{\mathrm{P}}(t)\}$ の包絡線である．」である．もともとフレネルがホイヘンスの原理を使って導いた回折の式は，係数を除けば，式 (6.61) と同じものである．ホイヘンスの原理において，周波数 ω の単色の波を考えると，$\omega = ck$ から，「波源 $\mathrm{P_0}$ から出た波の時間 t 後の波面」は，$r = ct$ の球面波 e^{ikr}/r と考えることができる．その目で，式 (6.61) を眺めると，ホイヘンスの原理で考える 2 次波が P 点で干渉する効果が積分として取り込まれていることがわかる．詳しい議論は，M. Born and E. Wolf 『光学の原理 II』，第

---

3) この詳細は，B. B. Baker and E. T. Copson, “The Mathematical Theory of Huygens' Principle”, (Oxford, Clarendon Press, 2nd edition, 1950), p.26 にある．また，異なるアプローチの説明が，M. Born and E. Wolf『光学の原理 II』，第 7 版，（草川徹訳，東海大学出版会，2006），p.168 にある．

7版，（草川徹訳，東海大学出版会, 2006），p.156 に詳しい．

本節では，キルヒホッフの境界条件のような近似が妥当であれば，波動方程式から式 (6.61) が導けることを示した．したがって，回折においてホイヘンスの原理を用いることができる条件が示されたことになる．

相補性とバビネの原理

式 (6.61) から導かれる幾つかの重要な回折現象の性質について述べよう．式 (6.61) を見ると，s と r に対して対称な形になっている．この特徴から，点光源と観測点の位置を入れ替えて，P 点から光が出て，同じスクリーン Σ を通して，P_0 点で観測した場合の問題は同じ式で扱えることが直ちにわかる．これをキルヒホッフの相補性と呼ぶ．

最後に，フレネル–キルヒホッフの回折公式から導かれるバビネの原理について説明する．現在考えているスクリーン Σ の不透明な部分を透明に，開口部を不透明に変えた相補的なスクリーン Σ' を考える．Σ の場合の P 点のスカラー場を $\Psi(\mathrm{P})$ とし，Σ' の場合の P 点のスカラー場を $\Psi'(\mathrm{P})$ とすると，式 (6.61) から $\Sigma + \Sigma'$ は全平面に対する積分となることから，明らかにスクリーンがない場合のスカラー場 $\Psi_0(\mathrm{P})$ を与える．すなわち，

$$\Psi_0(\mathrm{P}) = \Psi(\mathrm{P}) + \Psi'(\mathrm{P}) \tag{6.62}$$

である．これをバビネの原理と呼ぶ．もし，$\Psi_0(\mathrm{P}) = 0$ のような点 P があれば，

$$\Psi(\mathrm{P}) = -\Psi'(\mathrm{P}) \tag{6.63}$$

である．すなわち，位相が π だけずれているが，強度は同じ値となる．このような状況は，レンズを用いて光源の像を形成している場合に，容易に実現できる．像から十分離れたところに P 点をとれば，$\Psi_0(\mathrm{P}) = 0$ である．光路にカメラレンズの絞りのような Σ を置いた時に，回折によって $\Psi(\mathrm{P}) \neq 0$ となれば，Σ を相補的なスクリーン Σ' に変えた時の回折は，$-\Psi(\mathrm{P})$ であることが，バビネの原理から結論される．

§6.4　フラウンホーファー回折

多くの光学の問題では，ある軸に沿って光は伝搬し，その軸に垂直にレンズや絞りなどが配置されている場合が多い．この軸を光軸と呼び，光軸に垂直な方向の光の広がりや強度分布がどのように変化していくかを考えることが重要となる．ここでは，光が光軸に沿って伝搬し，その強度分布は軸の近傍にあるような場合を考える（近軸近似）．

6.4.1　近軸近似

フレネル–キルヒホッフの回折公式において，近軸近似を行う．図6.5のように，開口Σの中に原点を取り，光軸をz軸にとろう．この場合，θ_r, $\pi-\theta_s$は小さくδとおいて積分の外に出すことができる．また，分母のrやsは原点からP_0, Pへの距離r'やs'で置き換えることが可能であり，積分の外に出すことができる．以上の近似から，

$$\Psi(\mathrm{P}) = -\frac{iE\cos\delta}{\lambda r's'}\iint_{\Sigma} e^{ik(r+s)}dS \tag{6.64}$$

が得られる．ここで$E\dfrac{e^{ikr}}{r'}$は開口内の$\mathrm{Q}(x_1, y_1, 0)$でのスカラー場を表すので，これを$u(x_1, y_1, 0)$とし，P点でのスカラー場を$u(x_2, y_2, z) = \Psi(\mathrm{P})$, $\cos\delta = 1$, $s' = z$とおくと，キルヒホッフの回折公式は，

$$u(x_2, y_2, z) = -\frac{i}{\lambda z}\iint_{\Sigma} u(x_1, y_1, 0)e^{iks}dx_1dy_1 \tag{6.65}$$

となる．積分の中のe^{iks}の中のsに関しては，

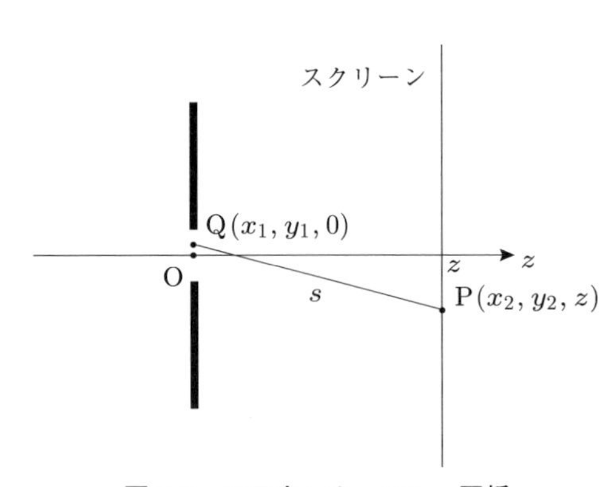

図6.5　フラウンホーファー回折

$$\begin{aligned} s &= z\sqrt{1+\left(\frac{x_2-x_1}{z}\right)^2+\left(\frac{y_2-y_1}{z}\right)^2} \\ &= z+\frac{(x_2-x_1)^2+(y_2-y_1)^2}{2z}+\cdots \\ &= z+\frac{x_2^2+y_2^2}{2z}-\frac{x_2x_1+y_2y_1}{z}+\frac{x_1^2+y_1^2}{2z}+\cdots \end{aligned} \tag{6.66}$$

の第4項までをとることとする.

この時，式(6.65)は,

$$\begin{aligned} &u(x_2,y_2,z) \\ &= A_0(x_2,y_2,z)\iint_\Sigma u(x_1,y_1,0)e^{-ik_0(x_2x_1+y_2y_1)/z}e^{ik_0(x_1^2+y_1^2)/2z}dx_1dy_1 \end{aligned} \tag{6.67}$$

となる．ただし,

$$A_0(x_2,y_2,0)=-\frac{i}{\lambda}\frac{e^{ikz}}{z}e^{ik_0(x_2^2+y_2^2)/2z} \tag{6.68}$$

である．式(6.67)を回折のフレネル(Fresnel)近似と呼ぶ．式(6.66)の右辺第4項が十分小さい場合には，式(6.67)は以下のように変形される.

$$u(x_2,y_2,z)=A_0(x_2,y_2,z)\iint_\Sigma u(x_1,y_1,0)e^{-ik_0(x_2x_1+y_2y_1)/z}dx_1dy_1 \tag{6.69}$$

これを回折のフラウンホーファー近似と呼び，この近似で記述される回折現象をフラウンホーファー回折と呼ぶ．フラウンホーファー回折光の x–y 面での強度分布 $I(x_2,y_2)$ は，$A_0(x_2,y_2,z)$ の表式の中に近軸近似における球面波，$\dfrac{e^{ikz}}{z}$ があることから，式(6.44)とその前後での議論により，積分部分の絶対値の2乗を考えれば良い．すなわち,

$$I(x_2,y_2)\propto\left|\iint_\Sigma u(x_1,y_1,0)e^{-ik_0(x_2x_1+y_2y_1)/z}dx_1dy_1\right|^2 \tag{6.70}$$

で与えられる.

フラウンホーファー近似の条件

式(6.66)の右辺第4項が十分小さいという条件をもう少し考えてみる．開口 Σ の x, y 座標の最大値を $x_{1\ \max}$, $y_{1\ \max}$ とおくと，式(6.67)の指数関数の肩が十分小さいことから,

$$\frac{k_0}{2z}(x_{1\ \max}^2+y_{1\ \max}^2)\ll 1 \tag{6.71}$$

が得られる．

開口 Σ を円とすると，その半径を D として，

$$x_{1\ \max}^2 + y_{1\ \max}^2 = 2D^2 \tag{6.72}$$

なので，条件式 (6.71) は，

$$z \gg \frac{k_0}{2} 2D^2 = \frac{2A}{\lambda_0} \tag{6.73}$$
$$A := \pi D^2 \qquad (\text{開口}\Sigma\text{の面積})$$

となる．上式 (6.73) よりわかるようにフラウンホーファー近似が成り立つのは開口 Σ から測定位置までの距離 z が開口の面積 A を光の波長 λ_0 で割ったものに比べて十分大きいとき，すなわち遠方で成り立つ近似であることがわかる．

例えば，開口が 1mm, $\lambda_0 = 1\mu\mathrm{m}$ の場合，$z \gg 10^{-6}\mathrm{m}^2/10^{-6}\mathrm{m} \sim 1\mathrm{m}$ であればフラウンホーファー近似が使える．

フラウンホーファー回折における開口内の場と回折場との関係

式 (6.69) は，$f_x = \dfrac{k_0 x_2}{z}$，$f_y = \dfrac{k_0 y_2}{z}$ とおくと，

$$u(x_2, y_2, z) = A_0(x_2, y_2, z) \iint_\Sigma u(x_1, y_1, 0) e^{-i(f_x x_1 + f_y y_1)} dx_1 dy_1 \tag{6.74}$$

となるが，これは，「フラウンホーファー近似の成り立つ領域では x_2, y_2 面の電場分布 $u(x_2, y_2)$ は開口内の電場分布 $u(x_1, y_1)$ のフーリエ変換と成っている」ことを意味する．f_x，f_y を空間（フーリエ）周波数と呼ぶ．ここで得られた結論は，6.1 節で得られたボルン近似の散乱振幅が式 (6.22) のように空間フーリエ変換となったことと無縁ではない．遠方での散乱・回折現象は同じ物理に根ざしていることがわかる．

6.4.2　フラウンホーファー回折の具体例

この項では単一開口の具体的な形を考えて，フラウンホーファー回折を見ていこう．

• 方形開口（大きさ $a \times b$）の場合

図 6.6 のような方形開口を考える．開口中の電磁場分布は一様である，すなわち $u(x_1,\, y_1,\, 0) = u_0$ とすると式 (6.74) は，

$$u(x_2, y_2, z) = A_0(x_2, y_2, z) \iint_\Sigma u(x_1, y_1, 0) e^{-i(f_x x_1 + f_y y_1)} dx_1 dy_1$$

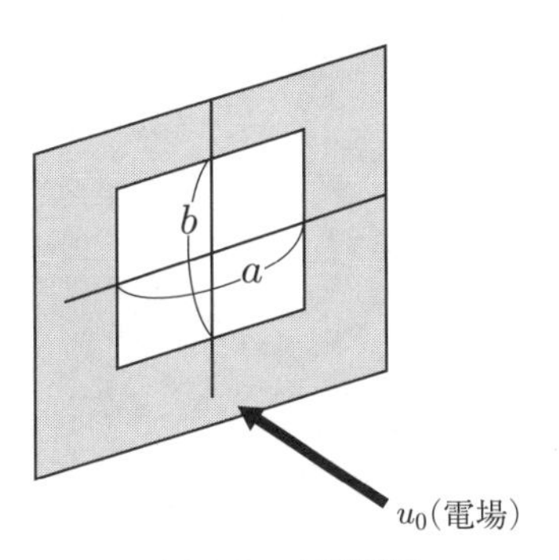

図 6.6　方形開口

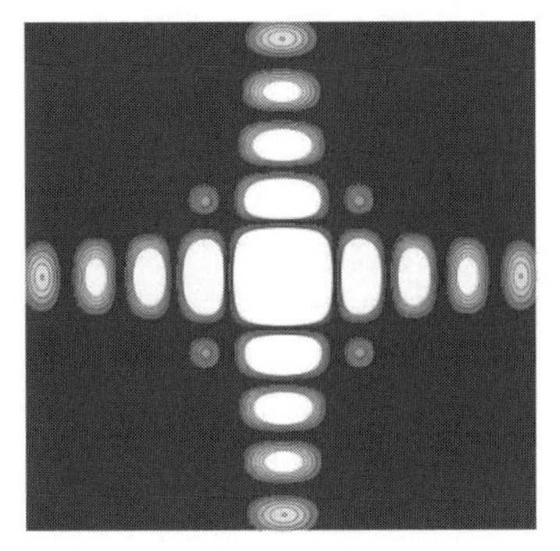

図 6.7　方形開口によるフラウンホーファー回折強度分布

$$= A_0(x_2, y_2, z)\, u_0\, a\, b\, \mathrm{sinc}\left(\frac{ax_2}{\lambda_0 z}\right) \mathrm{sinc}\left(\frac{by_2}{\lambda_0 z}\right) \tag{6.75}$$

ただし，$\mathrm{sinc}X = \dfrac{\sin(\pi X)}{\pi X}$ である．これから強度分布は式 (6.70) により，

$$I(x_2, y_2, z) \propto \mathrm{sinc}^2 X\, \mathrm{sinc}^2 Y \tag{6.76}$$

となる．ただし，$X = \dfrac{ax_2}{\lambda_0 z}$, $Y = \dfrac{by_2}{\lambda_0 z}$ である．図 6.7 に典型的な強度分布を示した．このように，四角い枠の形のフーリエ像がスクリーンに現れることがわかる．

● 円形開口（半径 a）の場合

図 6.8 のような円形開口を考える．極座標をとるのが便利である．

$$x_1 = r_1 \cos\theta_1, \quad y_1 = r_1 \sin\theta_1, \quad x_2 = r_2 \cos\theta_2, \quad y_2 = r_2 \sin\theta_2$$

開口中の電磁場は一様 $u(x_1, y_1, 0) = u_0$ と仮定すると，式 (6.74) は，

$$\begin{aligned} u(r_2,\, \theta_2,\, z) &= A_0(x_2, y_2, z) \iint_\Sigma u(x_1, y_1, 0) e^{-i(f_x x_1 + f_y y_1)} dx_1 dy_1 \\ &= A_0(x_2, y_2, z) u_0 \int_0^{2\pi} \int_0^a e^{-ik_0 r_1 r_2 \cos(\theta_1 - \theta_2)/z} r_1 dr_1 d\theta_1 \\ &= A_0(x_2, y_2, z) u_0 (\pi a)^2 \frac{2J_1\left(k_0 a r_2/z\right)}{k_0 a r_2/z} \end{aligned} \tag{6.77}$$

となる．ただし，J_1 は 1 次のベッセル関数である．これから強度分布は式 (6.70) により，

$$I(r_2, \theta_2, z) \propto \left(\frac{2J_1\left(k_0 a r_2/z\right)}{k_0 a r_2/z}\right)^2 \tag{6.78}$$

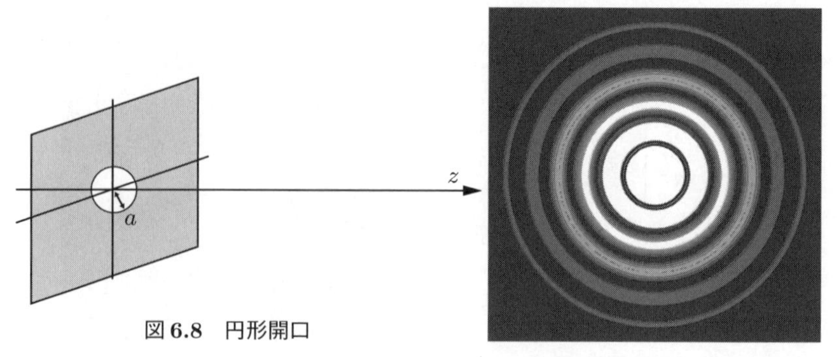

図 **6.8**　円形開口

図 **6.9**　円形開口によるフラウンホーファー回折強度分布

となる（章末問題2を参照）．

図6.9に典型的な強度分布を示した．このように，同心円状のフーリエ像がスクリーンに現れることがわかる．

§6.5　電磁波（光）の散乱

以上では，電場や磁場の一成分を取り出し，それをスカラー場として扱って，散乱の問題を扱ってきた．しかし，実際の電磁場は電場と磁場の2つのベクトル場から成り立っていることから，スカラー場での取り扱いで十分であるかは自明でない．ここでは，マクスウェル方程式に立ち戻り，電磁場の散乱の基礎方程式を導出してみよう．

6.5.1　電磁場の散乱の基礎方程式

誘電性も磁性も空間的に揺らいでいる状況を考える．自由な電荷も電流もない $(\rho_f = 0,\ \boldsymbol{J}_f = 0)$ とし，ω フーリエ成分を考えると，マクスウェル方程式は，

$$\boldsymbol{\nabla}\cdot\boldsymbol{E} = -\frac{1}{\epsilon_0}\boldsymbol{\nabla}\cdot\boldsymbol{P} \tag{6.79}$$

$$\boldsymbol{\nabla}\cdot\boldsymbol{B} = 0 \tag{6.80}$$

$$\boldsymbol{\nabla}\times\boldsymbol{E} - i\omega\boldsymbol{B} = 0 \tag{6.81}$$

$$\boldsymbol{\nabla}\times\boldsymbol{B} + \frac{i\omega}{c^2}\boldsymbol{E} = -i\omega\mu_0\boldsymbol{P} + \mu_0\boldsymbol{\nabla}\times\boldsymbol{M} \tag{6.82}$$

となる．ここで，分極 P と磁化 M は空間依存性を持ち，

$$\boldsymbol{D}=\epsilon_0\boldsymbol{E}+\boldsymbol{P},\quad \boldsymbol{H}=\frac{1}{\mu_0}\boldsymbol{B}-\boldsymbol{M} \tag{6.83}$$

である．

式 (6.81) の左から，$\boldsymbol{\nabla}\times$ をかけ，式 (6.83) と (6.79)，ベクトル公式 $\boldsymbol{\nabla}\times\boldsymbol{\nabla}\times\boldsymbol{P}=\boldsymbol{\nabla}(\boldsymbol{\nabla}\cdot\boldsymbol{P})-\boldsymbol{\nabla}^2\boldsymbol{P}$ を使うと，

$$\left(\boldsymbol{\nabla}^2+k^2\right)\boldsymbol{D}=-\boldsymbol{\nabla}\times\boldsymbol{\nabla}\times\boldsymbol{P}-i\omega\epsilon_0\mu_0\boldsymbol{\nabla}\times\boldsymbol{M} \tag{6.84}$$

また，式 (6.82) の左から $\boldsymbol{\nabla}\times$ をかけ，式 (6.81) を使うと，

$$\left(\boldsymbol{\nabla}^2+k^2\right)\boldsymbol{B}=-\mu_0\boldsymbol{\nabla}\times\boldsymbol{\nabla}\times\boldsymbol{M}+i\omega\mu_0\boldsymbol{\nabla}\times\boldsymbol{P} \tag{6.85}$$

が得られる．ここで $\omega=ck$ を使った．

散乱体は原点近傍に局在しており，入射場として平面波を考え，それを $\boldsymbol{E}_i=\boldsymbol{E}_0e^{ik(\hat{\boldsymbol{r}}_0\cdot\boldsymbol{r})}, \boldsymbol{B}_i=\boldsymbol{B}_0e^{ik(\hat{\boldsymbol{r}}_0\cdot\boldsymbol{r})}$ とおこう．平面波であるので，$\hat{\boldsymbol{r}}_0\times\boldsymbol{E}_0=c\boldsymbol{B}_0$, $\boldsymbol{E}_0\cdot\boldsymbol{B}_0=0$ が満たされている．また，$\boldsymbol{D}_i=\epsilon_0\boldsymbol{E}_i$, $\boldsymbol{H}_i=\dfrac{1}{\mu_0}\boldsymbol{B}_i$ である．

散乱体によって生じた散乱光を $\boldsymbol{E}_{\rm sc}$，$\boldsymbol{B}_{\rm sc}$，$\boldsymbol{D}_{\rm sc}$，$\boldsymbol{H}_{\rm sc}$ と書くことにする．全体の場はこれらの和であり，

$$\boldsymbol{E}=\boldsymbol{E}_i+\boldsymbol{E}_{\rm sc},\quad \boldsymbol{B}=\boldsymbol{B}_i+\boldsymbol{B}_{\rm sc},\quad \boldsymbol{D}=\boldsymbol{D}_i+\boldsymbol{D}_{\rm sc},\quad \boldsymbol{H}=\boldsymbol{H}_i+\boldsymbol{H}_{\rm sc} \tag{6.86}$$

で与えられる．スカラー場の散乱の式 (6.14) で行ったように，式 (6.84) と式 (6.85) はヘルムホルツ方程式のグリーン関数を用いて積分方程式の形に書くことができる [4]．

$$\begin{aligned}\boldsymbol{D}(\boldsymbol{r},\omega)&=\boldsymbol{D}_i+\boldsymbol{D}_{\rm sc}\\&=\boldsymbol{D}_0e^{ik(\hat{\boldsymbol{r}}_0\cdot\boldsymbol{r})}+\boldsymbol{\nabla}\times\boldsymbol{\nabla}\times\boldsymbol{\Pi}_e+i\omega\epsilon_0\mu_0\boldsymbol{\nabla}\times\boldsymbol{\Pi}_m \end{aligned} \tag{6.87}$$

$$\begin{aligned}\boldsymbol{B}(\boldsymbol{r},\omega)&=\boldsymbol{B}_i+\boldsymbol{B}_{\rm sc}\\&=\boldsymbol{B}_0e^{ik(\hat{\boldsymbol{r}}_0\cdot\boldsymbol{r})}+\mu_0\boldsymbol{\nabla}\times\boldsymbol{\nabla}\times\boldsymbol{\Pi}_m-i\omega\mu_0\boldsymbol{\nabla}\times\boldsymbol{\Pi}_e \end{aligned} \tag{6.88}$$

---

[4] この証明には，回転定理 $\iiint_V\boldsymbol{\nabla}\times\boldsymbol{F}dV'=\iint_{S'}\boldsymbol{n}\times\boldsymbol{F}dS'$（ただし，$\boldsymbol{F}$ はベクトル場）を用い，遠方で $\boldsymbol{F}$ が 0 になることを利用して，左辺の積分を 0 とする．また，$\boldsymbol{\nabla}_{\boldsymbol{r}'}\dfrac{e^{ik|\boldsymbol{r}-\boldsymbol{r}'|}}{|\boldsymbol{r}-\boldsymbol{r}'|}=\boldsymbol{\nabla}_{\boldsymbol{r}}\dfrac{e^{ik|\boldsymbol{r}-\boldsymbol{r}'|}}{|\boldsymbol{r}-\boldsymbol{r}'|}$ を用いるとよい．

ただし，$\boldsymbol{\Pi}_e(\boldsymbol{r})$, $\boldsymbol{\Pi}_m(\boldsymbol{r})$ は,

$$\boldsymbol{\Pi}_e(\boldsymbol{r}) = \frac{1}{4\pi}\iiint \boldsymbol{P}(\boldsymbol{r}')\frac{e^{ik|\boldsymbol{r}-\boldsymbol{r}'|}}{|\boldsymbol{r}-\boldsymbol{r}'|}d^3\boldsymbol{r}' \tag{6.89}$$

$$\boldsymbol{\Pi}_m(\boldsymbol{r}) = \frac{1}{4\pi}\iiint \boldsymbol{M}(\boldsymbol{r}')\frac{e^{ik|\boldsymbol{r}-\boldsymbol{r}'|}}{|\boldsymbol{r}-\boldsymbol{r}'|}d^3\boldsymbol{r}' \tag{6.90}$$

で定義される量で，電気ヘルツベクトル $\boldsymbol{\Pi}_e(\boldsymbol{r})$，磁気ヘルツベクトル $\boldsymbol{\Pi}_m(\boldsymbol{r})$ と呼ばれる．式 (6.87) と式 (6.88) の 2 つの積分方程式は，スカラー場における散乱ポテンシャルの積分方程式，式 (6.15) の電磁場版である．電磁場の場合は，分極 $\boldsymbol{P}$ と磁化 $\boldsymbol{M}$ は電場と磁場に依存するので，この 2 つの積分方程式はセットで散乱を記述することになる．

6.5.2　散乱の遠方解

前項で導出したヘルツベクトルを遠方で評価しよう．散乱体の中に原点をとる．観測している場所が散乱体の大きさよりずっと遠い場合は,

$$|\boldsymbol{r}-\boldsymbol{r}'| \sim r - \hat{\boldsymbol{r}}\cdot\boldsymbol{r}' \tag{6.91}$$

である．ここで $\hat{\boldsymbol{r}}$ は $\boldsymbol{r}$ 方向の単位ベクトルである．これを用いると，積分の中の球面波の部分は

$$\frac{e^{ik|\boldsymbol{r}-\boldsymbol{r}'|}}{|\boldsymbol{r}-\boldsymbol{r}'|} \sim \frac{e^{ikr}}{r}e^{-ik\hat{\boldsymbol{r}}\cdot\boldsymbol{r}'} \tag{6.92}$$

となり，ヘルツベクトルは,

$$\boldsymbol{\Pi}_e(\boldsymbol{r}) \sim \frac{e^{ikr}}{4\pi r}\widetilde{\boldsymbol{P}}(k\hat{\boldsymbol{r}}) \tag{6.93}$$

$$\boldsymbol{\Pi}_m(\boldsymbol{r}) \sim \frac{e^{ikr}}{4\pi r}\widetilde{\boldsymbol{M}}(k\hat{\boldsymbol{r}}) \tag{6.94}$$

と書ける．ただし，$\widetilde{\boldsymbol{P}}(k\hat{\boldsymbol{r}})$，$\widetilde{\boldsymbol{M}}(k\hat{\boldsymbol{r}})$ は,

$$\widetilde{\boldsymbol{P}}(k\hat{\boldsymbol{r}}) = \iiint \boldsymbol{P}(\boldsymbol{r}')e^{-ik\hat{\boldsymbol{r}}\cdot\boldsymbol{r}'}d^3\boldsymbol{r}' \tag{6.95}$$

$$\widetilde{\boldsymbol{M}}(k\hat{\boldsymbol{r}}) = \iiint \boldsymbol{M}(\boldsymbol{r}')e^{-ik\hat{\boldsymbol{r}}\cdot\boldsymbol{r}'}d^3\boldsymbol{r}' \tag{6.96}$$

で定義される分極や磁化の空間フーリエ変換である．遠方では空間微分で ik の項だけが効くので，ヘルツベクトルの空間微分は以下のように近似される．

$$\boldsymbol{\nabla}\times\boldsymbol{\Pi}_e \sim \frac{ike^{ikr}}{4\pi r}\hat{\boldsymbol{r}}\times\widetilde{\boldsymbol{P}}(k\hat{\boldsymbol{r}})$$

$$\nabla \times \nabla \times \boldsymbol{\Pi}_e \sim -\frac{k^2 e^{ikr}}{4\pi r}\hat{\boldsymbol{r}} \times \hat{\boldsymbol{r}} \times \widetilde{\boldsymbol{P}}(k\hat{\boldsymbol{r}})$$

$\boldsymbol{\Pi}_m$ についても同様なことが成り立つ[5)]．また，十分遠方では分極も磁化もないと考えれば，$\boldsymbol{D}(\boldsymbol{r},\omega) = \epsilon_0 \boldsymbol{E}(\boldsymbol{r},\omega), \boldsymbol{H}(\boldsymbol{r},\omega) = \dfrac{1}{\mu_0}\boldsymbol{B}(\boldsymbol{r},\omega)$ とおくことができる．以上から，遠方での全体の電磁場は入射場と散乱場の和として，

$$\boldsymbol{E}(\boldsymbol{r},\omega) = \boldsymbol{E}_i + \boldsymbol{E}_{\text{sc}} = \boldsymbol{E}_0 e^{ik(\hat{\boldsymbol{r}}_0\cdot\boldsymbol{r})} + \boldsymbol{f}_E(\hat{\boldsymbol{r}},\hat{\boldsymbol{r}}_0)\frac{e^{ikr}}{r} \tag{6.97}$$

$$\boldsymbol{B}(\boldsymbol{r},\omega) = \boldsymbol{B}_i + \boldsymbol{B}_{\text{sc}} = \boldsymbol{B}_0 e^{ik(\hat{\boldsymbol{r}}_0\cdot\boldsymbol{r})} + \boldsymbol{f}_B(\hat{\boldsymbol{r}},\hat{\boldsymbol{r}}_0)\frac{e^{ikr}}{r} \tag{6.98}$$

と書ける．ただし，

$$\boldsymbol{f}_E(\hat{\boldsymbol{r}},\hat{\boldsymbol{r}}_0) = -\frac{\mu_0\omega^2}{4\pi}\hat{\boldsymbol{r}} \times \left(\hat{\boldsymbol{r}} \times \widetilde{\boldsymbol{P}}(k\hat{\boldsymbol{r}})\right) - \frac{\mu_0\omega^2}{4\pi c}\hat{\boldsymbol{r}} \times \widetilde{\boldsymbol{M}}(k\hat{\boldsymbol{r}}) \tag{6.99}$$

$$\boldsymbol{f}_B(\hat{\boldsymbol{r}},\hat{\boldsymbol{r}}_0) = -\frac{\mu_0\omega^2}{4\pi c^2}\hat{\boldsymbol{r}} \times \left(\hat{\boldsymbol{r}} \times \widetilde{\boldsymbol{M}}(k\hat{\boldsymbol{r}})\right) + \frac{\mu_0\omega^2}{4\pi c}\hat{\boldsymbol{r}} \times \widetilde{\boldsymbol{P}}(k\hat{\boldsymbol{r}}) \tag{6.100}$$

である．$\boldsymbol{f}_E$，$\boldsymbol{f}_B$ は電場，磁場の複素散乱振幅となっている．表式には明示的に $\hat{\boldsymbol{r}}_0$ は入っていないが，分極や磁化は入射場によって作られていることから，分極や磁化の空間フーリエ変換の中に含まれている．電場，磁場の複素散乱振幅は

$$\hat{\boldsymbol{r}} \times \boldsymbol{f}_E = c\boldsymbol{f}_B \tag{6.101}$$

$$\hat{\boldsymbol{r}} \cdot \boldsymbol{f}_E = 0, \quad \hat{\boldsymbol{r}} \cdot \boldsymbol{f}_B = 0, \quad \boldsymbol{f}_E \cdot \boldsymbol{f}_B = 0 \tag{6.102}$$

を満たすことから，散乱波は電場も磁場も動径方向に垂直で互いに直交したTEM 波として振る舞うことがわかる．また，この事実から直ちに，

$$|\boldsymbol{f}_E| = c|\boldsymbol{f}_B| \tag{6.103}$$

が得られる．

このようにして得られた散乱場 $\boldsymbol{E}_{\text{sc}} = \boldsymbol{f}_E(\hat{\boldsymbol{r}},\hat{\boldsymbol{r}}_0)\dfrac{e^{ikr}}{r}$ は，電磁放射の章で述べた電気双極子放射（式 (5.30) と式 (5.31)）と磁気双極子放射（式 (5.43) と

---

5) 遠方場ではヘルツベクトルの中の $\widetilde{\boldsymbol{P}}$ や $\widetilde{\boldsymbol{M}}$ は，電場や磁場を計算するときは常に $\hat{\boldsymbol{r}}$ との外積を取ることに注意すると，スカラー関数の勾配で書き直すことができる．このようにして，ヘルツベクトルの表式を 3.5.1 項で述べたような TE 球面波と TM 球面波の形で書くことができる．

式(5.42)）の和で $\widetilde{\boldsymbol{P}} \leftrightarrow \boldsymbol{p}$, $\widetilde{\boldsymbol{M}} \leftrightarrow \boldsymbol{m}$ の置き換えをしたものと全く同じ表式になっている．この事実は，散乱は入射場によってつくられた分極や磁化の放射と見ることができることを表している．

以下では，電磁場と物質との相互作用は弱く，

$$\boldsymbol{P}(\boldsymbol{r}) = \epsilon_0 \chi_e(\boldsymbol{r}) \boldsymbol{E}_i(\boldsymbol{r}) \tag{6.104}$$

$$\boldsymbol{M}(\boldsymbol{r}) = \chi_m(\boldsymbol{r}) \boldsymbol{H}_i(\boldsymbol{r}) \tag{6.105}$$

にように，分極 $\boldsymbol{P}$ と磁化 $\boldsymbol{M}$ は入射光の応答として記述できるとする．これはボルン近似に相当する．

6.5.3　散乱断面積と光学定理

電磁波の散乱がある場合の散乱を定量的に見積もろう．スカラー場の場合と同様に，時間平均されたエネルギー流を考える．また，散乱体から十分離れた半径 R の球面で，式(6.37)のように単位時間当たりのエネルギー流出量 W を考える．電磁場の場合は時間平均されたエネルギー流はポインティングベクトルを用いて計算できる．式(6.97)，式(6.98)から，

$$\langle \boldsymbol{Y} \rangle_t = \langle \boldsymbol{Y}^{\mathrm{inc}} \rangle_t + \langle \boldsymbol{Y}^{\mathrm{sc}} \rangle_t + \langle \boldsymbol{Y}^{\mathrm{ext}} \rangle_t \tag{6.106}$$

が得られる．ただし，

$$\langle \boldsymbol{Y}^{\mathrm{inc}} \rangle_t = \frac{1}{2\mu_0} \mathrm{Re}\{\boldsymbol{E}_i \times \boldsymbol{B}_i^*\} \tag{6.107}$$

$$\langle \boldsymbol{Y}^{\mathrm{sc}} \rangle_t = \frac{1}{2\mu_0} \mathrm{Re}\{\boldsymbol{E}_{\mathrm{sc}} \times \boldsymbol{B}_{\mathrm{sc}}^*\} \tag{6.108}$$

$$\langle \boldsymbol{Y}^{\mathrm{ext}} \rangle_t = \frac{1}{2\mu_0} \mathrm{Re}\{\boldsymbol{E}_i \times \boldsymbol{B}_{\mathrm{sc}}^* + \boldsymbol{E}_{\mathrm{sc}} \times \boldsymbol{B}_i^*\} \tag{6.109}$$

である．

入射場に対して式(4.65)，式(4.63)を用いて，遠方では真空であることを考えると，

$$\langle \boldsymbol{Y}^{\mathrm{inc}} \rangle_t = \frac{1}{2Z_0} |\boldsymbol{E}_0|^2 \hat{\boldsymbol{r}}_0 \tag{6.110}$$

が得られる．ここで，Z_0 は真空のインピーダンスである．簡単な計算から $W^{\mathrm{inc}} = 0$ であることを示せる．これはスカラー場の場合の式(6.42)と同様である．

散乱場に対しても簡単な計算から，

$$\langle \boldsymbol{Y}^{\mathrm{sc}} \rangle_t = \frac{1}{2Z_0 r^2}|\boldsymbol{f}_E(\hat{\boldsymbol{r}}, \hat{\boldsymbol{r}}_0)|^2 \hat{\boldsymbol{r}} \tag{6.111}$$

が得られる．したがって，

$$W^{\mathrm{sc}} = \frac{1}{2Z_0}\iint_{4\pi} |\boldsymbol{f}_E(\hat{\boldsymbol{r}}, \hat{\boldsymbol{r}}_0)|^2 d\Omega \tag{6.112}$$

これを入射場の時間平均エネルギー流の大きさで規格化すると，散乱断面積

$$Q^{\mathrm{sc}} = \frac{\iint_{4\pi} |\boldsymbol{f}_E(\hat{\boldsymbol{r}}, \hat{\boldsymbol{r}}_0)|^2 d\Omega}{|\boldsymbol{E}_0|^2} \tag{6.113}$$

が得られる．また，微分散乱断面積は，

$$\frac{d\sigma_{\mathrm{sc}}}{d\Omega} = \frac{|\boldsymbol{f}_E(\hat{\boldsymbol{r}}, \hat{\boldsymbol{r}}_0)|^2}{|\boldsymbol{E}_0|^2} \tag{6.114}$$

となる．$\left\langle \boldsymbol{Y}^{\mathrm{ext}} \right\rangle_t$ の表面積分は少々難しい．球の表面に垂直な単位ベクトルは，大きい $R \to \infty$ で $\boldsymbol{n} = \hat{\boldsymbol{r}}$ であることから，$\hat{\boldsymbol{r}}$ との内積を評価すると，

$$\{\boldsymbol{E}_i \times \boldsymbol{B}_{\mathrm{sc}}^*\} \cdot \hat{\boldsymbol{r}} = \frac{1}{cR} e^{-ikR} e^{ikR(\hat{\boldsymbol{r}} \cdot \hat{\boldsymbol{r}}_0)} (\boldsymbol{E}_0 \cdot \boldsymbol{f}_E^*) \tag{6.115}$$

$$\{\boldsymbol{E}_{\mathrm{sc}} \times \boldsymbol{B}_i^*\} \cdot \hat{\boldsymbol{r}} = \frac{1}{cR} e^{ikR} e^{-ikR(\hat{\boldsymbol{r}} \cdot \hat{\boldsymbol{r}}_0)} \{(\hat{\boldsymbol{r}} \cdot \hat{\boldsymbol{r}}_0)(\boldsymbol{E}_0^* \cdot \boldsymbol{f}_E) - (\boldsymbol{E}_0^* \cdot \hat{\boldsymbol{r}})(\boldsymbol{f}_E \cdot \hat{\boldsymbol{r}_0})\} \tag{6.116}$$

が得られる．スカラー場の時と同様に，式 (6.47) のジョーンズの補助定理を用いて積分を実行すると，$\hat{\boldsymbol{r}}$ が $\hat{\boldsymbol{r}}_0$，$-\hat{\boldsymbol{r}}_0$ の時だけ値を持つことがわかる．最終的に，

$$\begin{aligned}
-W^{\mathrm{ext}} &= -\frac{1}{2\mu_0}\mathrm{Re}\iint_S \{\boldsymbol{E}_i \times \boldsymbol{B}_{\mathrm{sc}}^* + \boldsymbol{E}_{\mathrm{sc}} \times \boldsymbol{B}_i^*\} \cdot \hat{\boldsymbol{r}} dS \\
&= \mathrm{Re}\left(\frac{-i\pi}{Z_0 k}\{\boldsymbol{f}_E(\hat{\boldsymbol{r}}_0, \hat{\boldsymbol{r}}_0) \cdot \boldsymbol{E}_0^* - \boldsymbol{f}_E^*(\hat{\boldsymbol{r}}_0, \hat{\boldsymbol{r}}_0) \cdot \boldsymbol{E}_0\}\right) \\
&\quad + \mathrm{Re}\left(\frac{-i\pi}{Z_0 k}\{\boldsymbol{f}_E(-\hat{\boldsymbol{r}}_0, \hat{\boldsymbol{r}}_0) \cdot \boldsymbol{E}_0^* e^{2ikR} + \boldsymbol{f}_E^*(-\hat{\boldsymbol{r}}_0, \hat{\boldsymbol{r}}_0) \cdot \boldsymbol{E}_0 e^{-2ikR}\}\right) \\
&= \frac{2\pi}{Z_0 k}\mathrm{Im}(\boldsymbol{f}_E(\hat{\boldsymbol{r}}_0, \hat{\boldsymbol{r}}_0) \cdot \boldsymbol{E}_0^*)
\end{aligned} \tag{6.117}$$

が得られる．ここで前式の中段の 2 つ目の Re の中は純虚数となるため 0 である．「減衰断面積」は，$Q^{\mathrm{ext}} = -W^{\mathrm{ext}}/|\left\langle \boldsymbol{Y}^{\mathrm{inc}} \right\rangle_t|$ により，

$$Q^{\mathrm{ext}} = \frac{4\pi}{k}\mathrm{Im}\left(\frac{\boldsymbol{f}_E(\hat{\boldsymbol{r}}_0, \hat{\boldsymbol{r}}_0) \cdot \boldsymbol{E}_0^*}{|\boldsymbol{E}_0|^2}\right) \tag{6.118}$$

が得られる．散乱および吸収過程により入射光から失われる単位時間当たりのエネルギーは前方への散乱振幅 $f_E(\hat{\boldsymbol{r}}_0, \hat{\boldsymbol{r}}_0)$ の虚数部に比例することがわかった．これが電磁波の散乱における光学定理である．

散乱体が電磁波（光）を吸収する場合は，吸収断面積 Q^{abs} が存在し，

$$Q^{\mathrm{ext}} = Q^{\mathrm{sc}} + Q^{\mathrm{abs}} \tag{6.119}$$

が成り立つ．実際，第3章の式 (3.167) で述べたように，電磁場が物質にする仕事も含めてエネルギー保存則を書くと，散乱体を含む大きな閉曲面 S で囲まれた体積 V において，

$$\iint_S \langle \boldsymbol{Y} \rangle_t \cdot \boldsymbol{n} dS + \frac{1}{2}\mathrm{Re}\iiint_V \boldsymbol{j}^* \cdot \boldsymbol{E} dV = 0 \tag{6.120}$$

が成り立つ．ここで，1周期にわたる時間平均を取っており，エネルギー密度の時間変化は消える．$\langle \boldsymbol{Y} \rangle_t$ を3つの成分に分けて書けば，

$$Q^{\mathrm{ext}} = Q^{\mathrm{sc}} + \frac{1}{2|\langle \boldsymbol{Y}^{\mathrm{inc}} \rangle_t|}\mathrm{Re}\iiint_V \boldsymbol{j}^* \cdot \boldsymbol{E} dV \tag{6.121}$$

が得られ，散乱体による電磁波（光）吸収はジュール熱の形で書き下すことができる．

6.5.4　トムソン散乱

光散乱の最初の例として，質量 m，電荷 $-e$ を持つ自由な電子を考えよう．電子の位置ベクトルを $\boldsymbol{r}_0$，入射電場ベクトルの単位ベクトルを $\hat{\boldsymbol{e}}_0$ とすると，運動方程式は，

$$m\ddot{\boldsymbol{r}}_0 = -eE_0\hat{\boldsymbol{e}}_0 e^{ik\hat{\boldsymbol{r}}_0 \cdot \boldsymbol{r}_0 - i\omega t} \tag{6.122}$$

となる．強制振動解を考え，電流の ω フーリエ成分は

$$\boldsymbol{j}(\boldsymbol{r}, \omega) = \frac{ie^2E_0}{m\omega} e^{ik\hat{\boldsymbol{r}}_0 \cdot \boldsymbol{r}} \delta(\boldsymbol{r} - \boldsymbol{r}_0)\hat{\boldsymbol{e}}_0 \tag{6.123}$$

となる．前項までは自由な電流はないとしたので，この電流を分極として $\boldsymbol{P}(\boldsymbol{r}, \omega) = \dfrac{i}{\omega}\boldsymbol{j}(\boldsymbol{r}, \omega)$ として扱い，式 (6.97)，式 (6.99) を計算することで $\boldsymbol{E}_{\mathrm{sc}}(\boldsymbol{r}, \omega)$ が得られる．簡単のために，電子は原点にいるとすると，

$$\boldsymbol{E}_{\mathrm{sc}}(\boldsymbol{r}, \omega) = \frac{e^2E_0}{4\pi\epsilon_0 mc^2}\hat{\boldsymbol{r}} \times [\hat{\boldsymbol{r}} \times \hat{\boldsymbol{e}}_0]\frac{e^{ikr}}{r} \tag{6.124}$$

から

$$\frac{d\sigma_{\mathrm{Th}}}{d\Omega} = \left(\frac{e^2}{4\pi\epsilon_0 mc^2}\right)^2 |\hat{\boldsymbol{r}} \times \hat{\boldsymbol{e}}_0|^2 = r_e^2(1 - |\hat{\boldsymbol{r}} \cdot \hat{\boldsymbol{e}}_0|^2) \tag{6.125}$$

が得られる．このような自由電子による光散乱をトムソン散乱と呼ぶ．トムソン散乱は電子による古典的な「光の弾性散乱」[6)]である．注目すべきは，周波数に依存しない点である．どんな周波数（波長）の光に対しても自由電子は同じ散乱断面積を持つ．ここで，r_e は

$$r_e = \frac{e^2}{4\pi\epsilon_0 mc^2} \approx 2.82 \times 10^{-15}\,\mathrm{m} \tag{6.126}$$

で定義される古典電子半径であり，静電エネルギーが静止質量エネルギーと同じエネルギーとなる距離である．古典電子半径は換算コンプトン波長 $(\lambda_c = \dfrac{h}{2\pi mc})$ と微細構造定数 $\alpha = \dfrac{1}{137}$ を用いて，$r_e = \alpha\lambda_c$ で関係している．光の波長がコンプトン波長程度に短くなると（X 線領域），電子による光の非弾性散乱であるコンプトン散乱が量子的な効果として現れてくる．

トムソン散乱における入射光の偏光依存性を考える．ここでは，$\hat{\boldsymbol{r}}_0$ と $\hat{\boldsymbol{r}}$ で張られた面を散乱面と定義し，散乱面に垂直な単位ベクトル $\boldsymbol{e}_\perp$ と平行な単位ベクトル $\boldsymbol{e}_\parallel$ の場合に分けて考える．簡単な計算から，

$$\frac{d\sigma_\perp}{d\Omega} = r_e^2, \tag{6.127}$$

$$\frac{d\sigma_\parallel}{d\Omega} = r_e^2 \cos^2\theta \tag{6.128}$$

となる．ここで θ は $\hat{\boldsymbol{r}}_0$ と $\hat{\boldsymbol{r}}$ のなす角である．無偏光の光に対しては，この 2 つの偏光配置の平均で与えられるので，

$$\left.\frac{d\sigma_{\mathrm{Th}}}{d\Omega}\right|_{\mathrm{unpol}} = \frac{1}{2}\left(\frac{d\sigma_\perp}{d\Omega} + \frac{d\sigma_\parallel}{d\Omega}\right) = \frac{1}{2} r_e^2(1 + \cos^2\theta) \tag{6.129}$$

これから，全散乱断面積は，

$$Q_{\mathrm{Th}} = \frac{8\pi}{3} r_e^2 \tag{6.130}$$

となる．

ここで，光学定理を考えると，

$$\boldsymbol{f}_E = \frac{e^2 E_0}{4\pi\epsilon_0 mc^2} \hat{\boldsymbol{r}} \times [\hat{\boldsymbol{r}} \times \hat{\boldsymbol{e}}_0] \tag{6.131}$$

[6)] 弾性散乱という記述はよく使われるが，厳密には正しくない．この項の最後の議論をみよ．

より，$\boldsymbol{f}_E$ は実数であることから，$Q^{\mathrm{ext}} = 0$ である．一方，$Q_{\mathrm{Th}} = \dfrac{8\pi}{3} r_e^2$ であるから，一見矛盾がある．しかし，前項の最後で述べたように，ジュール熱の項 Q^{abs} を考える必要がある．すなわち，電磁波（光）から電子へのエネルギー移動がある．ジュール熱の中の電場は $\boldsymbol{E}_i$ と $\boldsymbol{E}_{\mathrm{sc}}$ の和であるが，$(\boldsymbol{j} \cdot \boldsymbol{E}_i)$ が純虚数となることから，$\displaystyle\iiint \boldsymbol{j}^* \cdot \boldsymbol{E}_i dV = 0$ となる．一方，$\displaystyle\iiint \boldsymbol{j}^* \cdot \boldsymbol{E}_{\mathrm{sc}} dV \neq 0$ である．結果的に，

$$Q_{\mathrm{Th}} = \frac{8\pi}{3} r_e^2 = -\frac{1}{2|\langle \boldsymbol{Y}^{\mathrm{inc}} \rangle_t|} \mathrm{Re} \iiint_V \boldsymbol{j}^* \cdot \boldsymbol{E}_{\mathrm{sc}} dV \tag{6.132}$$

となる．右辺は電子の動きによる電流と，電子が散乱した光（輻射）との間のクーロン相互作用を表しており，「輻射の反作用 (radiation reaction)」として知られているものである．この効果は，点電荷を考えた時に発散するような困難を抱えており，古典電磁気学ばかりでなく量子論においても「繰り込み」などの問題につながっている重要な問題である [7].

6.5.5　レーリー散乱

レーリー散乱は入射光（電磁波）の波長より十分小さい誘電体による光散乱である．本章で見てきたように，入射場（光）によって電気双極子が生じる場合には，電気双極子放射と同じ式で散乱場が与えられる．

$$\boldsymbol{E}_{\mathrm{sc}}(\boldsymbol{r}, \omega) = -\frac{\mu_0 \omega^2}{4\pi} \hat{\boldsymbol{r}} \times (\hat{\boldsymbol{r}} \times \boldsymbol{p}) \frac{e^{ikr}}{r} \tag{6.133}$$

が得られる．微分散乱断面積は，

$$\frac{d\sigma_{\mathrm{Ray}}}{d\Omega} = \left(\frac{k^2}{4\pi\epsilon_0 E_0} \right)^2 (|\boldsymbol{p}|^2 - |\hat{\boldsymbol{r}} \cdot \boldsymbol{p}|^2) \tag{6.134}$$

となる．物体を屈折率 $n(\omega)$ の物質からなる半径 a の小球であるとする．小球の分極率を α とすると，1章のクラウジウス・モソッティの関係式 (1.78) から，

$$\alpha = 4\pi\epsilon_0 \frac{n^2 - 1}{n^2 + 2} a^3 \tag{6.135}$$

が得られる．この分極率を用いて，電気双極子は，

$$\boldsymbol{p} = \alpha E_0 \hat{\boldsymbol{e}}_0 \tag{6.136}$$

---

[7] "Modern Electrodynamics", Andrew Zangwill, Cambridge University Press, 2013. ISBN 978-0-521-89697-9, p.795 および p.899, 23.6 節を参照.

で与えられる．これを代入すると，

$$\frac{d\sigma_{\mathrm{Ray}}}{d\Omega} = \left(\frac{k^2\alpha}{4\pi\epsilon_0}\right)^2 (1 - |\hat{\boldsymbol{r}}\cdot\hat{\boldsymbol{e}}_0|^2) = \left(\frac{\omega^4\alpha^2}{16\pi^2c^4{\epsilon_0}^2}\right)(1 - |\hat{\boldsymbol{r}}\cdot\hat{\boldsymbol{e}}_0|^2) \tag{6.137}$$

となる．これは，前項で導いた式 (6.125) と係数を除いて一致している．前項と同様に，散乱面に垂直な単位ベクトル $\boldsymbol{e}_\perp$ と平行な単位ベクトル $\boldsymbol{e}_\parallel$ の場合に分けて考える．$\hat{\boldsymbol{r}}_0$ と $\hat{\boldsymbol{r}}$ のなす角を θ とすると，簡単な計算から，

$$\frac{d\sigma_\perp}{d\Omega} = \frac{\omega^4\alpha^2}{16\pi^2c^4{\epsilon_0}^2}, \tag{6.138}$$

$$\frac{d\sigma_\parallel}{d\Omega} = \frac{\omega^4\alpha^2}{16\pi^2c^4{\epsilon_0}^2}\cos^2\theta \tag{6.139}$$

となる．無偏光の光に対しては，この 2 つの偏光配置の平均で与えられるので，

$$\left.\frac{d\sigma_{\mathrm{Ray}}}{d\Omega}\right|_{\mathrm{unpol}} = \frac{1}{2}\left(\frac{d\sigma_\perp}{d\Omega} + \frac{d\sigma_\parallel}{d\Omega}\right) = \frac{\omega^4\alpha^2}{32\pi^2c^4{\epsilon_0}^2}(1+\cos^2\theta) \tag{6.140}$$

これから，全散乱断面積は，

$$\sigma_{\mathrm{Ray}} = \frac{\omega^4\alpha^2}{6\pi c^4{\epsilon_0}^2} \tag{6.141}$$

となる．

青空はなぜ青い？

レーリー散乱はトムソン散乱と異なり，散乱断面積は ω^4，すなわち周波数の 4 乗に比例している．可視光で考えると，青色は赤色の倍の振動数をもつことから，16 倍も散乱断面積が大きいことがわかる．これが空が青く見える原因である．太陽光は可視域に限っても赤から青までの多くの振動数の光からなっているが，空気中の分子によるレーリー散乱によって，青色の光がよく散乱される．太陽の方向でない向きの空を見ると，上空でレーリー散乱された光が向きを変えて目に届くことになる．したがって，散乱断面積が大きい青色に見えるのである．また，夕焼けが赤いのは，散乱されずに残った赤色の光が目に届くことに起因する．最後に，青空からの光は散乱面に垂直な偏光成分の方が支配的であることに注意しよう．これは，我々が青空を見ている方向は一般的に太陽の方向ではないので，式 (6.139) における θ は 30–60 度ぐらいになる．これにより，散乱面に垂直な偏光成分の方が，より多く我々に届くことがわかる．

§6.6　ミー散乱

電磁波（光）の散乱の問題で厳密に解ける問題はそんなにないが，Gustav Mie が誘電体もしくは金属球に対して展開した一連の研究はその一つであることが知られている（ミー散乱）．雲の中の水滴，牛乳の中の脂肪球，赤い火星，ガラスの中の金属微粒子球など，我々の身の回りに適用できる問題が数多くあり，重要な光散乱の問題である．

ミー散乱においては，入射電磁波として平面波を考える．平面波は球の対称性を破るので，第3章で議論した，TE 球面波と TM 球面波，両方の解が必要となる．そのため，入射電磁波と散乱電磁波をそれぞれ無限次の球面波解の和で書き下し，球面に第4章で議論した界面の境界条件を適用することによって，散乱波の展開係数を決定する．

ここでは，均一な媒質の中の一様な球（半径 R）を考える．単色の電磁波を考えて電磁場の時間依存性を $\exp(-i\omega t)$ と書き，真空中の分散関係を $\omega = ck_0$ としよう．また，媒質の屈折率，特性インピーダンスを n^I, Z^I，球の屈折率，特性インピーダンスを n^{II}, Z^{II} とすると，それぞれの領域での波数は，$k^I = n^I k_0$，$k^{II} = n^{II} k_0$ となる．球が金属の場合には，4.3.2 項で行ったように，電気伝導率を誘電率に繰り込んで考えることにする．

6.6.1　球座標でのヘルムホルツ方程式

マクスウェル方程式は,

$$\nabla \cdot \boldsymbol{E} = 0, \qquad \nabla \cdot \boldsymbol{B} = 0 \tag{6.142}$$

$$\nabla \times \boldsymbol{E} = i\omega \boldsymbol{B}, \qquad \nabla \times \boldsymbol{B} = -\frac{i\omega n^2}{c^2}\boldsymbol{E} \tag{6.143}$$

である．ここで，$n = c\sqrt{\epsilon}\sqrt{\mu}$ は屈折率である．ヘルムホルツ方程式は

$$[\nabla^2 + k^2]\left\{\begin{matrix}\boldsymbol{E}\\ \boldsymbol{B}\end{matrix}\right\} = 0 \tag{6.144}$$

となる．ここで，$k = \dfrac{n\omega}{c} = nk_0$ は媒質中での波数である．

ミー散乱の問題は球座標で取り扱うのが良いので，マクスウェル方程式も球座標で書くことにする．式 (6.143) を球座標で成分表示すると，

$$-\frac{i\omega n^2}{c^2}E_r = \frac{1}{r^2\sin\theta}\left\{\frac{\partial(rB_\phi\sin\theta)}{\partial\theta} - \frac{\partial(rB_\theta)}{\partial\phi}\right\}, \tag{6.145}$$

$$-\frac{i\omega n^2}{c^2}E_\theta = \frac{1}{r\sin\theta}\left\{\frac{\partial B_r}{\partial\phi} - \frac{\partial(rB_\phi\sin\theta)}{\partial r}\right\}, \tag{6.146}$$

$$-\frac{i\omega n^2}{c^2}E_\phi = \frac{1}{r}\left\{\frac{\partial(rB_\theta)}{\partial r} - \frac{\partial B_r}{\partial\theta}\right\} \tag{6.147}$$

$$i\omega B_r = \frac{1}{r^2\sin\theta}\left\{\frac{\partial(rE_\phi\sin\theta)}{\partial\theta} - \frac{\partial(rE_\theta)}{\partial\phi}\right\}, \tag{6.148}$$

$$i\omega B_\theta = \frac{1}{r\sin\theta}\left\{\frac{\partial E_r}{\partial\phi} - \frac{\partial(rE_\phi\sin\theta)}{\partial r}\right\}, \tag{6.149}$$

$$i\omega B_\phi = \frac{1}{r}\left\{\frac{\partial(rE_\theta)}{\partial r} - \frac{\partial E_r}{\partial\theta}\right\} \tag{6.150}$$

3.5.1 項で示したように，マクスウェル方程式の解は，2 つのスカラー関数 u, w を用いて TE 球面波と TM 球面波の和で書くことができる[8]．

$$\begin{aligned} \boldsymbol{E} &= \boldsymbol{\nabla}\times[\boldsymbol{r}u] - \frac{i}{k}\boldsymbol{\nabla}\times[\boldsymbol{\nabla}\times\boldsymbol{r}w], \\ c\boldsymbol{B} &= -\boldsymbol{\nabla}\times[\boldsymbol{r}w] - \frac{i}{k}\boldsymbol{\nabla}\times[\boldsymbol{\nabla}\times\boldsymbol{r}u] \end{aligned} \tag{6.151}$$

ここで，スカラー関数 $u(\boldsymbol{r}), w(\boldsymbol{r})$ はそれぞれ TE 球面波，TM 球面波を表すデバイ (Debye) ポテンシャルと呼ばれ，ヘルムホルツ方程式

$$\left\{\frac{1}{r^2}\frac{\partial}{\partial r}\left(r^2\frac{\partial}{\partial r}\right) - \frac{1}{r^2}\boldsymbol{L}^2 + k^2\right\}\Psi = 0 \tag{6.152}$$

の解である．

ここで，$\boldsymbol{L} = -i\boldsymbol{r}\times\boldsymbol{\nabla}$ は自然単位系 ($\hbar = 1$) における軌道角運動量演算子である．TE 波の場合は，電場の動径成分は 0 であるから，式 (6.145) から，

$$\frac{\partial(rB_\phi\sin\theta)}{\partial\theta} = \frac{\partial(rB_\theta)}{\partial\phi} \tag{6.153}$$

TM 波の場合は，磁場の動径成分は 0 であるから，式 (6.148) から，

$$\frac{\partial(rE_\phi\sin\theta)}{\partial\theta} = \frac{\partial(rE_\theta)}{\partial\phi} \tag{6.154}$$

の関係があることに注意しよう．これらの式はデバイポテンシャルを考えることによって自動的に満たされている．

---

[8] 3.5.1 項での表記には時間依存性が含まれているので，3.5.1 項の $i\omega u$ を u で，$-i\omega w$ を w で，置き換えれば式 (6.151) が得られる．

6.6.2　球面での境界条件

球の外部，内部での電場を

$$\boldsymbol{E} = \begin{cases} \boldsymbol{E}_{\mathrm{inc}} + \boldsymbol{E}_{\mathrm{sc}} & (r > R) \\ \boldsymbol{E}_{\mathrm{in}} & (r < R) \end{cases} \tag{6.155}$$

のようにおこう．境界条件は，球面で電場と磁場の接線成分が連続であれば良い．

$$\boldsymbol{E}_I^{\parallel} = \boldsymbol{E}_{II}^{\parallel}, \qquad \boldsymbol{H}_I^{\parallel} = \boldsymbol{H}_{II}^{\parallel} \tag{6.156}$$

球座標では，$E_\theta, E_\phi, H_\theta, H_\phi$ が連続であることに対応する．

境界条件を考えるために，電磁場をデバイポテンシャルを使ってあらわに書くと，

$$E_r = -\frac{i}{k}\left\{\frac{\partial^2(rw)}{\partial r^2} + k^2(rw)\right\} = -\frac{ic}{n\omega}\frac{\boldsymbol{L}^2}{r^2}(rw), \tag{6.157}$$

$$E_\theta = -\frac{i}{kr}\frac{\partial^2(rw)}{\partial r\partial\theta} + \frac{1}{r\sin\theta}\frac{\partial(ru)}{\partial\phi}, \tag{6.158}$$

$$E_\phi = -\frac{i}{k}\frac{1}{r\sin\theta}\frac{\partial^2(rw)}{\partial r\partial\phi} - \frac{1}{r}\frac{\partial(ru)}{\partial\theta}, \tag{6.159}$$

$$H_r = -\frac{ic}{nZ\omega}\left\{\frac{\partial^2(ru)}{\partial r^2} + k^2(ru)\right\} = -\frac{ic}{nZ\omega}\frac{\boldsymbol{L}^2}{r^2}(ru), \tag{6.160}$$

$$H_\theta = -\frac{ic}{nZ\omega}\frac{1}{r}\frac{\partial^2(ru)}{\partial r\partial\theta} - \frac{1}{Z}\frac{1}{r\sin\theta}\frac{\partial(rw)}{\partial\phi}, \tag{6.161}$$

$$H_\phi = -\frac{ic}{nZ\omega}\frac{1}{r\sin\theta}\frac{\partial^2(ru)}{\partial r\partial\phi} + \frac{1}{Z}\frac{1}{r}\frac{\partial(rw)}{\partial\theta} \tag{6.162}$$

となる．ここで n は屈折率，Z は特性インピーダンスを表す．境界条件をデバイポテンシャルが満たす条件として書き下すと，

$$ru, \ \frac{1}{nZ}\frac{\partial(ru)}{\partial r}, \ \frac{1}{Z}(rw), \ \frac{1}{n}\frac{\partial(rw)}{\partial r} \tag{6.163}$$

が $r = R$ で連続であることである [9]．

[9] 境界条件の導出においては，式 (6.157)〜式 (6.162) において，θ 微分や ϕ 微分の被微分関数が連続であれば，任意の θ, ϕ における θ 微分や ϕ 微分も連続であることを用いている．

念のために，$\boldsymbol{D}, \boldsymbol{B}$ の垂直成分の連続性を検討してみよう．

$$D_r = -\frac{ic}{Z\omega}\frac{\boldsymbol{L}^2}{r^2}(rw), \tag{6.164}$$

$$B_r = -\frac{i}{\omega}\frac{\boldsymbol{L}^2}{r^2}(ru) \tag{6.165}$$

より，境界条件は，

$$\frac{1}{Z}(rw),\ ru \tag{6.166}$$

が $r = R$ の連続である条件となる．この条件は，$\boldsymbol{E}, \boldsymbol{H}$ の接線成分の連続条件に含まれており，自動的に満たされることがわかる．

以下では，簡単のために，媒質や球に磁性はないものとする．この場合，特性インピーダンスは真空のインピーダンス $Z_0 = 376.7\,\Omega$ を使って $Z = \dfrac{Z_0}{n}$ と屈折率の逆数に比例するので，

$$ru,\ \frac{\partial(ru)}{\partial r},\ n(rw),\ \frac{1}{n}\frac{\partial(rw)}{\partial r} \tag{6.167}$$

が $r = R$ で連続であることが，境界条件となる．

6.6.3 部分波展開

図 6.10 のように，z 方向に進み，x 方向の直線偏光を有する平面波 $\boldsymbol{E}_{\rm inc} = E_0 e^{ikz}\hat{\boldsymbol{x}}$ が半径 R の球に入射する状況を考えよう．媒質は簡単のために，$n = 1$ とする．したがって，$k = \dfrac{\omega}{c}$ である．球ベッセル関数とルジャンドル関数を用いた平面波の部分波展開の公式

$$\exp(i\boldsymbol{k}\cdot\boldsymbol{r}) = \exp(ikr\cos\theta) = \sum_{l=0}^{\infty}(2l+1)i^l j_l(kr)P_l(\cos\theta) \tag{6.168}$$

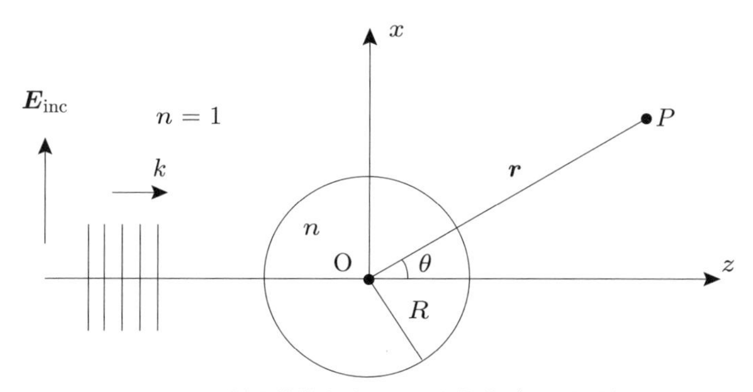

図 6.10 誘電体微小球による光散乱（ミー散乱）

を用いると，入射波を表すデバイポテンシャルは，

$$\begin{Bmatrix} u_{\rm inc} \\ w_{\rm inc} \end{Bmatrix} = E_0 \sum_{l=1}^{\infty} i^l \frac{2l+1}{l(l+1)} j_l(kr) P_l^1(\cos\theta) \begin{Bmatrix} \sin\phi \\ \cos\phi \end{Bmatrix} \tag{6.169}$$

となる[10)]．3.5.1項では，角度部分は球面調和関数で書いたが，ここでは角度部分をあらわにルジャンドル関数と $\sin\phi$, $\cos\phi$ を使って書いた．

球の内部の電磁波は同様に式(6.151)と式(6.169)を使って書くことができる．角 ϕ に対する依存性は対称性から同じであるべきなので，平面波と同様に $\sin\phi$, $\cos\phi$ の依存性となる．球面調和関数の性質から，ルジャンドル関数も $P_l^1(\cos\theta)$ が選ばれる．以上の議論から，球の内部の屈折率を n とすると，球内の電磁波 $\boldsymbol{E}_{\rm in}, \boldsymbol{B}_{\rm in}$ は以下のようにデバイポテンシャルを使って部分波展開できる．

$$\begin{Bmatrix} u_{\rm in} \\ w_{\rm in} \end{Bmatrix} = E_0 \sum_{l=1}^{\infty} i^l \frac{2l+1}{l(l+1)} \begin{Bmatrix} c_l \\ d_l \end{Bmatrix} j_l(nkr) P_l^1(\cos\theta) \begin{Bmatrix} \sin\phi \\ \cos\phi \end{Bmatrix} \tag{6.170}$$

ただし，TE球面波とTM球面波の割合は粒径や屈折率によるので，それぞれの成分の E_0 で規格化された振幅係数を c_l, d_l とおいた．

球によって散乱された電磁波 $\boldsymbol{E}_{\rm sc}, \boldsymbol{B}_{\rm sc}$ は，中心から放射される球面波となるはずなので，デバイポテンシャルの動径依存性は球ハンケル関数 $h_l^{(1)}(kr)$ で書けて，

$$\begin{Bmatrix} u_{\rm sc} \\ w_{\rm sc} \end{Bmatrix} = E_0 \sum_{l=1}^{\infty} i^l \frac{2l+1}{l(l+1)} \begin{Bmatrix} a_l \\ b_l \end{Bmatrix} h_l^{(1)}(kr) P_l^1(\cos\theta) \begin{Bmatrix} \sin\phi \\ \cos\phi \end{Bmatrix} \tag{6.171}$$

のように部分波展開される．ここで，a_l, b_l はTE球面波成分とTM球面波成分の E_0 で規格化された振幅係数である．

前項の式(6.167)の境界条件を $r = R$ の球面に対して適用する．ルジャンドル関数の正規直交性により，部分波成分すなわち l の値ごとに境界条件を適用すればよい．これにより，

$$j_l(kR) + a_l h_l^{(1)}(kR) = c_l j_l(nkR) \tag{6.172}$$

[10)] 導出においては式(6.168)の中の $P_l(\cos\theta)$ をルジャンドル関数がみたす微分方程式を用いて書き直し，それをルジャンドル陪関数の定義を用いて変形した後に L^2 オペレーターでくくるとよい．

$$(xj_l(x))'|_{x=kR} + a_l(xh_l^{(1)}(x))'|_{x=kR} = c_l(xj_l(x))'|_{x=nkR} \tag{6.173}$$

$$j_l(kR) + b_l h_l^{(1)}(kR) = nd_l j_l(nkR) \tag{6.174}$$

$$(xj_l(x))'|_{x=kR} + b_l(xh_l^{(1)}(x))'|_{x=kR} = \frac{1}{n}d_l(xj_l(x))'|_{x=nkR} \tag{6.175}$$

が得られる．ここで，

$$(xj_l(x))'|_{x=kR} := \frac{\partial}{\partial x}(xj_l(x))|_{x=kR} = \frac{\partial}{\partial r}(rj_l(kr))|_{r=R} \tag{6.176}$$

という記号を用いた．この4つの方程式は (a_l, c_l) と (b_l, d_l) に対する2つの連立1次方程式になっている．その解はクラメールの公式によって容易に得られる．

我々は散乱光に興味があるので，a_l, b_l に対する解をここでは示そう．

$$a_l = \frac{\begin{vmatrix} j_l(kR) & j_l(nkR) \\ (xj_l(x))'|_{x=kR} & (xj_l(x))'|_{x=nkR} \end{vmatrix}}{\begin{vmatrix} -h_l^{(1)}(kR) & j_l(nkR) \\ -(xh_l^{(1)}(x))'|_{x=kR} & (xj_l(x))'|_{x=nkR} \end{vmatrix}} \tag{6.177}$$

$$b_l = \frac{\begin{vmatrix} j_l(kR) & nj_l(nkR) \\ (xj_l(x))'|_{x=kR} & \frac{1}{n}(xj_l(x))'|_{x=nkR} \end{vmatrix}}{\begin{vmatrix} -h_l^{(1)}(kR) & nj_l(nkR) \\ -(xh_l^{(1)}(x))'|_{x=kR} & \frac{1}{n}(xj_l(x))'|_{x=nkR} \end{vmatrix}} \tag{6.178}$$

となる．よくある形に変形すると，

$$a_l = -\frac{j_l(nkR)(xj_l(x))'|_{x=kR} - j_l(kR)(xj_l(x))'|_{x=nkR}}{j_l(nkR)(xh_l^{(1)}(x))'|_{x=kR} - h_l^{(1)}(kR)(xj_l(x))'|_{x=nkR}} \tag{6.179}$$

$$b_l = -\frac{j_l(kR)(xj_l(x))'|_{x=nkR} - n^2 j_l(nkR)(xj_l(x))'|_{x=kR}}{h_l^{(1)}(kR)(xj_l(x))'|_{x=nkR} - n^2 j_l(nkR)(xh_l^{(1)}(x))'|_{x=kR}} \tag{6.180}$$

となる．

6.6.4 散乱断面積

ミー散乱の部分波展開された解が得られたので，遠方における散乱断面積を考えよう．式 (6.171) の中の球ハンケル関数は，十分遠方で，

$$h_l^{(1)}(x) \sim (-i)^{l+1}\frac{e^{ix}}{x} \tag{6.181}$$

のように近似される．式 (6.157) から式 (6.162) において，式 (6.171) を考えると，十分遠方で，電場の動径成分は r^{-2}，接線成分は r^{-1} のように振る舞うので，動径成分は十分小さく，散乱波は横波のように振る舞うことがわかる．遠方での散乱波の接線成分は,

$$E_\theta^{\mathrm{sc}} = -\,iE_0\frac{e^{ikr}}{kr}\sum_{l=1}^{\infty}\frac{2l+1}{l(l+1)}\cos\phi\left\{\frac{P_l^1(\cos\theta)}{\sin\theta}a_l+\frac{dP_l^1(\cos\theta)}{d\theta}b_l\right\} \tag{6.182}$$

$$E_\phi^{\mathrm{sc}} = iE_0\frac{e^{ikr}}{kr}\sum_{l=1}^{\infty}\frac{2l+1}{l(l+1)}\sin\phi\left\{\frac{dP_l^1(\cos\theta)}{d\theta}a_l+\frac{P_l^1(\cos\theta)}{\sin\theta}b_l\right\} \tag{6.183}$$

$$H_\theta^{\mathrm{sc}} = -\,\frac{1}{Z_0}E_\phi \tag{6.184}$$

$$H_\phi^{\mathrm{sc}} = \frac{1}{Z_0}E_\theta \tag{6.185}$$

となる．ルジャンドル関数の部分を慣例に従って

$$\pi_l(\cos\theta) = \frac{P_l^1(\cos\theta)}{\sin\theta} \tag{6.186}$$

$$\tau_l(\cos\theta) = \frac{dP_l^1(\cos\theta)}{d\theta} \tag{6.187}$$

とおき，散乱振幅を,

$$S_1(\theta) = \sum_{l=1}^{\infty}\frac{2l+1}{l(l+1)}\{a_l\pi_l(\cos\theta)+b_l\tau_l(\cos\theta)\} \tag{6.188}$$

$$S_2(\theta) = \sum_{l=1}^{\infty}\frac{2l+1}{l(l+1)}\{a_l\tau_l(\cos\theta)+b_l\pi_l(\cos\theta)\} \tag{6.189}$$

と定義する．電場は散乱振幅によって次のように簡単に書ける．

$$E_\theta^{\mathrm{sc}} = -iE_0\frac{e^{ikr}}{kr}S_1(\theta)\cos\phi \tag{6.190}$$

$$E_\phi^{\mathrm{sc}} = iE_0\frac{e^{ikr}}{kr}S_2(\theta)\sin\phi \tag{6.191}$$

本章の最初で見たように，散乱波がこのような球面波で書ける場合は式 (6.114) もしくは式 (6.51) によって，微分散乱断面積は次のように与えられる．

$$\frac{d\sigma_{\mathrm{sc}}}{d\Omega} = \frac{1}{k^2}\left[|S_1(\theta)|^2\cos^2\phi+|S_2(\theta)|^2\sin^2\phi\right] \tag{6.192}$$

全散乱断面積は，立体角 $d\Omega=\sin\theta d\theta d\phi$ で積分を行うことによって得られる．公式,

$$\int_0^{\pi}\left\{\frac{m^2}{\sin\theta}P_n^m(\cos\theta)P_l^m(\cos\theta)+\sin\theta\frac{d}{d\theta}P_n^m(\cos\theta)\frac{d}{d\theta}P_l^m(\cos\theta)\right\}d\theta$$

$$= \begin{cases} 0 & n \neq l \\ \frac{2(n+m)!n(n+1)}{(n-m)!(2n+1)} & n = l \end{cases} \tag{6.193}$$

および

$$\int_0^{2\pi} \sin^2 \phi d\phi = \int_0^{2\pi} \cos^2 \phi d\phi = \pi \tag{6.194}$$

を使うと，

$$\int_0^{\pi} (\pi_l(\cos\theta)\tau_{l'}(\cos\theta) + \pi_{l'}(\cos\theta)\tau_l(\cos\theta)) \sin\theta d\theta = 0 \tag{6.195}$$

$$\int_0^{\pi} (\pi_l(\cos\theta)\pi_{l'}(\cos\theta) + \tau_l(\cos\theta)\tau_{l'}(\cos\theta)) \sin\theta d\theta = \begin{cases} 0 & l \neq l' \\ \frac{2l^2(l+1)^2}{2l+1} & l = l' \end{cases} \tag{6.196}$$

の関係式が得られる．これらを使うと，最終的に全散乱断面積は

$$Q^{\text{sc}} = \frac{2\pi}{k^2} \sum_{l=1}^{\infty} (2l+1)(|a_l|^2 + |b_l|^2) \tag{6.197}$$

となる．球の断面積で割り算して無次元化すると，

$$\overline{Q^{\text{sc}}} = \frac{\sigma^{\text{sc}}}{\pi R^2} = \frac{2}{k^2 R^2} \sum_{l=1}^{\infty} (2l+1)(|a_l|^2 + |b_l|^2) \tag{6.198}$$

が得られる．Q^{sc} の具体的な例は章末コラムで紹介した．

6.6.5 減衰断面積と吸収断面積

前項では散乱断面積を得たが，入射光が球による散乱や吸収によってどのくらい減衰 (Extinction) したかを断面積の形で示そう．この断面積 Q^{ext} は，球の吸収断面積 Q^{abs}，散乱断面積 Q^{sc} の間に，

$$Q^{\text{ext}} = Q^{\text{sc}} + Q^{\text{abs}} \tag{6.199}$$

の関係がある．

入射光の減衰を見積もるために，$+z$ 方向の遠方での電場を評価しよう．入射光の偏光は x 方向としてきたので，電場の x 偏光成分だけを考えれば良い．したがって，散乱光の遠方での電場は以下のように書ける．

$$E_x^{\text{sc}} = E_\theta^{\text{sc}} \cos\theta \cos\phi - E_\phi^{\text{sc}} \sin\phi \tag{6.200}$$

$$= -iE_0 \frac{e^{ikr}}{kr}(S_1(\theta)\cos\theta\cos^2\phi + S_2(\theta)\sin^2\phi) \tag{6.201}$$

$+z$ 方向なので，$\theta = 0$ とし，z 軸に近い部分だけを評価すると，分母の r を z に，指数関数の中を $r = z\sqrt{1 + \left(\frac{x}{z}\right)^2 + \left(\frac{y}{z}\right)^2} \sim z + \frac{(x^2+y^2)}{2z}$ と近似できる．したがって，

$$E_x^{\rm sc} = -iE_0 \frac{e^{ikz+ik\frac{(x^2+y^2)}{2z}}}{kz}(S_1(0)\cos^2\phi + S_2(0)\sin^2\phi) \tag{6.202}$$

である．減衰した入射光のポインティングベクトルは $(E_x H_y^*)$ を計算すればよいので

$$\begin{aligned}&(E_x^{\rm inc} + E_x^{\rm sc})(E_x^{\rm inc} + E_x^{\rm sc})^* \\ \sim&|E_0|^2\left(1 + \frac{2}{kz}{\rm Re}\left(ie^{-ik\frac{(x^2+y^2)}{2z}}(S_1(0)\cos^2\phi + S_2(0)\sin^2\phi)\right)\right)\end{aligned} \tag{6.203}$$

に比例する[11]．ここで，$\theta = 0$ の場合の $\pi_l(\cos\theta)$, $\tau_l(\cos\theta)$ を評価しよう．ルジャンドル関数の微分方程式

$$(1 - x^2)\frac{d^2P_l(x)}{dx^2} - 2x\frac{dP_l(x)}{dx} + l(l+1)P_l(x) = 0 \tag{6.204}$$

を考慮すると，

$$\pi_l(\cos\theta) = \frac{P_l^1(\cos\theta)}{\sin\theta} = \left.\frac{dP_l(x)}{dx}\right|_{x=\cos\theta} \tag{6.205}$$

$$\begin{aligned}\tau_l(\cos\theta) &= \frac{dP_l^1(\cos\theta)}{d\theta} = -\left.\frac{dP_l^1(x)}{dx}\right|_{x=\cos\theta}\sin\theta \\ &= -(1-x^2)\frac{d^2P_l(x)}{dx^2} + x\frac{dP_l(x)}{dx}\end{aligned} \tag{6.206}$$

となる．$\theta = 0$ の場合は $x = \cos\theta = 1$ の場合を考えることになる．式 (6.204)〜(6.206)から

$$\pi_l(1) = \tau_l(1) = \frac{1}{2}l(l+1) \tag{6.207}$$

が得られるので，

$$S_1(0) = S_2(0) = \frac{1}{2}\sum_{l=1}^{\infty}(2l+1)(a_l + b_l) \tag{6.208}$$

---

[11] $kz \gg 1$ より $1/(kz)$ の項までで近似している．

となる．

以上から，

$$
\begin{aligned}
&(E_x^{\mathrm{inc}} + E_x^{\mathrm{sc}})(E_x^{\mathrm{inc}} + E_x^{\mathrm{sc}})^* \\
&\sim E_0^2 \left(1 + \frac{2}{kz}\mathrm{Re}\left(ie^{-ik\frac{x^2+y^2}{2z}} S_1(0)\right)\right)
\end{aligned}
\tag{6.209}
$$

となる．減衰を表すのは，式 (6.209) の第 2 項に (-1) をかけたものである．$z \gg x, y$ が成り立つとし，z 軸に垂直な面で，z 軸を含む適当な領域で積分することを考える．$[-D_x, D_x], [-D_y, D_y]$ の範囲の矩形領域の積分とすると，減衰断面積は

$$
\begin{aligned}
Q^{\mathrm{ext}} &= -\frac{2}{kz}\int_{-D_x}^{D_x}\int_{-D_y}^{D_y} dxdy\mathrm{Re}\left(ie^{-ik\frac{x^2+y^2}{2z}} S_1(0)\right) \\
&= -\frac{4\pi}{k^2}\mathrm{Re}(S_1(0))
\end{aligned}
\tag{6.210}
$$

となる．式 (6.210) のなかの積分は $D_x \to \infty$, $D_y \to \infty$ の極限でフレネル積分

$$
\int_0^{\infty} \sin t^2 dt = \int_0^{\infty} \cos t^2 dt = \sqrt{\frac{\pi}{8}} \tag{6.211}
$$

を用いると

$$
\int_{-D_x}^{D_x}\int_{-D_y}^{D_y} dxdy\, e^{-ik\frac{x^2+y^2}{2z}} \sim \frac{2\pi z}{ik}
$$

となることを使って求めた．

この近似のもとで，

$$
Q^{\mathrm{ext}} = \frac{-2\pi}{k^2}\sum_{l=1}^{\infty}(2l+1)\mathrm{Re}[a_l + b_l] \tag{6.212}
$$

が得られる．数値計算の結果，球の屈折率が実数であるときは $Q^{\mathrm{ext}} = Q^{\mathrm{sc}}$ となり，$Q^{\mathrm{abs}} = 0$ であることを確かめることができる．屈折率に虚部が現れると Q^{abs} の値は急激に大きくなる．金属ナノ微粒子では，このような屈折率の虚部が光の吸収と散乱過程に大きな役割を果たしていることが知られている．

§6.7 時間・空間揺らぎがある物体からの光散乱

これまで扱ってきた光散乱の問題においては，散乱体に空間的な揺らぎ（不均一性）はあっても，時間的には一定であった．しかし，実際の物体は物質固

有のモード（フォノン，マグノンなど）によって時間的に揺らいでいることから，光散乱にもその揺らぎが直接反映される．本項では，散乱体の誘電率が空間だけでなく時間的にも揺らいでいる場合の光散乱の問題を考えよう．散乱光の振動数が入射光から変化するような非弾性過程の問題に適用可能である．簡単のために，磁性はないものとする．

6.7.1　ボルン近似

自由な電荷や電流は存在せず，誘電率の揺らぎを持つ物体は原点近傍に局在しているものとしよう．マクスウェル方程式

$$\nabla \cdot \boldsymbol{D} = 0,\ \ \nabla \cdot \boldsymbol{B} = 0,\ \ \nabla \times \boldsymbol{E} = -\frac{\partial \boldsymbol{B}}{\partial t},\ \ \nabla \times \boldsymbol{H} = \frac{\partial \boldsymbol{D}}{\partial t} \tag{6.213}$$

を満たす場は，入射波 $\boldsymbol{E}_i$，$\boldsymbol{D}_i$，$\boldsymbol{H}_i$，$\boldsymbol{B}_i$ と散乱光 $\boldsymbol{E}_{\rm sc}$，$\boldsymbol{D}_{\rm sc}$，$\boldsymbol{H}_{\rm sc}$，$\boldsymbol{B}_{\rm sc}$ の和である．すなわち，

$$\boldsymbol{E} = \boldsymbol{E}_i + \boldsymbol{E}_{\rm sc},\ \ \boldsymbol{D} = \boldsymbol{D}_i + \boldsymbol{D}_{\rm sc},\ \ \boldsymbol{H} = \boldsymbol{H}_i + \boldsymbol{H}_{\rm sc},\ \ \boldsymbol{B} = \boldsymbol{B}_i + \boldsymbol{B}_{\rm sc} \tag{6.214}$$

ここで，散乱光 $\boldsymbol{E}_{\rm sc}$ は小さいと考えて，6.5.1 項で扱ったように，散乱光の場を原点近傍の誘電率揺らぎについての逐次近似（ボルン展開）で解くことにしよう．比誘電率は ϵ_r に近い範囲で空間的，時間的に揺らいでいるものとする．すなわち，

$$\epsilon(\boldsymbol{r}, t) = \epsilon_0(\epsilon_r + \delta\epsilon(\boldsymbol{r}, t)) \tag{6.215}$$

$$\langle \epsilon(\boldsymbol{r}, t) \rangle = \epsilon_0 \epsilon_r \tag{6.216}$$

$$\langle \delta\epsilon(\boldsymbol{r}, t) \rangle = 0 \tag{6.217}$$

とする．$\langle\ \rangle$ は統計平均を表す．ここで大事なのは，誘電率の時間依存性は第2章で見たような因果律や応答に関わるものではなく，入射光の角振動数 ω_i の逆数に比べて，長い時間スケールで変化するものとする．この場合，誘電率の時間変化は即時応答として扱うことができる．すなわち，$\boldsymbol{D}$ と $\boldsymbol{E}$ の間は時間に関する畳み込み積分で結ばれているのではなく，時間依存する誘電率を係数として結ばれているとする．

第 0 近似

第 0 近似では $\delta\epsilon(\boldsymbol{r},t)=0$ とし，入射光がマクスウェル方程式を満たしているとする．

$$\nabla\cdot\boldsymbol{D}_i=0,\ \ \nabla\cdot\boldsymbol{B}_i=0,\ \ \nabla\times\boldsymbol{E}_i=-\frac{\partial\boldsymbol{B}_i}{\partial t},\ \ \nabla\times\boldsymbol{H}_i=\frac{\partial\boldsymbol{D}_i}{\partial t} \tag{6.218}$$

また，場 $\boldsymbol{D}_i,\boldsymbol{H}_i$ と場 $\boldsymbol{E}_i,\boldsymbol{B}_i$ の間の関係は,

$$\boldsymbol{D}_i=\epsilon_0\epsilon_r\boldsymbol{E}_i,\ \ \boldsymbol{B}_i=\mu_0\boldsymbol{H}_i \tag{6.219}$$

で与えられる．誘電率の空間依存性がないことから,

$$\nabla\times\boldsymbol{\nabla}\times\boldsymbol{E}_i=-\mu_0\frac{\partial^2\boldsymbol{D}_i}{\partial t^2},\ \ \nabla^2\boldsymbol{E}_i-\frac{\epsilon_r}{c^2}\frac{\partial^2\boldsymbol{E}_i}{\partial t^2}=0,\ \ k_i=\frac{\sqrt{\epsilon_r}}{c}\omega_i$$

が成り立つ.

第 1 近似

平面波の入射に関して，誘電率の揺らぎを摂動として 1 次まで取り込んで計算する．全体の場について,

$$\nabla\times\boldsymbol{\nabla}\times\boldsymbol{E}=-\mu_0\frac{\partial^2\boldsymbol{D}}{\partial t^2}$$

が成立し，第 0 近似で $\boldsymbol{E}_i$ の成分に関しても同様の等式が成立するので,

$$\nabla\times\boldsymbol{\nabla}\times\boldsymbol{E}_{\mathrm{sc}}=-\mu_0\frac{\partial^2\boldsymbol{D}_{\mathrm{sc}}}{\partial t^2} \tag{6.220}$$

が成立する．ここで

$$\begin{aligned}\boldsymbol{D}&=\epsilon(\boldsymbol{r},t)\boldsymbol{E}=\epsilon_0(\epsilon_r+\delta\epsilon(\boldsymbol{r},t))(\boldsymbol{E}_i+\boldsymbol{E}_{\mathrm{sc}})\\&=\epsilon_0\epsilon_r\boldsymbol{E}_i+\epsilon_0\epsilon_r\boldsymbol{E}_{\mathrm{sc}}+\epsilon_0\delta\epsilon(\boldsymbol{r},t)\boldsymbol{E}_i+\epsilon_0\delta\epsilon(\boldsymbol{r},t)\boldsymbol{E}_{\mathrm{sc}}\end{aligned}$$

である．$\boldsymbol{E}_{\mathrm{sc}}$ は $\delta\epsilon$ による散乱成分なので少なくとも $\delta\epsilon$ の 1 次であることを考えると，最後の項は $\delta\epsilon$ の 2 次以上となるので無視できる．第 0 近似の結果を合わせると,

$$\begin{aligned}\boldsymbol{D}_{\mathrm{sc}}&=\epsilon_0\epsilon_r\boldsymbol{E}_{\mathrm{sc}}+\epsilon_0\delta\epsilon(\boldsymbol{r},t)\boldsymbol{E}_i\\\boldsymbol{E}_{\mathrm{sc}}&=\frac{1}{\epsilon_0\epsilon_r}\boldsymbol{D}_{\mathrm{sc}}-\frac{\delta\epsilon(\boldsymbol{r},t)}{\epsilon_r}\boldsymbol{E}_i\end{aligned} \tag{6.221}$$

が得られる．この結果を式 (6.220) に代入すると，

$$\nabla^2 \boldsymbol{D}_{\rm sc} - \frac{\epsilon_r}{c^2}\frac{\partial^2 \boldsymbol{D}_{\rm sc}}{\partial t^2} = -\boldsymbol{\nabla}\times\boldsymbol{\nabla}\times\{\epsilon_0\delta\epsilon(\boldsymbol{r},t)\boldsymbol{E}_i\} \tag{6.222}$$

が成り立つ．ここで，6.5.1 項と同様にヘルツベクトル $\boldsymbol{\Pi}_e$

$$\boldsymbol{D}_{\rm sc} = \boldsymbol{\nabla}\times\boldsymbol{\nabla}\times\boldsymbol{\Pi}_e \tag{6.223}$$

を導入すると，

$$\nabla^2 \boldsymbol{\Pi}_e - \frac{\epsilon_r}{c^2}\frac{\partial^2 \boldsymbol{\Pi}_e}{\partial t^2} = -\epsilon_0\delta\epsilon(\boldsymbol{r},t)\boldsymbol{E}_i \tag{6.224}$$

が得られる．

5.1 節で行ったように，この微分方程式は遅延ポテンシャルを用いて解くことができる．

$$\boldsymbol{\Pi}_e(\boldsymbol{R},t) = \frac{1}{4\pi}\int \frac{\epsilon_0\delta\epsilon(\boldsymbol{r},t')\boldsymbol{E}_i(\boldsymbol{r},t')}{|\boldsymbol{R}-\boldsymbol{r}|}d^3\boldsymbol{r} \tag{6.225}$$

$$t' = t - \frac{\sqrt{\epsilon_r}}{c}|\boldsymbol{R}-\boldsymbol{r}| \tag{6.226}$$

これを用いて，

$$\boldsymbol{D}_{\rm sc}(\boldsymbol{R},t) = \boldsymbol{\nabla}_{\boldsymbol{R}}\times\boldsymbol{\nabla}_{\boldsymbol{R}}\times\left[\frac{1}{4\pi}\int \frac{\epsilon_0\delta\epsilon(\boldsymbol{r},t')\boldsymbol{E}_i(\boldsymbol{r},t')}{|\boldsymbol{R}-\boldsymbol{r}|}d^3\boldsymbol{r}\right] \tag{6.227}$$

が得られる．

6.7.2　遠方での散乱場

電場 $\boldsymbol{E}_{\rm sc}$ は $\boldsymbol{D}_{\rm sc}$ からの寄与と式 (6.221) の右辺第 2 項からの寄与がある．しかし，散乱体は原点付近に局在しているので，観測点では $\delta\epsilon = 0$ であり，第 2 項は無視することができる．

入射光を平面波とし，$\boldsymbol{E}_i = E_0\hat{\boldsymbol{e}}_0 e^{i\boldsymbol{k}_i\cdot\boldsymbol{r}}$ とする．ここで，$\hat{\boldsymbol{e}}_0$ は入射光偏光の単位ベクトル，E_0 は入射光の電場振幅である．

$$\begin{aligned}\boldsymbol{E}_{\rm sc}(\boldsymbol{R},t) &= \boldsymbol{\nabla}_{\boldsymbol{R}}\times\boldsymbol{\nabla}_{\boldsymbol{R}}\times\left[\frac{1}{4\pi\epsilon_r}\int \frac{\delta\epsilon(\boldsymbol{r},t')\boldsymbol{E}_i(\boldsymbol{r},t')}{|\boldsymbol{R}-\boldsymbol{r}|}d^3\boldsymbol{r}\right]\\ &= \boldsymbol{\nabla}_{\boldsymbol{R}}\times\boldsymbol{\nabla}_{\boldsymbol{R}}\times\left[\frac{E_0}{4\pi\epsilon_r}\int \frac{(\delta\epsilon(\boldsymbol{r},t'):\hat{\boldsymbol{e}}_0)}{|\boldsymbol{R}-\boldsymbol{r}|}e^{i\boldsymbol{k}_i\cdot\boldsymbol{r}-i\omega_i t'}d^3\boldsymbol{r}\right]\end{aligned}$$

これまで $\delta\epsilon$ はスカラーとして扱ってきたが，物質に異方性があると2階のテンソル量になることから，これを取り入れた．すなわち，

$$\sum_j \delta\epsilon_{ij} E_j(\boldsymbol{r}, t) \to (\delta\epsilon(\boldsymbol{r}, t) : \hat{\boldsymbol{e}}_0)_i E_0$$

と書いて，以下では $\delta\epsilon$ は2階のテンソルとして扱う．

ここで，誘電率揺らぎテンソル $\delta\epsilon(\boldsymbol{r}, t')$ の時間フーリエ変換を考える．

$$\delta\epsilon(\boldsymbol{r}, t') = \frac{1}{2\pi} \int d\omega \delta\epsilon(\boldsymbol{r}, \omega) e^{-i\omega t'} \tag{6.228}$$

指数関数の中の $|\boldsymbol{R} - \boldsymbol{r}|$ に関して遠方近似を行い，遅延時間を以下のように書き換える．

$$|\boldsymbol{R} - \boldsymbol{r}| \sim R - \boldsymbol{r} \cdot \hat{\boldsymbol{k}}_s \tag{6.229}$$

$$\hat{\boldsymbol{k}}_s = \frac{\boldsymbol{R}}{|\boldsymbol{R}|} \tag{6.230}$$

$$t' = t - \frac{\sqrt{\epsilon_r}}{c} (\boldsymbol{R} - \boldsymbol{r}) \cdot \hat{\boldsymbol{k}}_s \tag{6.231}$$

また，散乱波に関するいくつかの記号を導入する．

$$\omega_s = \omega_i + \omega \tag{6.232}$$

$$\boldsymbol{k}_s = \frac{\sqrt{\epsilon_r}}{c} (\omega_i + \omega) \hat{\boldsymbol{k}}_s = \frac{\sqrt{\epsilon_r}}{c} \omega_s \hat{\boldsymbol{k}}_s \tag{6.233}$$

$$\boldsymbol{q} = \boldsymbol{k}_i - \boldsymbol{k}_s \tag{6.234}$$

これらの置き換えにより，

$$\begin{aligned}\boldsymbol{E}_{\mathrm{sc}}(\boldsymbol{R}, t) = &\frac{E_0}{4\pi\epsilon_r} \frac{1}{2\pi} \boldsymbol{\nabla}_{\boldsymbol{R}} \times \boldsymbol{\nabla}_{\boldsymbol{R}} \\ &\times \left\{ \int d\omega \int d^3\boldsymbol{r} \frac{e^{ik_s R}}{R} e^{-i\omega_s t} e^{i\boldsymbol{q} \cdot \boldsymbol{r}} \times (\delta\epsilon(\boldsymbol{r}, \omega) : \hat{\boldsymbol{e}}_0) \right\}\end{aligned}$$

が得られる．$e^{ik_s R}$ の中の k_s には ω 依存性があるが，$\delta\epsilon(\boldsymbol{r}, \omega)$ が ω_i より十分小さい周波数域で揺らいでいると考えると，一定として積分の外に出すことができる．また，積分変数を $\omega_s = \omega + \omega_i$ に置き換え，$d\omega = d\omega_s$ とすると，

$$\boldsymbol{E}_{\mathrm{sc}}(\boldsymbol{R}, t) = \frac{E_0}{4\pi\epsilon_r} \frac{1}{2\pi} \boldsymbol{\nabla}_{\boldsymbol{R}} \times \boldsymbol{\nabla}_{\boldsymbol{R}} \times \left\{ \frac{e^{ik_s R}}{R} \int d\omega_s \int d^3\boldsymbol{r} \right.$$

$$\times e^{-i\omega_s t+i\boldsymbol{q}\cdot\boldsymbol{r}}(\delta\epsilon(\boldsymbol{r},\omega_s-\omega_i):\hat{\boldsymbol{e}}_0)\Bigg\}$$

となる．ここで誘電率揺らぎの空間フーリエ成分

$$\delta\tilde{\epsilon}(\boldsymbol{q},\omega_s-\omega_i)=\int d^3\boldsymbol{r}e^{i\boldsymbol{q}\cdot\boldsymbol{r}}\delta\epsilon(\boldsymbol{r},\omega_s-\omega_i)$$

を定義し，$\boldsymbol{E}_{\mathrm{sc}}$ の ω_s フーリエ成分を取り出すと，

$$\widetilde{\boldsymbol{E}}_{\mathrm{sc}}(\boldsymbol{R},\omega_s)=\frac{E_0}{4\pi\epsilon_r}\boldsymbol{\nabla}_{\boldsymbol{R}}\times\boldsymbol{\nabla}_{\boldsymbol{R}}\times\left\{\frac{e^{ik_sR}}{R}\delta\tilde{\epsilon}(\boldsymbol{q},\omega_s-\omega_i):\hat{\boldsymbol{e}}_0\right\} \tag{6.235}$$

が得られる．

ここで，$\hat{\boldsymbol{e}}_s$ を $\boldsymbol{E}_{\mathrm{sc}}$ 方向の単位ベクトルとする．すなわち，

$$\begin{cases}\hat{\boldsymbol{e}}_s\cdot\boldsymbol{k}_s=0\\ \boldsymbol{E}_{\mathrm{sc}}=E_{\mathrm{sc}}\hat{\boldsymbol{e}}_s\end{cases}$$

とすると，

$$\widetilde{\boldsymbol{E}}_{\mathrm{sc}}(\boldsymbol{R},\omega_s)=\hat{\boldsymbol{e}}_s\frac{k_s^2}{4\pi\epsilon_r}\frac{e^{ik_sR}}{R}\delta\tilde{\epsilon}_{\mathrm{si}}(\boldsymbol{q},\omega_s-\omega_i) \tag{6.236}$$

が得られる．ここで

$$\delta\tilde{\epsilon}_{\mathrm{si}}(\boldsymbol{q},\omega_s-\omega_i)=\hat{\boldsymbol{e}}_s\cdot\delta\tilde{\epsilon}(\boldsymbol{q},\omega_s-\omega_i):\hat{\boldsymbol{e}}_0 \tag{6.237}$$

は誘電率揺らぎテンソルの射影成分の空間・時間フーリエ変換である．これは，6.5.2 項で現れた分極の空間フーリエ変換に対応するものである．散乱光は6.5.2 項と同様に，遠方で球面波として振る舞っていることがわかる．もし，$\delta\tilde{\epsilon}_{\mathrm{si}}(\boldsymbol{q},\omega)$ が，ある角振動数 ω_0 で大きな値をとっていたとすると，入射光の角振動数 ω_i から ω_0 だけ周波数シフトした $\omega_s=\omega_i+\omega_0$ の光が強く散乱されることになる．

式 (6.236) を使って逆フーリエ変換をすると，

$$\widetilde{\boldsymbol{E}}_{\mathrm{sc}}(\boldsymbol{R},t)=\hat{\boldsymbol{e}_s}\frac{E_0k_s^2}{4\pi\epsilon_r}\frac{e^{ik_sR}}{R}e^{-i\omega_i t}\delta\epsilon_{\mathrm{si}}(q,t) \tag{6.238}$$

が得られる．ただし，

$$\delta\epsilon_{\mathrm{si}}(q,t)=\frac{1}{2\pi}\int\delta\tilde{\epsilon}_{\mathrm{si}}(\boldsymbol{q},\omega)e^{-i\omega t}dw \tag{6.239}$$

である．

このようにして我々は散乱光の周波数の変化を知ることによって，どのような誘電率揺らぎが散乱体にあるか見積もることができる．たとえば，固体や液体中の振動モードは誘電率に時間変調をもたらすと考えられる．「ラマン散乱」と呼ばれる分光法は，まさにこの点に注目して，固体や液体中の振動モードの情報を得る手法である．その場合，誘電率揺らぎテンソルの空間フーリエ変換は，偏光選択則を与えるものであり，ラマンテンソルと呼ばれる[12)]．

6.7.3 時間揺らぎがある場合の散乱光のパワースペクトル

ここで扱っている誘電率揺らぎは，多くの場合，時間発展を決めることができるようなものではなく，統計的な性質だけを知ることができる場合が多い．以下のウィナー・キンチン定理を使うと，散乱光強度のスペクトルを揺らぎの統計的な性質を用いて表すことができる．

交流場 $\boldsymbol{E}(t)$ のエネルギー流の周波数依存性（パワースペクトル）はその自己相関関数の時間フーリエ変換によって与えられる．これをウィナー・キンチン定理と呼ぶ．自己相関関数 $C(t)$ は

$$C(t) = \langle \boldsymbol{E}^*(t+t_0) \cdot \boldsymbol{E}(t_0) \rangle_{t_0} - |\langle \boldsymbol{E} \rangle^2| = \langle \boldsymbol{E}^*(t+t_0) \cdot \boldsymbol{E}(t_0) \rangle_{t_0} \tag{6.240}$$

$$= \lim_{T \to \infty} \frac{1}{T} \int_0^T \boldsymbol{E}(t+s) \boldsymbol{E}^*(s) ds \tag{6.241}$$

で与えられることから，パワースペクトルは

$$I(\omega_s) = \frac{1}{Z} \int_{-\infty}^{\infty} C(t) e^{i\omega_s t} dt \tag{6.242}$$

となる．ここで Z は特性インピーダンスである．前項の $\boldsymbol{E}_{\mathrm{sc}}$ に対して，これを用いると，

$$I_{\mathrm{sc}}(\boldsymbol{q}, \omega_s) = \frac{I_0}{8\pi^2 R^2} \left(\frac{\omega_s^4}{c^4} \right) \times \int_{-\infty}^{\infty} dt \langle \delta\epsilon_{\mathrm{si}}^*(\boldsymbol{q}, t) \delta\epsilon_{\mathrm{si}}(\boldsymbol{q}, 0) \rangle_t e^{i(\omega_s - \omega_i)t} \tag{6.243}$$

が得られる．ここで，I_0 は入射光の強度 $I_0 = \dfrac{1}{2Z} E_0^2$ であり，遠方では大気中とし，$\epsilon_r = 1$ とした．$I_{\mathrm{sc}}(\boldsymbol{q}, \omega_s)$ は単位周波数あたりの光強度の次元をもち $\boldsymbol{q}$

12) 散乱光強度を正確に見積もるためには，量子力学が必要になる．

だけ向きがかわった方向に散乱された光のスペクトル分布を与えることになる．前項で述べた「ラマン散乱」も古典的にはこの表式で記述されることになる．

以上から，透電率が時間内に揺らいでいるような物体からの散乱光のパワースペクトルは，誘電率揺らぎの自己相関関数のフーリエ変換で与えられる．レーリー散乱と同様に振動数の4乗に比例しており，誘電率揺らぎによる散乱の場合も，可視域では赤色より青色の光源を用いて実験する方が一桁強い散乱強度が得られる．

□章末コラム　ミー散乱の全散乱断面積

図6.11に屈折率$n = 1.33$の球の場合の全散乱断面積$Q^{\rm sc}$を示す．横軸はkRであり，0から増加し，$kR \sim 6.3$で最大値を取った後，大きい値のkRで2に収束していくことがわかる．詳しく解析すると，$kR < 1$においては，kRの4乗に比例して増加しており，レーリー散乱の結果と同じであることがわかる．これは，波長よりずっと小さい粒子に対しては短波長の光のほうが効率的に散乱されることを意味している．実際，ミー散乱の結果の長波長近似($kR < 1$)はレーリー散乱に一致することを示すことができる．これは，読者の良い演習となるだろう．

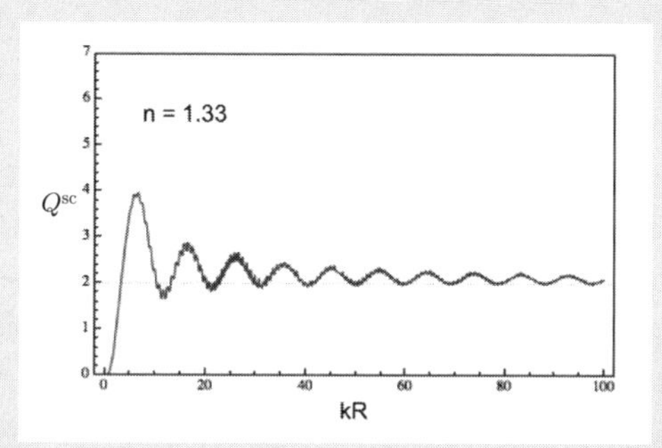

図6.11　$n = 1.33$の誘電体球に対するミー散乱の全散乱断面積

一方，最大値を与える$kR \sim 6.3$は真空中の光の波長をλとすると，$\lambda \sim R$を意味しており，全散乱断面積は粒径程度の波長で最大値となり，それより短波長（大きい波数）では，ほぼ一定値となることがわかる．雲の中には数から数十μmの水の液滴が存在していることから，雲によるミー散乱の全散乱断面積は可視域$(0.4 \sim 0.7\,\mu{\rm m})$でほぼ一定であることがわかる．これが雲が白く見える理由である．成分無調整の牛乳が白い原因も脂肪球によるものである．火星は地球から見ると赤く見える惑星である．外から赤く見えるだけでなく，最新のNASAの観測結果だと，火星の地上から見る空も赤いことが知られている．さらに，火星の「夕焼け」は赤ではなく青いことも知られている．さらに，火星表面での気圧は平均750パスカルであり，地球の海面上の平均である101.3キロパスカルのおよそ0.75パーセントしかないことが知られている．空気中の分子の密度が低いことから，大気によるレーリー散乱が地球に比べれば弱い．現在で最も有力な説の一つが，気圧が低いために火星の大気には大量の微小な「塵」が漂っており，その塵によるミー散乱の極大がちょうど赤にあるために赤色に見えるというものである．

`http://www.nasa.gov/mission_pages/msl/images/index.html`

を見ると良い．

《著 者》

§6 の章末問題

問題 1　真空中を伝わる平面波の電磁場の場合には，スカラー場のエネルギー流とエネルギー密度の扱いが妥当である．z 方向に進む電磁場のベクトルポテンシャルをクーロンゲージで $\boldsymbol{A} = (A_0 \sin(kz - \omega t), 0, 0)$ とする．

$$V(\boldsymbol{r}, t) = A_x = A_0 \sin(kz - \omega t)$$

とおくとき，以下の量を計算せよ．

(1) スカラー場 V の 1 周期での時間平均エネルギー流を式 (6.30) を用いて求めよ．

(2) スカラー場 V の 1 周期での時間平均エネルギー密度を式 (6.31) を用いて求めよ．

(3) 電磁場を上のベクトルポテンシャルを用いて求め，その時間平均ポインティングベクトルと時間平均エネルギー密度を計算し，スカラー場の場合と比較せよ．また，式 (6.30) と式 (6.31) の中の α を決定せよ．

問題 2　式 (6.77) が成り立つことを示せ．

ヒント：ヤコビ・ポアンカレの展開式

$$e^{iz\cos\theta} = \sum_{-\infty}^{\infty} J_m(z) i^m e^{im\theta} \tag{6.244}$$

と，

$$\frac{d}{dx}\left[x^n J_n(x)\right] = x^n J_{n-1}(x) \tag{6.245}$$

を積分形で表した

$$x^n J_n(x) = \int x^n J_{n-1}(x) dx \tag{6.246}$$

を用いよ．

問題 3　（ボルン近似のもとでの誘電体球の光散乱）ボルン近似のもとで，均一でロスのない感受率 χ をもつ半径 R の誘電体微小球による光散乱を考える．入射光を $\boldsymbol{E}(\boldsymbol{r}, t) = E_0 \hat{\boldsymbol{e}_0} \exp(ik\hat{\boldsymbol{k}}_0 \cdot \boldsymbol{r} - i\omega t)$ とする．ここで，$\hat{\boldsymbol{e}_0}$ は電場ベクトルの向きの単位ベクトル，$\hat{\boldsymbol{k}_0}$ は入射波数ベクトルの単位ベクトル，$\hat{\boldsymbol{k}}$ は散乱光の波数ベクトルの単位ベクトルとする．磁性はないとしよう．

(1)　散乱ベクトルを $\boldsymbol{q} = k(\hat{\boldsymbol{k}} - \hat{\boldsymbol{k}}_0)$ と定義しよう．このとき，散乱ベクトル $\boldsymbol{q}$ の大きさ q は，

$$q = 2k_0 \sin(\theta/2) \tag{6.247}$$

と与えられることを示せ．ここで θ は $\hat{\boldsymbol{k}}$ と $\hat{\boldsymbol{k}}_0$ のなす角である．

(2)　散乱の微分散乱断面積が

$$\left.\frac{d\sigma_{\rm sc}}{d\Omega}\right|_{\rm Born} = \left(\frac{k^2\chi}{4\pi}\right)^2 |\hat{\boldsymbol{k}} \times \hat{\boldsymbol{e}_0}|^2 \left| \int d^3\boldsymbol{r}' \exp(i\boldsymbol{q}\cdot\boldsymbol{r}') \right|^2 \tag{6.248}$$

となることを示せ．

ヒント：式 (6.97)，式 (6.99)，式 (6.114) から計算すれば良い．

(3)　上記の積分が

$$I = \int d^3\boldsymbol{r}' \exp(i\boldsymbol{q}\cdot\boldsymbol{r}') = 4\pi R^3 \frac{j_1(qR)}{qR} \tag{6.249}$$

と与えられることを示せ．ここで，$j_1(x) = \sin(x)/x^2 - \cos(x)/x$ は 1 次の球面ベッセル関数である．

ヒント：$\hat{\boldsymbol{k}}_0$ を z 軸とした球座標で計算せよ．

(4)　偏光していない光に対しては，

$$|\hat{\boldsymbol{k}} \times \hat{\boldsymbol{e}_0}|^2 = \frac{1}{2}\left(1 + \cos^2\theta\right) \tag{6.250}$$

と与えられることを示せ．

ヒント：6.5.5 項と同じように計算すれば良い．

以上から，均一でロスのない感受率 χ をもつ半径 R の誘電体微小球による光散乱の微分散乱断面積はボルン近似のもとで，

$$\left.\frac{d\sigma_{\rm sc}}{d\Omega}\right|_{\rm Born} = \frac{R^2}{4}(kR)^2\chi^2 \frac{1+\cos^2\theta}{2} \frac{j_1^2[2kR\sin(\theta/2)]}{\sin^2(\theta/2)} \tag{6.251}$$

と与えられることがわかった．球の屈折率が $n = \sqrt{1+\chi} = 1.1$，球の半径と光の波数との積が $kR = 8$ と与えられる場合に，ボルン近似の微分散乱断面積の θ 依存性をミー散乱の扱いで得られた微分散乱断面積式 (6.192) のものと比較したのが次の図である．小さい散乱角でボルン近似が良いことがわかる．

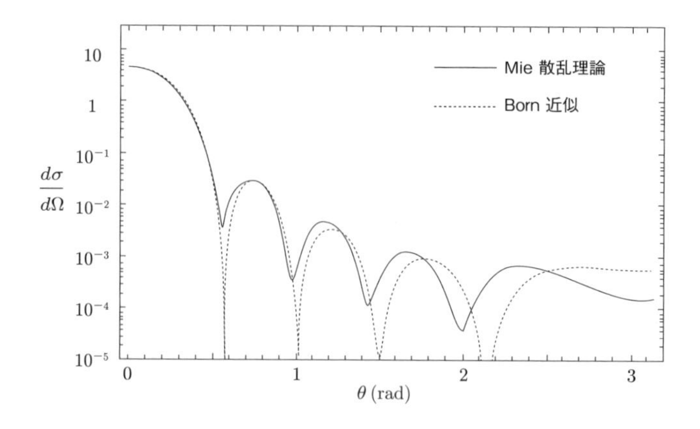

問題 4　(完全導体微小球によるレーリー散乱) 誘電率 ϵ を持つ微小誘電体球によるレーリー散乱の微分散乱断面積は式 (6.99) における分極 $\boldsymbol{P}$ をクラウジウス・モソッティの関係式を用いて，式 (6.135)，式 (6.136) のように与え，磁化 $\boldsymbol{M}$ を $\boldsymbol{0}$ とすることで，式 (6.140)

$$\left.\frac{d\sigma_{\mathrm{Ray}}}{d\Omega}\right|_{\mathrm{unpol}} = (k^4a^6)\left(\frac{\epsilon-\epsilon_0}{\epsilon+2\epsilon_0}\right)^2\frac{1}{2}(1+\cos^2\theta) \tag{6.252}$$

と与えられた．ここで，k は光の波数ベクトルの大きさ，a は微小球の半径である．これから，誘電体微小球のレーリー散乱は前方と後方によく散乱し，その断面積は等しいことがわかる．ここでは，微小球が完全導体である場合を考えよう．

(1)　まず分極を考える．完全導体においては電気伝導率 $\sigma \to \infty$ である．上と同様に式 (6.135) と (6.136) を用いて，完全導体微小球の中心に現れる分極を求めよ．

(2)　次に，磁化を考える．球の大きさは十分小さいので外部磁場は空間的に一定とみなせる．この時，微小球の透磁率を μ とすると，誘電体球と同様に外部磁場 $\boldsymbol{B}_0$ によって誘起される球内部の磁化を球の中心に置かれた磁化 $\boldsymbol{M}$ で表すことができる．$\boldsymbol{M} = 4\pi a^3(\frac{\mu-\mu_0}{\mu+2\mu_0})\boldsymbol{H}_0$ となることを示せ．ここで，$\boldsymbol{B}_0 = \mu_0\boldsymbol{H}_0$ である．

(3)　完全導体では，$\mu \to 0$ である．この場合，完全導体微小球の中心に現れる磁化を求めよ．

(4)　光が無偏光の場合に，式 (6.99) を用いて完全導体微小球のレーリー散乱の微分散乱断面積が

$$\left.\frac{d\sigma_{\mathrm{Ray}}}{d\Omega}\right|_{\mathrm{unpol}} = (k^4a^6)\left\{\frac{5}{8}(1+\cos^2\theta)-\cos\theta\right\} \tag{6.253}$$

と与えられることを示せ．これから，誘電体微小球と異なり，後方散乱の方が強いことがわかる．

ヒント：散乱面内に電場ベクトルがある場合と散乱面に垂直に電場ベクトルがある場合に分けて微分散乱断面積を計算し，平均を取れば良い．

第7章　物質の非線形な光学応答
— 非線形光学序説 —

第2章では物質が光に対して線形に応答する現象を考えたが，この章では強い光に対して物質が非線形な光学応答を示す場合について考える．

§7.1　非線形な光学応答の発見

これまでは，物質と電磁波（光）との相互作用は線形と考えてきた．この線形の仮定は太陽光や電球からの光の場合にはよく成り立つが，瞬時に強い光を物質に照射できるレーザーの発明以降，線形ではない非線形な光学応答を示す現象がいくつも発見されてきた．典型的なのは，第2高調波発生である．米国ヒューズ研究所のメイマン (T. H. Maiman) がルビーレーザーを発明した翌年の1961年には，米国ミシガン大学のフランケン (P. Franken) がルビーレーザーからの強力なパルス光 (694.3 nm) を石英の結晶に集光すると，ルビーレーザーの波長の半分の波長 (347 nm) の光が発生していることを見出した．波長が半分の光は振動数が2倍の光に相当するので，「第2高調波発生」と呼ばれる．この時のルビーレーザーの1パルスあたりのエネルギーは3 J程度で，パルス幅は1 ms程度であった．この実験条件では，パルスあたりの光子数[1] 10^{19} を持つルビーレーザー光から，光子数 10^{11} の第2高調波が発生した．効率として 10^{-8} 程度であり，かなり弱いものであった．しかし，この発見の2ヶ月後には米国ベル研究所のジョードマイン (J. Giordmaine) がリン酸二水素カリウム (KDP) を使うと強い第2高調波発生が可能なことを見出し，第2高調波を実用に使う基礎を作った[2]．現在では，技術の進歩により非常に高い効率で第2高調波発生を起こすことができる．最近よく見かける緑色のレーザーポイン

---

[1] 電磁場を量子化すると，角振動数 ω を持つ光（電磁波）は $\hbar\omega$ の量子によって記述される．この量子のことを「光子 (photon)」と呼ぶ．

[2] 非線形な光学現象の基礎理論は，J. A. Armstrong, N. Bloembergen, J. Ducuing, and P. S. Pershan の論文 (Phys. Rev. **127** 1918 (1961)) によって確立した．レーザーの発明から1年程度で理論構築が終わっている事実から，レーザーを手にした当時の物理学者の興奮の様子が想像できる．

ターは，第2高調波発生を利用した製品の中で最も我々の身近にあるものである．緑色のレーザーポインターの光は半導体レーザー（波長：808 nm）による励起でネオジウムYAGレーザー（波長：1064 nm）を発振させ，その第2高調波（波長：532 nm）を特殊な結晶を使って生成している．多くの商品は電池駆動されており，最終的なエネルギー効率が数パーセントに達しているものもある．以下では，このような第2高調波発生をはじめとする物質の非線形な光学応答について考えていこう．

§7.2　非線形な分極と感受率

7.2.1　非線形な応答関数と感受率

2.2.2項では，外部電場に対して線形に応答する分極を考えた．非線形な線形応答が線形応答に比べて小さい場合，分極を電場に対してテイラー展開して，電場の n 次に比例する $\boldsymbol{P}^{(n)}(t)$ を考えていくのが良い．このとき全体の分極は,

$$\boldsymbol{P}(t)=\sum_{n=0}^{\infty}\boldsymbol{P}^{(n)}(t) \tag{7.1}$$

とかける．$\boldsymbol{P}^{(0)}(t)$ は電場がなくても存在する分極であり，自発分極と呼ばれる．通常この項は時間に依存しない．$\boldsymbol{P}^{(1)}(t)$ は第2章で考えた線形な分極であり，電場の1次に比例する．$n=2$ 以上の項がここで扱う非線形分極となる．n 次の項の α 成分は,

$$\begin{aligned}&\boldsymbol{P}_{\alpha}^{(n)}(t)\\&=\epsilon_0\int_{-\infty}^{\infty}\cdots\int_{-\infty}^{\infty}\chi_{\alpha\beta\cdots\xi}^{(n)}(t-t_1,\ldots,t-t_n)\boldsymbol{E}_{\beta}(t_1)\cdots\boldsymbol{E}_{\xi}(t_n)dt_1\cdots dt_n\end{aligned} \tag{7.2}$$

である．ここで，$\chi_{\alpha\beta\cdots\xi}^{(n)}(t-t_1,\ldots,t-t_n)$ は非線形応答関数であり，$n+1$ 階のテンソルである．線形の場合と同様に，「未来の電場には依らず，過去だけの電場によってつくられる」という因果律が働くとする．すなわち，m，n を自然数として $(m,n\in N)$,

$$\chi_{\alpha\beta\cdots\xi}^{(n)}(t_1,\ldots,t_n)=\begin{cases}0, & t_m<0:\exists m\leq n\\ \chi_{\alpha\beta\cdots\xi}^{(n)}(t_1,\ldots,t_n), & t_m\geq 0:\forall m\leq n\end{cases} \tag{7.3}$$

を要求する．電磁場や線形応答関数をフーリエ変換を使って書いたように，複素非線形感受率 $\tilde{\chi}^{(n)}_{\alpha\beta\cdots\xi}$ も，

$$\chi^{(n)}(t_1,\ldots,t_n) = \frac{1}{(2\pi)^n}\int_{-\infty}^{\infty}\cdots\int_{-\infty}^{\infty}\tilde{\chi}^{(n)}_{\alpha\beta\cdots\xi}(\omega_1,\ldots,\omega_n)e^{-i\omega_1 t_1}\cdots e^{-i\omega_n t_n}d\omega_1\cdots d\omega_n \tag{7.4}$$

のようにフーリエ変換を使って表現できる．例えば，2 次の非線形分極の α 成分は，

$$\boldsymbol{P}^{(2)}_{\alpha}(t) = \epsilon_0\sum_{\beta,\gamma}\int_{-\infty}^{\infty}\int_{-\infty}^{\infty}\chi^{(2)}_{\alpha\beta\gamma}(t-t_1,t-t_2)\boldsymbol{E}_{\beta}(t_1)\boldsymbol{E}_{\gamma}(t_2)dt_1dt_2 \tag{7.5}$$

となる．3 階のテンソルである 2 次の非線形応答関数 $\chi^{(2)}_{\alpha\beta\gamma}(t_1,t_2)$ で非線形分極が与えられ，フーリエ変換を使って書くと，

$$\chi^{(2)}_{\alpha\beta\gamma}(t_1,t_2) = \frac{1}{(2\pi)^2}\int_{-\infty}^{\infty}\int_{-\infty}^{\infty}\tilde{\chi}^{(2)}_{\alpha\beta\gamma}(\omega_1,\omega_2)e^{-i\omega_1 t_1}e^{-i\omega_2 t_2}d\omega_1 d\omega_2 \tag{7.6}$$

となる．ここで，$\tilde{\chi}^{(2)}_{\alpha\beta\gamma}(\omega_1,\omega_2)$ は 2 次の複素非線形感受率である．以下では 2 次の非線形分極を詳しく調べていく．

7.2.2　2 次の非線形分極

電場をフーリエ変換を使って書くと，

$$\boldsymbol{E}(t_1) = \frac{1}{2\pi}\int_{-\infty}^{\infty}\widetilde{\boldsymbol{E}}(\omega_1)e^{-i\omega_1 t_1}d\omega_1 \tag{7.7}$$

と与えられるので，これを式 (7.5) に代入し式 (7.6) を使うと，

$$\boldsymbol{P}^{(2)}_{\alpha}(t) = \frac{\epsilon_0}{(2\pi)^2}\sum_{\beta,\gamma}\int_{-\infty}^{\infty}\int_{-\infty}^{\infty}\tilde{\chi}^{(2)}_{\alpha\beta\gamma}(\omega_1,\omega_2)\widetilde{\boldsymbol{E}}_{\beta}(\omega_1)\widetilde{\boldsymbol{E}}_{\gamma}(\omega_2)e^{-i(\omega_1+\omega_2)t}d\omega_1 d\omega_2 \tag{7.8}$$

のように 2 次の非線形分極を表すことができる．これを逆フーリエ変換することで，2 次の非線形分極のフーリエ変換

$$\widetilde{\boldsymbol{P}}^{(2)}_{\alpha}(\omega) = \frac{\epsilon_0}{2\pi}\sum_{\beta,\gamma}\int_{-\infty}^{\infty}\int_{-\infty}^{\infty}\tilde{\chi}^{(2)}_{\alpha\beta\gamma}(\omega_1,\omega_2) \times\widetilde{\boldsymbol{E}}_{\beta}(\omega_1)\widetilde{\boldsymbol{E}}_{\gamma}(\omega_2)\delta(\omega-(\omega_1+\omega_2))d\omega_1 d\omega_2 \tag{7.9}$$

が得られる．さて，話を簡単にするために，単一振動数の直線偏光電場を考えよう．電場を

$$\begin{aligned}\boldsymbol{E}(t) &= 2\boldsymbol{E}^0\cos(\omega_0 t+\varphi)\\ &= \widetilde{\boldsymbol{E}}^0 e^{-i\omega_0 t}+c.c.\end{aligned}\tag{7.10}$$

とする．ここで $\widetilde{\boldsymbol{E}}^0=\boldsymbol{E}^0 e^{-i\varphi}$ は位相因子を含む複素電場振幅である．電場のフーリエ変換は,

$$\widetilde{\boldsymbol{E}}(\omega)=2\pi(\widetilde{\boldsymbol{E}}^0\delta(\omega-\omega_0)+\widetilde{\boldsymbol{E}}^{0*}\delta(\omega+\omega_0))\tag{7.11}$$

と書ける．これを式 (7.8) に代入すると,

$$\begin{aligned}\boldsymbol{P}^{(2)}_\alpha(t) &= \epsilon_0\sum_{\beta,\gamma}\Big(\tilde{\chi}^{(2)}_{\alpha\beta\gamma}(\omega_0,\omega_0)\widetilde{\boldsymbol{E}}^0_\beta\widetilde{\boldsymbol{E}}^0_\gamma e^{-2\omega_0 t}\\ &\qquad + \tilde{\chi}^{(2)}_{\alpha\beta\gamma}(\omega_0,-\omega_0)\widetilde{\boldsymbol{E}}^0_\beta\widetilde{\boldsymbol{E}}^{0*}_\gamma + c.c.\Big) \qquad (7.12)\\ &= 2\epsilon_0\sum_{\beta,\gamma}\Big[\left|\tilde{\chi}^{(2)}_{\alpha\beta\gamma}(\omega_0,\omega_0)\right|\boldsymbol{E}^0_\beta\boldsymbol{E}^0_\gamma\cos(2\omega_0 t+2\varphi+\xi_{2\omega_0})\\ &\qquad + \tilde{\chi}^{(2)}_{\alpha\beta\gamma}(\omega_0,-\omega_0)\boldsymbol{E}^0_\beta\boldsymbol{E}^0_\gamma\Big] \qquad (7.13)\end{aligned}$$

が得られる．$\xi_{2\omega_0}$ は $\tilde{\chi}_{\alpha\beta\gamma}(\omega_0,\omega_0)$ の位相である．複素感受率テンソルは対称テンソルであることと，引数を全て符号反転する操作は複素共役をとることに等しいことを考えると，$\tilde{\chi}^{(2)}_{\alpha\beta\gamma}(\omega_0,-\omega_0)$ は実数となる．これから，単一振動数の光が関わる2次の非線形分極には2種類の項があることがわかる．第一項は周波数が2倍になる第2高調波の分極であり，第二項は周波数が0，つまり直流の分極が生じたことを意味する．後者は交流電場から直流分極が作られたので，エレクトロニクスとの対応から「光整流」と呼ばれる．

7.2.3　和周波発生と差周波発生

これまで見てきたように，2次の非線形分極には2つの電場の積が関与しているので，電場が

$$\boldsymbol{E}(t)=\widetilde{\boldsymbol{E}}^1 e^{-i\omega_1 t}+\widetilde{\boldsymbol{E}}^2 e^{-i\omega_2 t}+c.c.\tag{7.14}$$

のように2種類の角振動数を持つ場合へ拡張するのは重要である．ただし，$\omega_1\geq\omega_2\geq 0$ としよう．このフーリエ変換は,

$$\widetilde{\boldsymbol{E}}(\omega)=2\pi(\widetilde{\boldsymbol{E}}^1\delta(\omega-\omega_1)+\widetilde{\boldsymbol{E}}^2\delta(\omega-\omega_2)+\widetilde{\boldsymbol{E}}^{1*}\delta(\omega+\omega_1)+\widetilde{\boldsymbol{E}}^{2*}\delta(\omega+\omega_2))$$

と与えられる．これを式 (7.8) に代入すると，大きく分けて 3 種類の項が現れる．2 つは ω_1 からくる項と ω_2 からくる項である．これらは，前項で見たような ω_1 と ω_2 の第 2 高調波の分極とそれぞれの光整流を生み出す．残りは ω_1 と ω_2 の交差項であり，その非線形分極は簡単な計算から，

$$\boldsymbol{P}_\alpha^{(2)}(t) = \epsilon_0 \sum_{\beta,\gamma} \Big(\tilde{\chi}^{(2)}_{\alpha\beta\gamma}(\omega_1, \omega_2) \widetilde{\boldsymbol{E}}^1_\beta \widetilde{\boldsymbol{E}}^2_\gamma e^{-i(\omega_1+\omega_2)t} + \tilde{\chi}^{(2)}_{\alpha\beta\gamma}(\omega_1, -\omega_2) \widetilde{\boldsymbol{E}}^1_\beta \widetilde{\boldsymbol{E}}^{2*}_\gamma e^{-i(\omega_1-\omega_2)t} + c.c. \Big) \tag{7.15}$$

と書ける．ここで，第一項は 2 つの振動数の和，第二項は振動数の差で振動することから，それぞれ「和周波発生」，「差周波発生」と呼ばれる．これらの非線形分極は最終的に和周波や差周波の振動数の光を生み出す．それぞれの過程に着目すると物質の中で 3 つの振動数の光が存在することになることから，「3 光波混合」と呼ばれる．上式で $\omega_1 = \omega_2$ とおけば，第 2 高調波発生と光整流の式 (7.12) と同じになる．

$\omega_1 = 0$，すなわち一方の電場が直流の場合を「電気光学効果」と呼ぶ．結晶に直流電場 $\widetilde{\boldsymbol{E}}^1_\beta$ を印加して，角振動数 $\omega = \omega_2$ の光を照射した場合に生じる分極に対応する．この場合，非線形分極のフーリエ変換は，

$$\widetilde{\boldsymbol{P}}_\alpha^{(2)}(\omega) = \epsilon_0 \sum_{\beta,\gamma} \tilde{\chi}^{(2)}_{\alpha\beta\gamma}(0, \omega) \widetilde{\boldsymbol{E}}^1_\beta \widetilde{\boldsymbol{E}}_\gamma(\omega) \tag{7.16}$$

のように書ける．線形分極とまとめて書くと，

$$\widetilde{\boldsymbol{P}}_\alpha(\omega) = \epsilon_0 \left[\sum_\gamma \tilde{\chi}^{(1)}_{\alpha\gamma}(\omega) + \sum_{\beta,\gamma} \tilde{\chi}^{(2)}_{\alpha\beta\gamma}(0, \omega) \widetilde{\boldsymbol{E}}^1_\beta \right] \widetilde{\boldsymbol{E}}_\gamma(\omega) \tag{7.17}$$

となり，線形感受率に直流電場に依存する補正項が加わった形をしている．$\tilde{\chi}^{(1)}_{\alpha\gamma}(\omega)$ が単位テンソルに比例する等方的な物質に対しても，この補正項は直流電場の向きに依存した異方性をもたらすことから，光の位相遅延や偏光状態を変えるような現象を引き起こす．これが電気光学効果である．

7.2.4 パルス光の場合の 2 次の非線形分極

この節ではパルス光によってつくられる 2 次の非線形光学分極を考えよう．典型的な例として，パルス光は 3.4.3 項の式 (3.76) のようにガウス型の波束であるとしよう．もし，非線形光学分極を示す結晶の厚さが入射する光の波長に

比べて十分薄いとすると，結晶中での空間伝搬は無視することができ，結晶の位置での光の電場は

$$\boldsymbol{E}_\beta(t) = \widetilde{\boldsymbol{E}}^0_\beta \exp\left(-\frac{1}{2}\left(\frac{t}{\Delta t}\right)^2 - i\omega_0 t\right) + c.c. \tag{7.18}$$

と書くことができる．このパルス電場波束のフーリエ変換は,

$$\begin{aligned}\widetilde{\boldsymbol{E}}_\beta(\omega) &= \sqrt{2\pi}(\Delta\omega)^{-1} \\ &\times\left[\widetilde{\boldsymbol{E}}^0_\beta \exp\left(-\frac{1}{2}\left(\frac{\omega-\omega_0}{\Delta\omega}\right)^2\right) + \widetilde{\boldsymbol{E}}^{0*}_\beta \exp\left(-\frac{1}{2}\left(\frac{\omega+\omega_0}{\Delta\omega}\right)^2\right)\right]\end{aligned} \tag{7.19}$$

と与えられる．ここで，$\Delta\omega = 1/(\Delta t)$ である．2 次の非線形分極のフーリエ変換は, 式 (7.9) にこの電場を代入することで計算できる．積分中の $\tilde{\chi}^{(2)}_{\alpha\beta\gamma}(\omega_1, \omega_2)$ の中の引数 ω_1, ω_2 は ω_0 の近傍にあるのでそれぞれの角振動数積分には効かず，最終的に現れる分極の角振動数 $\omega = \omega_1 + \omega_2$ だけに依存すると考えよう．これを $\tilde{\chi}^{(2)}_{\alpha\beta\gamma}(\omega)$ と書くことにする．積分は,

$$x = \omega_1 + \omega_2, \tag{7.20}$$

$$y = \omega_1 - \omega_2 \tag{7.21}$$

と変数変換することで実行することができ [3]

$$\begin{aligned}\widetilde{\boldsymbol{P}}^{(2)}_\alpha(\omega) = \epsilon_0\sqrt{\pi}(\Delta\omega)^{-1}\sum_{\beta,\gamma}&\left[\tilde{\chi}^{(2)}_{\alpha\beta\gamma}(\omega)\widetilde{\boldsymbol{E}}^0_\beta\widetilde{\boldsymbol{E}}^0_\gamma \exp\left(-\left(\frac{\omega-2\omega_0}{2\Delta\omega}\right)^2\right)\right. \\ &+ \tilde{\chi}^{(2)}_{\alpha\beta\gamma}(\omega)(\widetilde{\boldsymbol{E}}^0_\beta\widetilde{\boldsymbol{E}}^{0*}_\gamma + \widetilde{\boldsymbol{E}}^{0*}_\beta\widetilde{\boldsymbol{E}}^0_\gamma)\exp\left(-\left(\frac{\omega}{2\Delta\omega}\right)^2\right) \\ &\left.+ \tilde{\chi}^{(2)}_{\alpha\beta\gamma}(\omega)\widetilde{\boldsymbol{E}}^{0*}_\beta\widetilde{\boldsymbol{E}}^{0*}_\gamma \exp\left(-\left(\frac{\omega+2\omega_0}{2\Delta\omega}\right)^2\right)\right]\end{aligned} \tag{7.22}$$

が得られる．結果として，非線形分極は

$$\begin{aligned}\boldsymbol{P}^{(2)}_\alpha(t) = \epsilon_0\sum_{\beta,\gamma}&\left[\tilde{\chi}^{(2)}_{\alpha\beta\gamma}(2\omega_0)\widetilde{\boldsymbol{E}}^0_\beta\widetilde{\boldsymbol{E}}^0_\gamma \exp\left(-\left(\frac{t}{\Delta t}\right)^2 - i(2\omega_0)t\right)\right. \\ &\left.+ \tilde{\chi}^{(2)}_{\alpha\beta\gamma}(0)\widetilde{\boldsymbol{E}}^0_\beta\widetilde{\boldsymbol{E}}^{0*}_\gamma \exp\left(-\left(\frac{t}{\Delta t}\right)^2\right) + c.c.\right]\end{aligned} \tag{7.23}$$

---

[3] ヤコビアンを計算することで，$d\omega_1 d\omega_2 = (1/2)dxdy$ となることに注意せよ．

となる．ここで積分中の $\tilde{\chi}^{(2)}_{\alpha\beta\gamma}(\omega)$ は $\omega = \omega_0 + \omega_0 = 2\omega_0$ もしくは，$\omega = \omega_0 - \omega_0 = 0$ の値で近似し，積分の外に出して計算した．これらの結果は第2高調波発生と光整流の式 (7.12) とほぼ同じであるが，パルスに有限なスペクトル幅（時間幅）があることに対応して，第2高調波や光整流にも有限なスペクトル幅（時間幅）が存在するところが違う．特に「光整流」はもはや直流ではなくパルス電流となり，その意味で，低周波の電磁波発生に寄与することがわかる．

7.2.5　2次の非線形感受率と結晶の対称性

ここまで2次の非線形分極を見てきたが，どんな結晶でも2次の非線形分極を持つわけではない．反転対称中心を持つような結晶では2次の非線形感受率は0になることがよく知られている．この事実は，ベクトル場や感受率テンソルの対称性に関する考察から以下のように導くことができる．ω_1 と ω_2 の和周波の項を考えると，

$$\widetilde{\boldsymbol{P}}_\alpha(\omega) = 2\pi\epsilon_0\tilde{\chi}^{(2)}_{\alpha\beta\gamma}(\omega_1,\omega_2)\widetilde{\boldsymbol{E}}_\beta(\omega_1)\widetilde{\boldsymbol{E}}_\gamma(\omega_2)\delta(\omega-\omega_1-\omega_2) \tag{7.24}$$

である．ここで，系に反転対称操作を加えることを考える．$\widetilde{\boldsymbol{P}}_\alpha$, $\widetilde{\boldsymbol{E}}_\beta$, $\widetilde{\boldsymbol{E}}_\gamma$, はベクトル場なので，$\widetilde{\boldsymbol{P}}_\alpha \to -\widetilde{\boldsymbol{P}}_\alpha$, $\widetilde{\boldsymbol{E}}_\beta \to -\widetilde{\boldsymbol{E}}_\beta$, $\widetilde{\boldsymbol{E}}_\gamma \to -\widetilde{\boldsymbol{E}}_\gamma$ のように変換される．一方，$\tilde{\chi}^{(2)}_{\alpha\beta\gamma}$ は結晶が反転対称性を持つので不変である．これから，同時に

$$\begin{aligned}&(-\widetilde{\boldsymbol{P}}_\alpha(\omega))\\&\quad= 2\pi\epsilon_0\tilde{\chi}^{(2)}_{\alpha\beta\gamma}(\omega_1,\omega_2)(-\widetilde{\boldsymbol{E}}_\beta(\omega_1))(-\widetilde{\boldsymbol{E}}_\gamma(\omega_2))\delta(\omega-\omega_1-\omega_2)\end{aligned} \tag{7.25}$$

が成り立つことになる．式 (7.24) と式 (7.25) が同時に成り立つためには，

$$\tilde{\chi}^{(2)}_{\alpha\beta\gamma}(\omega_1,\omega_2) = 0 \tag{7.26}$$

が必要である．一般に，ある結晶の感受率テンソルのどの成分が0でない有限な値を持つかは，結晶の対称性に基づいた群論の議論で決めることができる．

7.2.6　3次の非線形分極

最後に，3次の非線形分極について簡単に紹介しよう．2次の非線形分極と同様に考えると，3つの角振動数 ω_1, ω_2, ω_3 を持つ光から次のような組み合わ

せで新しい角振動数を持つ分極 ω_4 が生成される.

$$
\begin{aligned}
\omega_4 &= \omega_1 + \omega_2 + \omega_3 \\
\omega_4 &= \omega_1 - \omega_2 + \omega_3 \\
\omega_4 &= \omega_1 + \omega_2 - \omega_3 \\
\omega_4 &= \omega_1 - \omega_2 - \omega_3
\end{aligned}
$$

ここで右辺全体にマイナスをかけたような場合は省略している. 最終的に角振動数 ω_4 で変動する分極はその振動数の光を生み出すので, このような3次の非線形光学過程は「4光波混合」と呼ばれる.

ここでは, 物質として等方的な物質を考え, 光は $\omega_1 = \omega_2 = \omega_3 = \omega_0$ でありすべての偏光が同じという最も簡単な場合を考えよう. この場合, 3次の非線形分極は,

$$
\begin{aligned}
\boldsymbol{P}_1^{(3)}(t) = \epsilon_0 \Big[& \tilde{\chi}_{1111}^{(3)}(\omega_0, \omega_0, \omega_0) \widetilde{\boldsymbol{E}}_1 \widetilde{\boldsymbol{E}}_1 \widetilde{\boldsymbol{E}}_1 \exp(-i(3\omega_0)t) \\
& + 3\tilde{\chi}_{1111}^{(3)}(-\omega_0, \omega_0, \omega_0) \widetilde{\boldsymbol{E}}_1 \widetilde{\boldsymbol{E}}_1^* \widetilde{\boldsymbol{E}}_1 \exp(-i\omega_0 t) + c.c. \Big]
\end{aligned}
\tag{7.27}
$$

のように書ける. ここで, 第一項は外部電場の振動数の3乗で振動することから,「第3高調波発生」と呼ばれる. 第二項は外部電場の振動数と同じ振動数を持っている. 電気光学効果と同様に線形分極とまとめて書くと,

$$
\widetilde{\boldsymbol{P}}(\omega) \sim \epsilon_0 \left[\tilde{\chi}^{(1)}(\omega) + 3\tilde{\chi}^{(2)}(-\omega, \omega, \omega) |\widetilde{\boldsymbol{E}}|^2 \right] \widetilde{\boldsymbol{E}}(\omega) \tag{7.28}
$$

となり, 線形感受率に外部電場の振幅の2乗, すなわち光強度に比例する補正項が加わった形をしている. この補正項は線形感受率に入射光の強度に比例した空間依存性をもたらす.

もし, 入射光の振幅が時間的, 空間的に変化するような光（例えばガウシアンビーム伝搬するパルス光）とすると, 光の位相遅延や偏光状態を変えるような現象を引き起こす. 例えば, ガウシアンビームの中心部と周辺では光強度が異なるので, 等価的に中心と周辺で屈折率が異なる物質, すなわちレンズを置いたことに相当する現象が起きる. これが,「カーレンズ効果」として知られている非線形光学効果である. 強いレーザー光を物質に照射した時に, カーレンズ効果によって物質内でレーザー光が集光され, 物質が破壊されることがある. このようなことから, カーレンズ効果は強いレーザーを扱う技術者が常に

考慮すべき事項となっている．また，強い光の集光領域に弱い信号光を入射した場合には，強い光によって弱い信号光の偏光状態や位相が変化する「光カー効果」をもたらす．光カー効果によって光のビット列の生成や制御を行うことができることから，光通信での応用が進んでいる．

§7.3 非線形分極による光発生と伝搬

7.3.1 基礎方程式の導出

誘電体において非線形分極がある場合のマクスウェル方程式は，式 (2.15)～式 (2.18) に非線形分極を考慮して，

$$\nabla \cdot (\epsilon_0 \boldsymbol{E} + \boldsymbol{P}_{\mathrm{L}} + \boldsymbol{P}_{\mathrm{NL}}) = 0 \tag{7.29}$$

$$\nabla \cdot \boldsymbol{B} = 0 \tag{7.30}$$

$$\nabla \times \boldsymbol{E} = -\frac{\partial \boldsymbol{B}}{\partial t} \tag{7.31}$$

$$\nabla \times \boldsymbol{B} = \mu_0 \frac{\partial(\epsilon_0 \boldsymbol{E} + \boldsymbol{P}_{\mathrm{L}} + \boldsymbol{P}_{\mathrm{NL}})}{\partial t} \tag{7.32}$$

となる．ここで，$\boldsymbol{P}_{\mathrm{L}}$ は線形分極，$\boldsymbol{P}_{\mathrm{NL}}$ は非線形分極である．ファラデーの法則 (7.31) に左から $\nabla\times$ を作用させ，式 (7.29) と式 (7.32) を用いると，

$$\begin{aligned} \nabla \times (\nabla \times \boldsymbol{E}) &= -\frac{\partial}{\partial t}(\nabla \times \boldsymbol{B}) \\ \nabla^2 \boldsymbol{E} - \frac{1}{c^2}\frac{\partial^2}{\partial t^2}\boldsymbol{E} &= \frac{1}{\epsilon_0 c^2}\frac{\partial^2}{\partial t^2}(\boldsymbol{P}_{\mathrm{L}} + \boldsymbol{P}_{\mathrm{NL}}) \\ &\quad - \frac{1}{\epsilon_0}\nabla(\nabla \cdot \boldsymbol{P}_{\mathrm{L}} + \nabla \cdot \boldsymbol{P}_{\mathrm{NL}}) \end{aligned} \tag{7.33}$$

が得られる．今，$\boldsymbol{P}_{\mathrm{L}}$，$\boldsymbol{P}_{\mathrm{NL}}$ を記述する感受率が空間的に一様な関数であるとすると，

$$\nabla \cdot \boldsymbol{P}_{\mathrm{L}} = \nabla \cdot \boldsymbol{P}_{\mathrm{NL}} = \nabla \cdot \boldsymbol{E} = 0 \tag{7.34}$$

であることから，式 (7.33) は下記のようになる．

$$\left(\nabla^2 - \frac{1}{c^2}\frac{\partial^2}{\partial t^2}\right)\boldsymbol{E} = \frac{1}{\epsilon_0 c^2}\frac{\partial^2}{\partial t^2}(\boldsymbol{P}_{\mathrm{L}} + \boldsymbol{P}_{\mathrm{NL}}) \tag{7.35}$$

ここで，場や源を時間に関するフーリエ変換で表示しよう．

$$\boldsymbol{E}(\boldsymbol{r}, t) = \frac{1}{2\pi}\int_{-\infty}^{\infty} \widetilde{\boldsymbol{E}}(\boldsymbol{r}, \omega) e^{-i\omega t} d\omega \tag{7.36}$$

$$\boldsymbol{B}(\boldsymbol{r},t) = \frac{1}{2\pi}\int_{-\infty}^{\infty}\widetilde{\boldsymbol{B}}(\boldsymbol{r},\omega)e^{-i\omega t}d\omega \tag{7.37}$$

$$\boldsymbol{P}_{\mathrm{L}}(\boldsymbol{r},t) = \frac{1}{2\pi}\int_{-\infty}^{\infty}\widetilde{\boldsymbol{P}}_{\mathrm{L}}(\boldsymbol{r},\omega)e^{-i\omega t}d\omega \tag{7.38}$$

$$\boldsymbol{P}_{\mathrm{NL}}(\boldsymbol{r},t) = \frac{1}{2\pi}\int_{-\infty}^{\infty}\widetilde{\boldsymbol{P}}_{\mathrm{NL}}(\boldsymbol{r},\omega)e^{-i\omega t}d\omega \tag{7.39}$$

これを式(7.35)に代入すると，

$$\left(\boldsymbol{\nabla}^2 + i\mu_0\sigma\omega + \frac{n^2\omega^2}{c^2}\right)\widetilde{\boldsymbol{E}}(\boldsymbol{r},\omega) = -\mu_0\omega^2\widetilde{\boldsymbol{P}}_{\mathrm{NL}}(\boldsymbol{r},\omega) \tag{7.40}$$

が得られる．ここで線形感受率 $\chi = \chi_1 + i\chi_2$ の虚数成分 χ_2 は小さいとおいて，$n \simeq \sqrt{1+\chi_1}$，$\sigma \simeq \epsilon_0\omega\chi_2$ と近似した．この式は，右辺の非線形分極が源となって光が生成され，屈折率 n，交流伝導率 σ を持つ物質の中を伝搬する様子を記述している．

ここで，右辺の非線形分極はあまり大きくなく，物質中で電場振幅はゆっくり変化するものとする．外部電場は z 方向に波数 $k = n\omega/c$ で伝搬し，x，y 方向に十分広がった平面波として近似できる光であるとしよう．したがって，

$$\boldsymbol{E}(z,t) = \widetilde{\boldsymbol{E}}(z,\omega)e^{ikz-i\omega t} + c.c. \tag{7.41}$$

のような解を考えれば良い．振幅はゆっくりと変化するので，

$$\left|\frac{\partial^2}{\partial z^2}\widetilde{\boldsymbol{E}}(z,\omega)\right| \ll k\left|\frac{\partial}{\partial z}\widetilde{\boldsymbol{E}}(z,\omega)\right|$$
$$\left|\frac{\partial^2}{\partial z^2}\widetilde{\boldsymbol{E}}(z,\omega)\right| \ll \mu_0\sigma\omega|\widetilde{\boldsymbol{E}}(z,\omega)| \tag{7.42}$$

が成り立つ．これから，式(7.40)の左辺の空間の2階微分を無視し，分散関係 $k = n\omega/c$ を用いると，

$$\left(\frac{\partial}{\partial z} + \frac{\alpha}{2}\right)\widetilde{\boldsymbol{E}}(z,\omega) = i\frac{Z_0\omega}{2n}\widetilde{\boldsymbol{P}}_{\mathrm{NL}}(z,\omega)e^{-ikz} \tag{7.43}$$

が得られる．これが非線形分極によって生成された光の伝搬の基礎方程式となる．ここで $\alpha = \sigma/(\epsilon_0 cn)$ は吸収係数，$Z_0 = \sqrt{\frac{\mu_0}{\epsilon_0}}$ は真空の特性インピーダンスである．

7.3.2 2次の非線形分極による3光波混合

7.2節で2次の非線形分極を考える際には，空間伝搬を考えていなかった．ここでは$(\omega_1, \boldsymbol{k}_1)$，$(\omega_2, \boldsymbol{k}_2)$という時間・空間のフーリエ成分を持つ電磁場を考える．物質の中で2次の非線形分極として和周波が作られる．非線形分極は式(7.43)によって$(\omega_3, \boldsymbol{k}_3)$の電磁場を生み出す．したがって，物質の中では3つの周波数の電磁場が非線形に結合した伝搬を考える必要がある（3光波混合）．

以下では，簡単のために，非線形感受率をスカラーとして扱い，式(7.41)のようにz方向に伝搬する3つの周波数の電場を

$$\boldsymbol{E}_1(z,t) = \widetilde{\boldsymbol{E}}_1(z) e^{ik_1 z - i\omega_1 t} + c.c. \tag{7.44}$$

$$\boldsymbol{E}_2(z,t) = \widetilde{\boldsymbol{E}}_2(z) e^{ik_2 z - i\omega_2 t} + c.c. \tag{7.45}$$

$$\boldsymbol{E}_3(z,t) = \widetilde{\boldsymbol{E}}_3(z) e^{ik_3 z - i\omega_3 t} + c.c. \tag{7.46}$$

とおく．和周波の場合，$\omega_3 = \omega_1 + \omega_2$であるが，一般に屈折率に周波数依存性があるので，$k_3 = n_3\omega_3/c \neq k_1 + k_2$であることに注意しよう．$(\omega_3, \boldsymbol{k}_3)$の電磁場は空間を伝わるうちに強くなるが，同時に，$\omega_3 - \omega_2 \to \omega_1$や$\omega_3 - \omega_1 \to \omega_2$の差周波発生過程により，元の$\omega_1$や$\omega_2$の非線形分極も生じる．従って，2次の非線形分極も3つの周波数の成分を考える必要がある．それぞれの非線形分極を

$$\boldsymbol{P}_{\mathrm{NL1}}(z,t) = \epsilon_0 \chi_{\mathrm{eff}}(-\omega_2, \omega_3) \widetilde{\boldsymbol{E}}_3(z) \widetilde{\boldsymbol{E}}_2^*(z) e^{i(k_3 - k_2)z - i\omega_1 t} + c.c. \tag{7.47}$$

$$\boldsymbol{P}_{\mathrm{NL2}}(z,t) = \epsilon_0 \chi_{\mathrm{eff}}(\omega_3, -\omega_1) \widetilde{\boldsymbol{E}}_3(z) \widetilde{\boldsymbol{E}}_1^*(z) e^{i(k_3 - k_1)z - i\omega_2 t} + c.c. \tag{7.48}$$

$$\boldsymbol{P}_{\mathrm{NL3}}(z,t) = \epsilon_0 \chi_{\mathrm{eff}}(\omega_1, \omega_2) \widetilde{\boldsymbol{E}}_1(z) \widetilde{\boldsymbol{E}}_2(z) e^{i(k_1 + k_2)z - i\omega_3 t} + c.c. \tag{7.49}$$

としよう．

便宜のために，場を

$$\widetilde{\boldsymbol{A}}_l(z, \omega_l) = \sqrt{\frac{n_l}{\omega_l}} \widetilde{\boldsymbol{E}}_l(z, \omega_l) \quad (l = 1,\ 2,\ 3) \tag{7.50}$$

と規格化しておくと，ここで考えるべき3つの光の伝搬方程式は式(7.43)から

$$\left(\frac{d}{dz} + \frac{1}{2}\alpha_1\right) \widetilde{A}_1 = i\gamma \widetilde{A}_3 \widetilde{A}_2^* e^{i\Delta k z} \tag{7.51}$$

$$\left(\frac{d}{dz} + \frac{1}{2}\alpha_2\right) \widetilde{A}_2 = i\gamma \widetilde{A}_3 \widetilde{A}_1^* e^{i\Delta k z} \tag{7.52}$$

$$\left(\frac{d}{dz}+\frac{1}{2}\alpha_3\right)\widetilde{A}_3 = i\gamma\widetilde{A}_1\widetilde{A}_2e^{-i\Delta kz} \tag{7.53}$$

となる．ここで，簡単のため場はある偏光成分だけを取り出してスカラーとして表記した．もはや場はzにしか依存していないので，微分記号を変えてある．ここで，

$$\Delta k = k_3-(k_1+k_2) \tag{7.54}$$

および

$$\gamma = \frac{\chi_{\mathrm{eff}}}{c}\sqrt{\frac{\omega_1\omega_2\omega_3}{n_1n_2n_3}} \tag{7.55}$$

である．また，

$$\chi_{\mathrm{eff}}(-\omega_2,\omega_3) = \chi_{\mathrm{eff}}(\omega_3,-\omega_1) = \chi_{\mathrm{eff}}(\omega_1,\omega_2)$$

とした[4]．これらの方程式は非線形係数として単一のパラメータγしかないので，簡便な記述ができる．規格化された場$\widetilde{A}_l$を用いると，電磁波の単位面積当たり単位時間当たりのエネルギー流I_lは，

$$I_l = \frac{1}{2Z_0}n_l|\widetilde{E}_l|^2 = \frac{1}{2Z_0}\omega_l|\widetilde{A}_l|^2 \tag{7.56}$$

となることから，$|\widetilde{A}_l|^2$は電磁波のフォトン数流 (photon flux) に比例していることがわかる．

7.3.3　第2高調波発生

ここでは第2高調波発生を考えよう．図7.1のように，長さLの結晶にω_0の光が入射し，第2高調波$\omega_3=2\omega_0$が発生する場合を考える．結晶による光吸収はないものとし，$\alpha_l=0$とする．また，入射光は一つなので，$\omega_1=\omega_2=\omega_0$，$\omega_3=2\omega_0$，$\widetilde{A}_1=\widetilde{A}_2$として良い．すると3光波混合の基本方程式は，

$$\frac{d}{dz}\widetilde{A}_1 = i\gamma\widetilde{A}_3\widetilde{A}_1^*e^{i\Delta kz} \tag{7.57}$$

[4] 実際はχ_{eff}は3階のテンソルであるので，それぞれの場の偏光成分が結晶のどの向きを向いているかで適切な成分を考える必要がある．詳細は量子エレクトロニクスの教科書（例えば，A. Yariv, '*Quantum Electronics*', 3rd ed., John Wiley & Sons (1989)）を見よ．

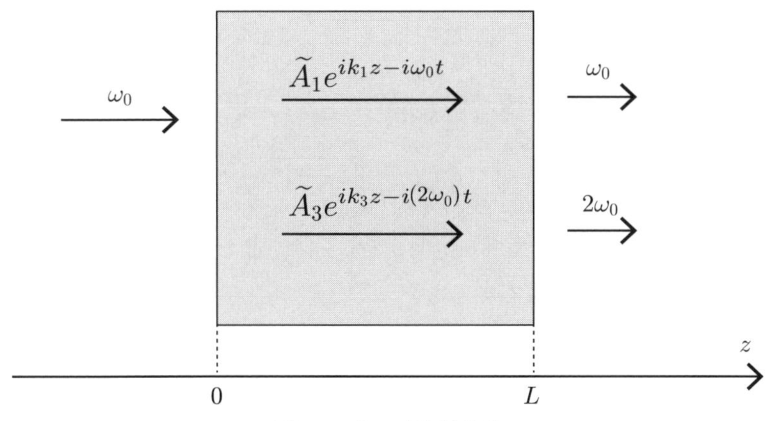

図 7.1　第 2 高調波発生

$$\frac{d}{dz}\widetilde{A}_3 = i\gamma \widetilde{A}_1^2 e^{-i\Delta k z} \tag{7.58}$$

となる．ここで，$\Delta k = k_3 - 2k_1 = \dfrac{n_{2\omega_0}(2\omega_0)}{c} - 2\dfrac{n_{\omega_0}\omega_0}{c} = \dfrac{2\omega_0}{c}(n_{2\omega_0} - n_{\omega_0})$（$n_\omega$ は角振動数 ω における屈折率を表す）である．

まず，結晶の長さ L の間で，励起光 $\widetilde{A}_1$ の強度があまり変化しない，低効率の第 2 高調波発生を考えよう．この場合，$\widetilde{A}_1$ を定数として扱って，式 (7.58) を解けば良い．$z = 0$ における第 2 高調波を $\widetilde{A}_3(0) = 0$ とすると，結晶中での第 2 高調波は，

$$\widetilde{A}_3(z) = i\gamma \widetilde{A}_1^2 z e^{-i\left(\frac{\Delta k z}{2}\right)} \frac{\sin\frac{\Delta k z}{2}}{\frac{\Delta k z}{2}} \tag{7.59}$$

となる．第 2 高調波の単位面積当たり単位時間当たりのエネルギー流 $I_{2\omega_0}$ は，式 (7.56) と式 (7.59) を使って，

$$I_{2\omega_0} = I_{\omega_0}^2 \frac{8\omega_0^2 Z_0}{c^2} \frac{|\chi_{\mathrm{eff}}|^2}{n_{2\omega_0}^2 n_{2\omega}} z^2 \frac{\left(\sin\frac{\Delta k z}{2}\right)^2}{\left(\frac{\Delta k z}{2}\right)^2} \tag{7.60}$$

と与えられる．この式は，$\Delta k \neq 0$ の場合は，z の小さいところでは z^2 に比例して増加し，$z = \pi/|\Delta k|$ で極大値を迎えると，$L_c = 2\pi/|\Delta k|$ の周期で減少，増加を繰り返す．すなわち，オーダーとして L_c より長い結晶は意味がないこ

とがわかる．L_c を第2高調波発生に対するコヒーレント長と呼ぶ．屈折率を使って L_c を書き下すと，

$$L_c = \frac{\pi c}{\omega_0} \frac{1}{|n_{2\omega_0} - n_{\omega_0}|} \tag{7.61}$$

となる．

コヒーレント長は明らかに $\Delta k \to 0\,((n_{2\omega_0} - n_{\omega_0}) \to 0)$ において非常に長くなり，第2高調波は z^2 に比例して増えることから長い結晶を使うことで高い効率で第2高調波を得ることができる．このことから，

$$n_{2\omega_0} = n_{\omega_0} \tag{7.62}$$

を位相整合条件と呼ぶ．

位相整合条件に近い条件の場合は，もともとの励起光 $\widetilde{A}_1$ の強度があまり変化しないという仮定は崩れる．以下では，位相整合条件が満たされる場合 $(\Delta k = 0)$ において，式 (7.57) と式 (7.58) を解いてみよう．この場合，

$$\frac{d}{dz}\widetilde{A}_1 = i\gamma \widetilde{A}_3 \widetilde{A}_1^* \tag{7.63}$$

$$\frac{d}{dz}\widetilde{A}_3 = i\gamma \widetilde{A}_1^2 \tag{7.64}$$

である．$\widetilde{A}_1(0)$ を実数とおくと，$\widetilde{A}_3(z)$ は純虚数，$\widetilde{A}_1(z)$ は実数となるので

$$\frac{d}{dz}\widetilde{A}_1 = -\gamma \widetilde{A}'_3 \widetilde{A}_1 \tag{7.65}$$

$$\frac{d}{dz}\widetilde{A}'_3 = \gamma \widetilde{A}_1^2 \tag{7.66}$$

となる．ここで $\widetilde{A}_3(z) = i\widetilde{A}'_3(z)$ である．式 (7.65) の両辺に $\widetilde{A}_1$ を，式 (7.66) の両辺に $\widetilde{A}'_3(z)$ をかけて足すことで，

$$\frac{d}{dz}\left(\widetilde{A}_1^2 + \widetilde{A}_3'^2\right) = 0 \tag{7.67}$$

が得られる．結晶に $2\omega_0$ の光の入力はない $(\widetilde{A}'_3(0) = 0)$ とすると，

$$\widetilde{A}_1^2 + \widetilde{A}_3'^2 = \widetilde{A}_1^2(0) \tag{7.68}$$

となる．これから，式 (7.66) は，

$$\frac{d}{dz}\widetilde{A}'_3 = \gamma\left(\widetilde{A}_1^2(0) - \widetilde{A}_3'^2\right) \tag{7.69}$$

と変形され，直ちに，

$$\widetilde{A}_3'(z) = \widetilde{A}_1(0)\tanh\left(\gamma\widetilde{A}_1(0)z\right) \tag{7.70}$$

が得られる．変換効率は $\widetilde{A}_1(z) = \widetilde{A}_2(z)$ を思い出すと，

$$\eta = \frac{2\omega_0|\widetilde{A}_3'(z)|^2}{\omega_0\left(|\widetilde{A}_1(0)|^2 + |\widetilde{A}_2(0)|^2\right)} = \tanh^2\left(\gamma\widetilde{A}_1(0)z\right) \tag{7.71}$$

である．これを $\gamma\widetilde{A}_1(0)z$ に対してプロットしたのが図 7.2 である．これから，$z \to \infty$ で $\widetilde{A}_3'(z) \to \widetilde{A}_1(0)$ となり，すべての ω_0 の光子が $2\omega_0$ の光子に変換されることがわかる（数は半分になる）．

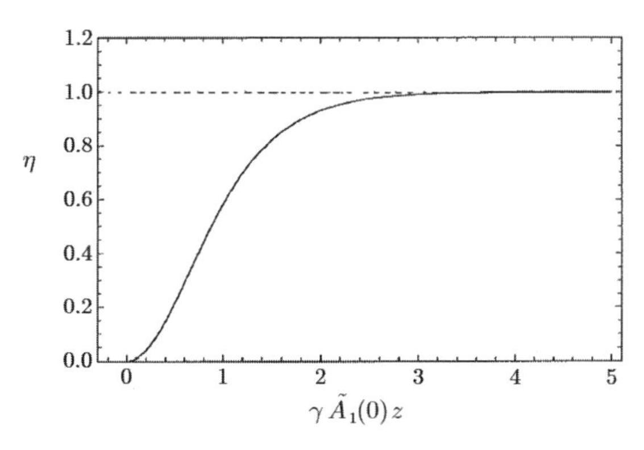

図 7.2　位相整合条件における第 2 高調波発生の効率

§7.4　フェムト秒レーザーを用いたテラヘルツ光の発生

テラヘルツ光とはおよそ 300 GHz から 10 THz の周波数 [5] を持つ領域の光のことである．この周波数領域には，分子の回転スペクトル，巨大分子の振動モード，強誘電体等のソフトモード，超伝導ギャップ，半導体中の励起子の束縛エネルギーなどといった数々の励起モードが存在することから，これらの情報が誘電率の中に現れる．また，紙やプラスティック，衣類などはテラヘルツ光を吸収しないことから，物質内部の検査や危険物の検査に使える可能性も指

[5] 1 GHz（ギガヘルツ）$= 10^9$ Hz，1 THz（テラヘルツ）$= 10^{12}$ Hz.

可視画像

テラヘルツ画像

図7.3　テラヘルツ光を用いた交通系カードの内部透視

摘されている．図7.3にテラヘルツ光によって交通系のカードの内部をイメージ化した画像を示す．可視光では見えない内部に設置されたアンテナやチップの様子がよくわかる．

テラヘルツ光の発生方法は，1990年以前は黒体輻射によるものが主流であった．しかし，強度が弱いことから透過や反射の計測には非常に長い時間が必要だった．1990年代に入ると，フェムト秒レーザー[6)]のめざましい進展により，7.2.4項で述べた「光整流効果」によるテラヘルツ光発生が可能になった．また，7.2.3項で述べた「電気光学効果」によって，発生したテラヘルツ光の検出感度が飛躍的に向上した．この技術革新により，現在ではテラヘルツ領域でも非常に高感度な計測が可能となった．このおかげで，図7.3で示したようなイメージング計測も可能になっている．本節では，フェムト秒レーザーを用いた光整流効果でどのような時間波形，周波数分布を持ったテラヘルツ光が発生できるかを考える．

7.4.1　パルス伝搬する光整流分極

パルス光を非線形媒質に入射させた場合に生じる光整流効果を考える．パルス光によって非線形媒質中の各点各点で異なる時間発展をする光整流分極が現れる．3.4.3項で考えたように，z方向に平面波として伝搬し，時間に対してガウス関数的に振舞うようなパルス光電場を考える．すなわち，

$$\boldsymbol{E}(t) = \widetilde{\boldsymbol{E}}_0 e^{i(k_0 z - \omega_0 t)} e^{-\frac{1}{2\tau^2}\left(t - \frac{z}{v_g}\right)^2} + c.c. \tag{7.72}$$

[6)] 1フェムト秒 $= 10^{-15}$ 秒．

とする．ここで，v_g は非線形媒質中でのパルス光の群速度である．電場のフーリエ変換は

$$\widetilde{\boldsymbol{E}}(\omega) = \sqrt{2\pi}\tau\widetilde{\boldsymbol{E}}_0 e^{ik_0 z} e^{i(\omega-\omega_0)\frac{z}{v_g}} e^{-\frac{1}{2}\tau^2(\omega-\omega_0)^2} + \sqrt{2\pi}\tau\widetilde{\boldsymbol{E}}_0^* e^{-ik_0 z} e^{i(\omega+\omega_0)\frac{z}{v_g}} e^{-\frac{1}{2}\tau^2(\omega+\omega_0)^2} \tag{7.73}$$

と与えられる．

このパルス光電場によって誘起される光整流効果を考えよう．式 (7.9) によって 2 次の非線形分極を計算し，その中で $\widetilde{\boldsymbol{E}}$ と $\widetilde{\boldsymbol{E}}^*$ の積の項だけを取り出せば，式 (7.22) の右辺第 2 項に $\exp\left(i\frac{\omega}{v_g}z\right)$ をかけたものが得られる．簡単のために，$\widetilde{\chi}_{\alpha\beta\gamma}$ を実数とし，スカラー的に扱って χ_{eff} と書くことにする．また，光整流によってつくられる分極は x 方向に直線偏波しているとしよう．すると，光整流効果による分極は，

$$\widetilde{P}_x(z,\omega) = 2\sqrt{\pi}\tau\epsilon_0\chi_{\mathrm{eff}}|\widetilde{\boldsymbol{E}}_0|^2 e^{i\frac{\omega}{v_g}z} e^{-\frac{\omega^2\tau^2}{4}} \tag{7.74}$$

となる．ガウス関数

$$F(\xi) = e^{-\frac{\xi^2}{\tau^2}} \tag{7.75}$$

を定義し，そのフーリエ変換

$$\widetilde{F}(\omega) = \tau\sqrt{\pi}e^{-\frac{\omega^2\tau^2}{4}} \tag{7.76}$$

を使うと，光整流効果による分極は，

$$\widetilde{P}_x^{(2)}(z,\omega) = 2\epsilon_0\chi_{\mathrm{eff}}|\widetilde{\boldsymbol{E}}_0|^2\widetilde{F}(\omega)e^{i\frac{\omega}{v_g}z} \tag{7.77}$$

と書き直すことができる．これを見ると光整流の分極は，元のパルス光の $\sqrt{2}$ 倍のスペクトル幅を有し，非線形媒質中を生成に用いたパルス光の群速度で伝搬していくことがわかる．このような分極から発生する電磁波（光）がテラヘルツ光である．

式 (7.40) の右辺にこの分極を代入することによって，テラヘルツ光の発生が記述できる．非線形媒質に吸収がないとすると，非線形媒質内でテラヘルツ光の電場のフーリエ変換は

$$\left(\boldsymbol{\nabla}^2 + \frac{n^2(\boldsymbol{r})\omega^2}{c^2}\right)\widetilde{E}_x^{\mathrm{THz}}(\boldsymbol{r},\omega) = -\mu_0\omega^2\widetilde{P}_x^{(2)}(z,\omega)\Theta(\boldsymbol{r}) \tag{7.78}$$

の微分方程式に従う．実際の非線形媒質は有限の大きさであることから，その形状による影響を左辺の屈折率の空間依存性と右辺の$\Theta(\boldsymbol{r})$に取り込んでいる．以下では，その空間依存性が比較的簡単な2つの場合について考える．

7.4.2　非線形媒質が点光源とみなせる場合

非線形媒質がテラヘルツ光の波長より十分小さく，遠方での電磁場を考える場合には，非線形分極を一つの点光源と考えることができる．非線形媒質が$z=0$にある場合は，5.3.1項の電磁放射に現れる線形分極を非線形分極に置き換え，その非線形分極の周波数分布がガウス分布になっている場合の計算をすればよい．式(7.77)に$z=0$を代入して，発生源となる非線形媒質の体積V_0をかけてから，式(5.30)の右辺の$\boldsymbol{P}$に代入して，$r=z$, $\hat{\boldsymbol{r}}\cdot\boldsymbol{P}=0$とすれば，逆フーリエ変換することにより，遠方でのテラヘルツ電場のz軸上における時間波形は，

$$E_x^{\mathrm{THz}}(z,t)=\frac{\mu_0}{4\pi}\frac{e^{ikz}}{z}G_0(t) \tag{7.79}$$

と得られる．ここで，

$$G_0(t)=-2\epsilon_0\chi_{\mathrm{eff}}|\widetilde{\boldsymbol{E}}_0|^2V_0\frac{\partial^2}{\partial t^2}F(t) \tag{7.80}$$

である．これから，図7.4に示すように，遠方ではパルス光の包絡関数の2階微分波形のテラヘルツ電場波形が観測されることがわかった．

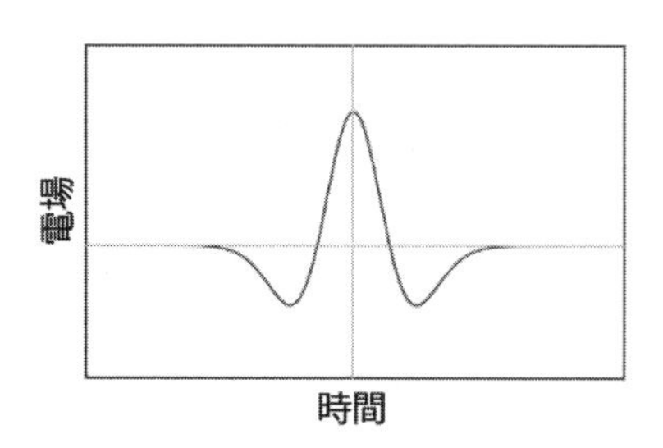

図7.4　非線形媒質が点光源とみなせる場合の遠方での電場の時間波形

7.4.3　非線形媒質が非常に大きい場合

図7.5のように，非線形媒質として，x,y方向には無限に広く，長さLのスラブ状の結晶を考える．Lはテラヘルツ光の波長より十分に大きいとする．こ

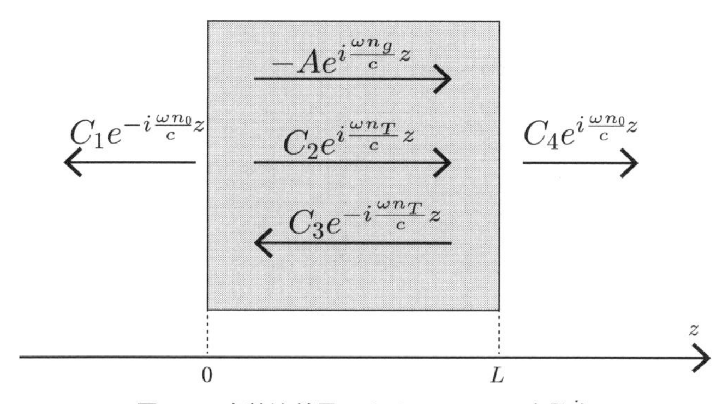

図 7.5　光整流効果によるテラヘルツ光発生

の場合，式 (7.78) は

$$\left(\frac{\partial^2}{\partial z^2}+\frac{n^2(z)\omega^2}{c^2}\right)\widetilde{E}_x^{\rm THz}(z,\omega)=-\mu_0\omega^2\widetilde{P}_x^{(2)}(z,\omega)\Theta(z) \tag{7.81}$$

となる．ここで，$\Theta(z)$ は $0\leq z\leq L$ の範囲で 1 であり，それ以外で 0 となる関数である．また，$n(z)$ は非線形結晶の外 ($z<0$ と $z>L$) で n_0，$0<z<L$ で n_T であるとする．

発生するテラヘルツ光の電場を決めるためには，まず均一な 3 つの領域 ($z<0$，$0<z<L$，$z>L$) で方程式 (7.81) を解き，境界において，$\widetilde{E}_x^{\rm THz}$ と $\widetilde{B}_y^{\rm THz}=(ic/\omega)\partial\widetilde{E}_x^{\rm THz}/\partial z$ が連続である条件を課せば良い[7]．

$0<z<L$ の領域は，式 (7.81) に式 (7.77) を代入した非同次 1 次元ヘルムホルツ方程式

$$\left(\frac{\partial^2}{\partial z^2}+\frac{n_T^2\omega^2}{c^2}\right)\widetilde{E}_x^{\rm THz}(z,\omega)=-\frac{\omega^2}{\epsilon_0 c^2}p_x\widetilde{F}(\omega)e^{i\frac{\omega n_g}{c}z} \tag{7.82}$$

を解けば良い．右辺で $p_x=2\epsilon_0\chi_{\rm eff}|\boldsymbol{E}_0|^2$ と置き換え，パルス光の群速度屈折率 $n_g=c/v_g$ を用いた．この一般解は，式 (7.82) の特解に右辺を 0 とした時の同次微分方程式の一般解を加えることによって得られる．一般に特解はグリーン関数を用いて解くことができる[8]が，ここでは簡単な計算から特解が，

$$\widetilde{E}_x^{\rm THz}(z,\omega)\ =\ -A\widetilde{F}(\omega)e^{i\frac{\omega n_g}{c}z}$$

---

[7] 詳細は，M. I. Bakunov, A. V. Maslov, and S. B. Bodrov, Phys. Rev. Lett. **99**, 203904 (2007) を見よ．

[8] グリーン関数による解法は『フーリエ解析』p.137（福田礼次郎著，理工系の基礎数学 6，岩波書店 (1997)）などに詳しい．

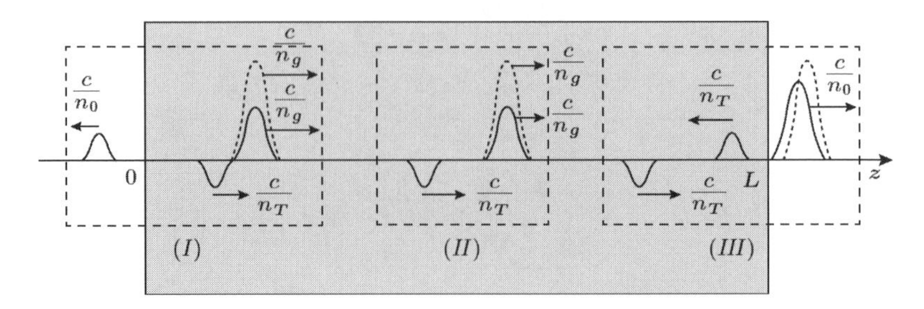

図 7.6　時間領域で見た時の光整流効果によるテラヘルツ光発生．(*I*)，(*II*)，(*III*) はそれぞれ，入射直後，途中の時間，最初に結晶から **THz** 波が出た直後の時のテラヘルツ光パルスのスナップショット．励起光パルスは点線で示してある．

$$A = \frac{p_x}{\epsilon_0(n_T^2 - n_g^2)} \tag{7.83}$$

と得られる．これは，励起パルスの群速度と同じ位相速度で進行するテラヘルツ光パルスとなっている．したがって，$0 < z < L$ の領域の一般解は図 7.5 に示すように，$\exp(i\omega n_T z/c)$，$\exp(i\omega n_g z/c)$，$\exp(-i\omega n_T z/c)$ の 3 つの進行波となる．結晶の外では式 (7.82) の右辺は 0 なので，$z < 0$ の領域では $\exp(-i\omega n_0 z/c)$，$z > L$ の領域では $\exp(i\omega n_0 z/c)$ の進行波が解となる．

上で述べた，周波数領域の解を図 7.6 に示すように時間領域で考えてみよう．簡単のために，$n_0 < n_g < n_T$ としておく．結晶の左から右向きにパルス励起光が入射し，結晶内部で光整流効果によるテラヘルツ光が発生する．その後，(*I*)，(*II*)，(*III*) で示したスナップショットのように時間発展していく．初期には（(*I*) の場合），$z = 0$ の境界条件から $z < 0$ において位相速度 c/n_0 で左に進むテラヘルツパルスと，$z > 0$ で位相速度 $v_T = c/n_T$ と $v_g = c/n_g$ で右に進む 2 つのテラヘルツパルスが現れる．後者はパルス励起光とともに進む波である．もう少し時間が経つと（(*II*) の場合），右に進むパルスは位相速度の違いから空間的に別れ出す．パルス励起光と（v_g で進む波が結晶の端 ($z = L$) に到達すると（(*III*) の場合），反射が起きて，結晶内で左向きに位相速度 $v_T = c/n_T$ で進むテラヘルツパルスが生じる．また，結晶を透過して位相速度 c/n_0 で右に進むテラヘルツパルスも生じる．結晶内のパルスは多重反射を繰り返し，時間領域でパルス列を生成することになる．このフーリエ変換が上で述べた周波数領域の解を与える．

以下では，簡単のために結晶の長さは十分に長いとし，右端からの反射の効果はない[9]としよう．この場合は，$0 < z < L$ の領域では $\exp(i\omega n_T z/c)$ と $\exp(i\omega n_g z/c)$ の進行波のみを考えればよく，$z = 0$ での境界条件で振幅を決めることができる．このようにして，光整流効果によって得られるテラヘルツ電場として，

$$\widetilde{E}_x^{\mathrm{THz}}(z,\omega) = \widetilde{F}(\omega)\begin{cases} C_1 e^{-i\frac{\omega n_0}{c}z}, & z < 0 \\ C_2 e^{i\frac{\omega n_T}{c}z} - Ae^{i\frac{\omega n_g}{c}z}, & z > 0 \end{cases} \tag{7.84}$$

が得られる．ここで，$A = p_x/\epsilon_0(n_T^2 - n_g^2)$，$C_1 = -A(n_T - n_g)/(n_T + n_0)$，$C_2 = A(n_g + n_0)/(n_T + n_0)$ である．これらの式をフーリエ変換することによって，テラヘルツ光の時間・空間発展がわかる．

$z < 0$ の場合，

$$E_x^{\mathrm{THz}}(z,t) = -A\frac{(n_T - n_g)}{(n_T + n_0)}F\left(t + \frac{zn_0}{c}\right) \tag{7.85}$$

$z > 0$ の場合，

$$E_x^{\mathrm{THz}}(z,t) = A\left[\frac{(n_g + n_0)}{(n_T + n_0)}F\left(t - \frac{zn_T}{c}\right) - F\left(t - \frac{zn_g}{c}\right)\right] \tag{7.86}$$

が得られる．

$n_T \neq n_g$ の場合の結晶内の様々な z におけるテラヘルツパルスの時間波形を図 7.7(a) に示す．$z = 1000$ までは強度が増加し，負・正のパルスは接している

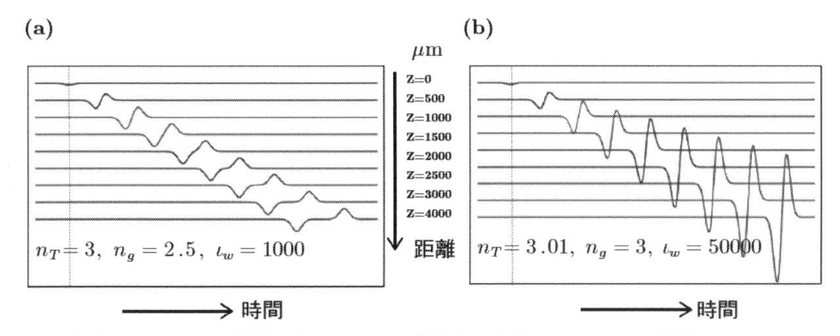

図 7.7 (a) $n_T \neq n_g$ の場合のテラヘルツ光発生．(b) $n_T \sim n_g$ の場合のテラヘルツ光発生．様々な z におけるテラヘルツパルスの時間波形を示す．l_w は分離長である．

[9] 実験的には時間分解的な測定を行うことが可能なため，最初に結晶の左端でつくられたパルスだけを取り出すことが可能である．

が，それ以降は負・正のパルスが時間的にどんどん分離し，強度も変化がなくなることがわかる．$z = 1000$ は励起パルス光の半値全幅を $\Delta\tau_{\mathrm{FWHM}} = 2\sqrt{\ln 2}\tau$ と置いた時に定義される分離長 (Walk-off length) $l_w = c(\Delta\tau_{\mathrm{FWHM}})/|n_T - n_g|$ に対応している．分離長は励起パルス光と生成したテラヘルツ光が時間的に分離してしまう距離であることから，それ以上の長さを伝搬しても光整流効果の効果が現れない．その意味で光整流効果における分離長は 7.3.3 項における第 2 高調波発生のコヒーレント長に対応する概念である．

$n_T \sim n_g$ の場合は，式 (7.86) の右辺第 1 項と第 2 項はほぼ同じ大きさになると同時に，A も発散的に大きくなることから，注意深い評価が必要である．$n_T = n_g + \delta$ とおくと，δ が小さいところで，以下のようになる．

$$E_x^{\mathrm{THz}}(z,t) \sim -\frac{p_x}{2\epsilon_0 n_T}\left(\frac{F(\xi)}{n_T + n_0} + \frac{F(\xi + \frac{z}{c}\delta) - F(\xi)}{\frac{z}{c}\delta}\frac{z}{c}\right) \tag{7.87}$$

ここで $\xi = t - zn_T/c$ である．$\frac{z}{c}\delta \to 0$ の極限では，第 2 項は $F(\xi)$ の ξ 微分 $F'(\xi)$ を用いて書き直すことができて，

$$E_x^{\mathrm{THz}}(z,t) \sim -\frac{p_x}{2\epsilon_0 n_T}\left(\frac{F(\xi)}{n_T + n_0} + F'(\xi)\frac{z}{c}\right) \tag{7.88}$$

となる [10]．第 2 項の中の $F'(\xi)$ は $|\xi| = \tau/\sqrt{2}$ で極値を取るので，第 2 項の大きさを極値で評価すると，$z/(\tau c)F(\tau/\sqrt{2}) \sim z/(\lambda_{\mathrm{THz}})F(\tau/\sqrt{2})$ となる．したがって，波束が物質中のテラヘルツ光の波長より十分に遠い z まで進んだところでは，第 2 項の方が第 1 項より支配的になることがわかる．以上の議論から，$z \gg \lambda_{\mathrm{THz}}$ では，

$$E_x^{\mathrm{THz}}(z,t) \sim -\frac{p_x}{(2\epsilon_0 n_T c)} zF'(t - zn_T/c) \tag{7.89}$$

が得られる．したがって，テラヘルツ光の時間波形はガウス関数の時間微分に比例して，負から正にひと揺れするいわゆる「モノサイクルパルス」となることがわかった．図 7.7(b) に示すように，テラヘルツ光はこのパルス波形を保ったまま距離 z に比例して大きくなることがわかる．このようにして，ほぼ 1 サイクルしか振動しないテラヘルツパルスが得られることになる．

---

[10] $\xi = 0$ の場合は $\delta \to 0$ で第 2 項は 0 となるが，ここで得られた極限の表式でも $F'(\xi = 0) = 0$ から 0 が得られる．

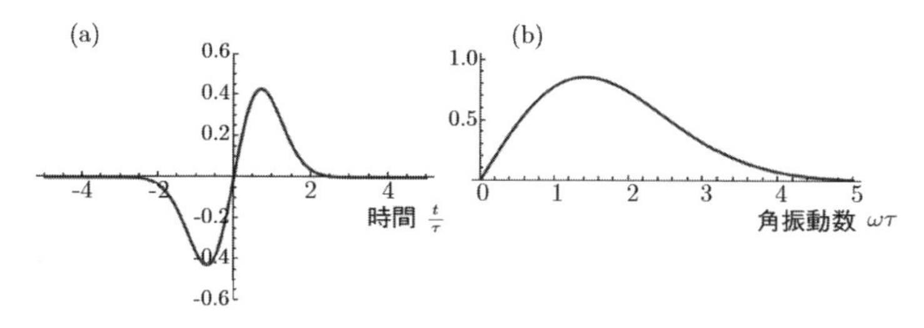

図 **7.8** $n_T \sim n_g$ の場合の光整流効果によって生成されたテラヘルツ電場
(a) 時間波形　(b) 周波数スペクトル

結晶の長さが，テラヘルツ光の波長より長く，分離長 l_w より短い場合には，結晶の外 $z > L$ でも

$$E_x^{\mathrm{THz}}(z,t) \propto -F'\left(t - \frac{zn_0}{c}\right) \tag{7.90}$$

のような時間波形が得られ，そのフーリエ変換は

$$\widetilde{E}_x^{\mathrm{THz}}(z,\omega) \propto -i\sqrt{\pi}\omega\tau e^{-\frac{\omega^2\tau^2}{4}} e^{i\frac{\omega n_0}{c}z}, \tag{7.91}$$

となる．フーリエ変換の絶対値は $(\omega\tau)\exp(-\omega^2\tau^2/4)$ という形をしている．

図 7.8 に τ でスケールしたテラヘルツ光電場パルスの (a) 時間波形と (b) 周波数スペクトルを示す．周波数スペクトルのピーク周波数は $\nu_0 = \omega_0/(2\pi) = 1/(\sqrt{2}\pi\tau)$，半値全幅は $\Delta\omega \sim 2.27/\tau$ で与えられる．これから，100 fs（フェムト秒）のパルス半値全幅（$\tau = 0.06\,\mathrm{ps}$, $1\,\mathrm{ps} = 10^{-12}$ 秒）を持つ平面波パルスを用いて，$n_T \sim n_g$ という理想的な光整流結晶を励起すると，ピーク周波数 3.75 THz，半値全幅 $\Delta\nu = \Delta\omega/(2\pi) \sim 6.0\,\mathrm{THz}$ の周波数分布を持つ非常に広帯域のテラヘルツ光発生が期待される．

最後に，$n_T \sim n_g$ の場合に 7.3.1項で導いた物質中で電場がゆっくりと変化する場合の基礎方程式 (7.43) を用いて光整流効果を考えてみよう．ここで，$\alpha = 0$，$n = n_T$ とする．$\widetilde{P}_{\mathrm{NL}}(z,\omega)$ に式 (7.77) を代入すると，

$$\frac{\partial}{\partial z}\widetilde{E}_x(z,\omega) = i\frac{Z_0\omega}{2n_T}p_x\widetilde{F}(\omega)e^{i\frac{\omega(n_g-n_T)}{c}z} \tag{7.92}$$

が得られる．これを積分し，$\frac{\omega(n_g-n_T)}{c}z \ll 1$ の極限をとると，

$$\widetilde{E}_x^{\mathrm{THz}}(z,\omega) = \widetilde{E}_x(z,\omega)e^{i\frac{\omega n_T}{c}z} = i\frac{Z_0\omega}{2n_T}p_x z\widetilde{F}(\omega)e^{i\frac{\omega n_T}{c}z} \tag{7.93}$$

となる．ここで，式 (7.43) は指数関数成分の振幅に対する方程式であることを考慮した．時間波形はフーリエ変換することによって得られる．

$$E_x^{\mathrm{THz}}(z,t) = -\frac{Z_0 p_x}{2n_T} z F'\left(t - \frac{n_T z}{c}\right) \tag{7.94}$$

である．この式は $n_T \sim n_g$ と $Z_0 = 1/(\epsilon_0 c)$ を考えると，式 (7.89) と全く同じものである．しかし，この方法では $n_T \neq n_g$ の場合の振る舞い（図 7.7(a)）を再現できない点に注意を払うべきである．$n_T \neq n_g$ の場合は，空間的にテラヘルツ光電場が大きく変わるために，z に関する 2 階微分の項を無視することができない．このように，光整流効果では，発生する光の波長が長いために，物質中で電場がゆっくりと変化する近似が難しい．

□益川コラム　テラヘルツ波，ミューオン

一般に，電磁波と聞けばテレビの電波の受信などの際によく聞くVHF（超短波）やUHF（極超短波）などが容易に想像できる．これらは周波数帯領域や波長は細かく幾つかに分かれており，例えばVHFであれば周波数帯領域が30から300 MHzで波長は1から10 mであり，UHFであれば周波数が300 MHzから3 GHzで波長は10 cmから1 mとなる．

同じように，調理機器として定着した電子レンジや，医療機器として患部を"温める"装置で利用されるマイクロ波もよく耳にするようになった．それでは，ここで扱うテラヘルツ波とはどのようなものなのだろうか．その定義や光科学技術の最前線としての詳細は本文の7.4節に譲り，この技術を使ってどのようなことができるか，できそうか，ということについて考える．

テラヘルツ波の利点の第一は，振動数が高いこと（波長が短いこと）によって一度に大量のデータを送信できることが挙げられる．この利点によって，高解像度の画像データの伝達が可能となる．第二は，テラヘルツ光は可視光とは全く異なる物質に対する応答を示すことである．プラスティックや紙・服などは透過してしまうのに対し，分子の回転モードや振動モードなどに対して感度が高い計測ができる．したがって，この技術を衛星に載せることで地球環境の探査が可能となり，オゾンホールの特定や高解像度の画像データから進んだ測定と解析が可能になるはずである．また，透過する特性を使った非破壊検査なども重要な応用となる．本章の著者である田中氏は，このテラヘルツ波を利用することに加え，発生についての研究も進めている．

テラヘルツ波に続けてミューオン (muon) の話題に移ろう．

ミューオンは，宇宙から降ってくる宇宙線が地球の大気と衝突する際に発生する素粒子レプトンの一つで，ミュー粒子（μ粒子）とも呼ばれる．一般にミューオンの寿命は静止時で100万分の2秒といわれているが，なぜそれが地上で観測できるのであろうか．ミューオンが地上に降ってくる速度は極めて速く光速に近い．そのため特殊相対論をもとに考えれば，我々の居る地上から見れば時間の遅れを伴って，その寿命が引き伸ばされているように見える．つまり，特殊相対論と密接に関係し，そうなれば，その上に構成される電磁気学との関係も浮き彫りにできることになる．なお，ミューオンの観測にはスパークチェンバー[11]という装置が必要になる．

そして，このミューオンとミューオンの性質[12]を利用した最先端の研究にも注目したい．田中宏幸氏（東京大学地震研究所教授）は，火山（昭和新山，浅間山，硫黄島の硫黄岳など）の内部を透視することから得られる透視画とその解析によっ

て，マグマの状態を観察し噴火のメカニズムを示したり，噴火の予知にかかわる重要な手がかりを得たりしている．また，火山以外にも，同一の方法で行った断層帯に対する調査は，トレンチ調査[13]などの既存の手法に代わる新たな断層調査としても期待されている．

さらに，KEKは原子炉の状態を観察するなどにも利用した．

いままで解明できなかったことを探るという物理学の本質的動機に従えば，このように地上に到達するようなミューオンがある，という事実がわかることで得られる大変重要な話題であり，本講座の冒頭に掲げた，「未来を拓く物理学」というに相応しい．

《益川敏英》

[11] スパークチェンバーは，福井崇時氏（名古屋大学名誉教授），宮本重徳氏が大阪大学に在職中に開発した荷電粒子が飛び回った跡を観測する装置で，高エネルギー加速器研究機構 (KEK) や欧州原子核研究機構 (CERN) にある．

[12] 我々の人体や大きな岩を通り抜ける性質がある．

[13] トレンチ調査とは，活断層の活動を調べるため，活動があったと予測できる地点を何メートルか掘り，あらわになった地層の観察を行うこと．

§7 の章末問題

問題 1　$n_T \sim n_g$ の場合に式 (7.88)，式 (7.89) が成り立つことを示せ．

問題 2　（直線 3 原子分子の 2 次の非線形分極）AB_2 型の直線 3 原子分子を考える．簡単のために，原子 A の質量は無限大とし，原子 B は質量 m_B，電荷 Q をもち，それぞれの平衡点のまわりで，

$$V(x) = \frac{1}{2}m_B\omega_0^2 x^2 + \frac{1}{3}m_B a x^3 + \frac{1}{4}m_B b x^4$$

という非調和ポテンシャルの中にあるとする．この場合，系はハミルトニアン

$$H = \frac{1}{2m_B}(P_1^2 + P_2^2) + V(x_1) + V(-x_2) \tag{7.95}$$

で表すことができる．ここで，x_1 と x_2 は 2 つの原子 B の平衡位置 x_0，$-x_0$ からの変位，P_1, P_2 はそれぞれの運動量である．

この分子に x 方向の電場 $E_0 \cos(\omega t)$ を持つ光を照射して生じる電気双極子モーメントの ω，2ω 成分を求めよ．2ω 成分は 0 となるが，その理由を考えよ．

問題 3　（GaAs における 2 次の非線形分極）GaAs は立方晶であり，その誘電率テンソルは等方的である．しかし，GaAs の原子配列には反転対称性がないので，$\chi^{(2)}_{\alpha\beta\gamma}$ にはゼロでない成分がある．ゼロでない成分は，$\chi^{(2)}_{xyz}$ 及び x, y, z の順序を変えたテンソル成分であり，すべて同じ値 $\chi^{(2)}_{\text{eff}}$ を持つ．

(1)　入射光が x 軸方向 ([100]) に伝播し，電場の偏光ベクトルが y–z 平面内にあり，z 軸に対して θ だけ傾いている場合の，非線形分極 $\boldsymbol{P}^{(2)}$ の向きと θ 依存性を求めよ．

(2)　入射光の波数ベクトル $\boldsymbol{k}$ が [111] 方向に向いている場合を考える．偏光ベクトルが z 軸と $\boldsymbol{k}$ のなす面内にある場合，非線形分極 $\boldsymbol{P}^{(2)}$ の向きを決定せよ．

ヒント：電場を成分で表して，有効なテンソル成分からの寄与をすべて足し合わせればよい．

章末問題解答

第1章

問題1　式(1.68)を変形すると

$$\phi_p^{(2)}(\boldsymbol{r}) = \bar{\boldsymbol{P}} \cdot \boldsymbol{\nabla} \left(\frac{1}{4\pi\epsilon_0} \int_V d^3\boldsymbol{r}' \frac{1}{|\boldsymbol{r} - \boldsymbol{r}'|} \right) \tag{Ans.1}$$

となるので，積分

$$I = \int_V d^3\boldsymbol{r}' \frac{1}{|\boldsymbol{r} - \boldsymbol{r}'|} \tag{Ans.2}$$

を求めればよい．$\boldsymbol{r}, \boldsymbol{r}'$ の大きさをそれぞれ r, r' とする．V は原点を中心とする半径 R の球であるから，$0 \leq r \leq R$ が成り立つ．いま $r' < R$ として話を進めよう．$\boldsymbol{r}$ と $\boldsymbol{r}'$ のなす角を θ とおいて極座標表示を導入するとルジャンドル多項式による展開

$$\frac{1}{\sqrt{r^2 - 2rr' + r'}} = \begin{cases} \dfrac{1}{r} \displaystyle\sum_{n=0}^{\infty} \left(\frac{r'}{r} \right)^n P_n(\cos\theta) & (r > r' \quad \text{のとき}) \\ \dfrac{1}{r'} \displaystyle\sum_{n=0}^{\infty} \left(\frac{r}{r'} \right)^n P_n(\cos\theta) & (r < r' \quad \text{のとき}) \end{cases} \tag{Ans.3}$$

を用いると，積分 I は以下のように $r' < r$ と $r' > r$ の2つの領域に分けられる．

$$\begin{aligned} I &= 2\pi \int_0^r dr'(r')^2 \int_{-1}^{+1} d(\cos\theta) \frac{1}{r} \sum_{n=0}^{\infty} \left(\frac{r'}{r} \right)^n P_n(\cos\theta) \\ &\quad + 2\pi \int_r^R dr'(r')^2 \int_{-1}^{+1} d(\cos\theta) \frac{1}{r'} \sum_{n=0}^{\infty} \left(\frac{r}{r'} \right)^n P_n(\cos\theta) \end{aligned} \tag{Ans.4}$$

$\cos\theta$ についての積分を行うとルジャンドル多項式の直交性より $n = 0$ のみがゼロでない寄与を与える．$P_0(\cos\theta) = 1$ より

$$I = 4\pi \int_0^r dr'(r')^2 \frac{1}{r} + 4\pi \int_r^R dr'(r')^2 \frac{1}{r'} = 4\pi \left(-\frac{1}{6}\boldsymbol{r}^2 + \frac{1}{2}R^2 \right) \tag{Ans.5}$$

これを式 (Ans.1) に代入すると以下を得る．

$$\phi_p^{(2)}(\boldsymbol{r}) = -\frac{\bar{\boldsymbol{P}}\cdot\boldsymbol{r}}{3\epsilon_0} \tag{Ans.6}$$

問題 2　アルゴン気体の数密度を N_g とすると

$$\frac{\alpha}{\epsilon_0} = \frac{\frac{\epsilon}{\epsilon_0}-1}{N_g} \tag{Ans.7}$$

が成り立つ．実験値を代入すると

$$\frac{\alpha}{\epsilon_0} = 2.06\times 10^{-29}\,[\mathrm{m}^3] \tag{Ans.8}$$

を得る．液体アルゴンの数密度を N_l として，上の結果をクラウジウス・モソッティの式

$$\frac{\epsilon}{\epsilon_0} = \frac{1+N_l\frac{2\alpha}{3\epsilon_0}}{1-N_l\frac{\alpha}{3\epsilon_0}} \tag{Ans.9}$$

に代入すると

$$\frac{\epsilon}{\epsilon_0} = 1.50 \tag{Ans.10}$$

となり，実験値の 1.53 に近い値を再現することがわかる．

問題 3　積分 I に現れるデルタ関数は $s=s_0, t=t', u=u_0$ 以外ではゼロとなる．したがって，

$$\delta^3\left(\boldsymbol{r}(s,t,u_0)-\boldsymbol{r}(s_0,t',u)\right) = J^{-1}\delta(s-s_0)\delta(t-t')\delta(u-u_0) \tag{Ans.11}$$

となる．ここで J は変数 s,t,u から変数 r_1,r_2,r_3 への変換のヤコビアンの s_0,t,u_0 での値，すなわち

$$J = \det\begin{pmatrix} \frac{\partial r_1}{\partial s} & \frac{\partial r_1}{\partial t} & \frac{\partial r_1}{\partial u} \\ \frac{\partial r_2}{\partial s} & \frac{\partial r_2}{\partial t} & \frac{\partial r_2}{\partial u} \\ \frac{\partial r_3}{\partial s} & \frac{\partial r_3}{\partial t} & \frac{\partial r_3}{\partial u} \end{pmatrix}\Bigg|_{s_0,t,u_0} = \frac{\partial\boldsymbol{r}}{\partial s}\cdot\left(\frac{\partial\boldsymbol{r}}{\partial t}\times\frac{\partial\boldsymbol{r}}{\partial u}\right)\Bigg|_{s_0,t,u_0} \tag{Ans.12}$$

である．ここで一般にベクトル $\boldsymbol{A},\boldsymbol{B},\boldsymbol{C}$ に対して $\boldsymbol{A}\cdot(\boldsymbol{B}\times\boldsymbol{C}) = \boldsymbol{C}\cdot(\boldsymbol{A}\times\boldsymbol{B})$ が成り立つことより

$$\begin{aligned}&\left(\frac{\partial\boldsymbol{r}}{\partial s}\times\frac{\partial\boldsymbol{r}}{\partial t}\right)\Bigg|_{s_0,t,u_0}\cdot\left[\left(\frac{\partial\boldsymbol{r}}{\partial t}\times\frac{\partial\boldsymbol{r}}{\partial u}\right)\Bigg|_{s_0,t,u_0}\times\bar{\boldsymbol{M}}(\boldsymbol{r}')\right] \\ &= \bar{\boldsymbol{M}}(\boldsymbol{r}')\cdot\left[\left(\frac{\partial\boldsymbol{r}}{\partial s}\times\frac{\partial\boldsymbol{r}}{\partial t}\right)\times\left(\frac{\partial\boldsymbol{r}}{\partial t}\times\frac{\partial\boldsymbol{r}}{\partial u}\right)\right]\Bigg|_{s_0,t,u_0}\end{aligned} \tag{Ans.13}$$

と書き換えられる．さらに一般にベクトル $\boldsymbol{A}, \boldsymbol{B}, \boldsymbol{C}, \boldsymbol{D}$ に対して $(\boldsymbol{A}\times\boldsymbol{B})\times(\boldsymbol{C}\times\boldsymbol{D}) = \boldsymbol{B}\,[\boldsymbol{A}\cdot(\boldsymbol{C}\times\boldsymbol{D})] - \boldsymbol{A}\,[\boldsymbol{B}\cdot(\boldsymbol{C}\times\boldsymbol{D})]$ が成り立つことより

$$\begin{aligned}&\left.\left(\frac{\partial \boldsymbol{r}}{\partial s}\times\frac{\partial \boldsymbol{r}}{\partial t}\right)\right|_{s_0,t,u_0}\times\left.\left(\frac{\partial \boldsymbol{r}}{\partial t}\times\frac{\partial \boldsymbol{r}}{\partial u}\right)\right|_{s_0,t,u_0}\\&=\left.\frac{\partial \boldsymbol{r}}{\partial t}\left[\frac{\partial \boldsymbol{r}}{\partial s}\cdot\left(\frac{\partial \boldsymbol{r}}{\partial t}\times\frac{\partial \boldsymbol{r}}{\partial u}\right)\right]\right|_{s_0,t,u_0}=J\frac{\partial \boldsymbol{r}}{\partial t}\end{aligned}\tag{Ans.14}$$

が導かれる．式 (Ans.11)，式 (Ans.13)，式 (Ans.14) を I の表式 (1.180) に代入すると

$$\begin{aligned}I&=-\int ds dt\int dt' du\bar{\boldsymbol{M}}(\boldsymbol{r}(s_0,t',u))\\&\quad\cdot J\frac{\partial \boldsymbol{r}(s_0,t,u_0)}{\partial t}J^{-1}\delta(s-s_0)\delta(t-t')\delta(u-u_0)\\&=-\int dt\frac{\partial \boldsymbol{r}(s_0,t,u_0)}{\partial t}\cdot\bar{\boldsymbol{M}}(\boldsymbol{r}(s_0,t,u_0))=-\int_{C_3}d\boldsymbol{r}\cdot\bar{\boldsymbol{M}}(\boldsymbol{r})\end{aligned}\tag{Ans.15}$$

となり，式 (1.149) が導かれた．

問題 4　誘電体の内部と外部の静電ポテンシャルをそれぞれ $\Phi^{(1)}(\boldsymbol{r}), \Phi^{(2)}(\boldsymbol{r})$ とする．ともにラプラス方程式を満たし，内部の静電ポテンシャルは原点で発散せず，外部の静電ポテンシャルは外場の電場を除いて無限遠点で発散しないとする．外場の電場に対応する静電ポテンシャルは

$$\Phi_{\text{ext}}(\boldsymbol{r})=-E_0 z=-E_0 r\cos\theta=-E_0 r P_1(\cos\theta)\tag{Ans.16}$$

である．したがって，誘電体の外部の静電ポテンシャルは

$$\Phi^{(2)}(\boldsymbol{r})=-E_0 r P_1(\cos\theta)+\sum_{l=0}^{\infty}B_l r^{-(l+1)}P_l(\cos\theta)\tag{Ans.17}$$

内部の静電ポテンシャルは

$$\Phi^{(1)}(\boldsymbol{r})=\sum_{l=1}^{\infty}A_l r^l P_l(\cos\theta)\tag{Ans.18}$$

と表せる．ここで B_l, A_l は境界条件で決まる定数である．誘電体の内部と外部の電場をそれぞれ $\boldsymbol{E}^{(1)}(\boldsymbol{r}), \boldsymbol{E}^{(2)}(\boldsymbol{r})$ とおくと

$$\boldsymbol{E}^{(1)}(\boldsymbol{r})=-\left(\boldsymbol{e}_r\frac{\partial}{\partial r}+\frac{1}{r}\boldsymbol{e}_\theta\frac{\partial}{\partial\theta}+\frac{1}{r\sin\theta}\boldsymbol{e}_\phi\frac{\partial}{\partial\phi}\right)\Phi^{(1)}(\boldsymbol{r})\tag{Ans.19}$$

$$\boldsymbol{E}^{(2)}(\boldsymbol{r})=-\left(\boldsymbol{e}_r\frac{\partial}{\partial r}+\frac{1}{r}\boldsymbol{e}_\theta\frac{\partial}{\partial\theta}+\frac{1}{r\sin\theta}\boldsymbol{e}_\phi\frac{\partial}{\partial\phi}\right)\Phi^{(2)}(\boldsymbol{r})\tag{Ans.20}$$

と書ける．ここで $\boldsymbol{e}_r, \boldsymbol{e}_\theta, \boldsymbol{e}_\phi$ はそれぞれ動径方向，緯角 θ 方向，経角 ϕ 方向の単位ベクトルである．静電ポテンシャルの表式を代入すると

$$\boldsymbol{e}_r \cdot \boldsymbol{E}^{(1)}(\boldsymbol{r}) = -\left[A_1 P_1(\cos\theta) + \sum_{l=2}^{\infty} l A_l r^{l-1} P_l(\cos\theta)\right] \tag{Ans.21}$$

$$\begin{aligned}\boldsymbol{e}_r \cdot \boldsymbol{E}^{(2)}(\boldsymbol{r}) = -\Big[&-B_0 r^{-2} + (-E_0 - 2B_1 r^{-3}) P_1(\cos\theta) \\ &- \sum_{l=2}^{\infty} (l+1) B_l r^{-(l+2)} P_l(\cos\theta)\Big]\end{aligned} \tag{Ans.22}$$

$$\boldsymbol{e}_\theta \cdot \boldsymbol{E}^{(1)}(\boldsymbol{r}) = -\left[A_1 \frac{dP_1(\cos\theta)}{d\theta} + \sum_{l=2}^{\infty} A_l r^{l-1} \frac{dP_l(\cos\theta)}{d\theta}\right] \tag{Ans.23}$$

$$\begin{aligned}\boldsymbol{e}_\theta \cdot \boldsymbol{E}^{(2)}(\boldsymbol{r}) = -\Big[&B_0 r^{-2} + (-E_0 + B_1 r^{-3}) \frac{dP_1(\cos\theta)}{d\theta} \\ &+ \sum_{l=2}^{\infty} B_l r^{-(l+2)} \frac{dP_l(\cos\theta)}{d\theta}\Big]\end{aligned} \tag{Ans.24}$$

$$\boldsymbol{e}_\phi \cdot \boldsymbol{E}^{(1)}(\boldsymbol{r}) = \boldsymbol{e}_\phi \cdot \boldsymbol{E}^{(2)}(\boldsymbol{r}) = 0 \tag{Ans.25}$$

を得る．さて，境界条件

$$\epsilon \boldsymbol{e}_r \cdot \boldsymbol{E}^{(1)}(\boldsymbol{r})\Big|_{r=R} = \epsilon_0 \boldsymbol{e}_r \cdot \boldsymbol{E}^{(0)}(\boldsymbol{r})\Big|_{r=R} \tag{Ans.26}$$

$$\boldsymbol{e}_\theta \cdot \boldsymbol{E}^{(1)}(\boldsymbol{r})\Big|_{r=R} = \boldsymbol{e}_\theta \cdot \boldsymbol{E}^{(0)}(\boldsymbol{r})\Big|_{r=R} \tag{Ans.27}$$

$$\boldsymbol{e}_\phi \cdot \boldsymbol{E}^{(1)}(\boldsymbol{r})\Big|_{r=R} = \boldsymbol{e}_\phi \cdot \boldsymbol{E}^{(0)}(\boldsymbol{r})\Big|_{r=R} \tag{Ans.28}$$

を要請すると

$$B_0 = 0 \tag{Ans.29}$$

$$\epsilon A_1 = \epsilon_0(-E_0 - 2B_1 R^{-3}) \tag{Ans.30}$$

$$A_1 = -E_0 + B_1 R^{-3} \tag{Ans.31}$$

$$\epsilon l A_l R^{l-1} = -(l+1) B_l R^{-(l+2)} \quad (l = 2, 3, \ldots) \tag{Ans.32}$$

$$A_l R^{l-1} = B_l R^{-(l+2)} \quad (l = 2, 3, \ldots) \tag{Ans.33}$$

という関係式を得る．これを解くと，

$$A_l = B_l \ (l = 2, 3, \ldots) \tag{Ans.34}$$

$$A_1 = -\frac{3\epsilon_0}{\epsilon + 2\epsilon_0} E_0 \tag{Ans.35}$$

$$B_1 = \frac{\epsilon - \epsilon_0}{\epsilon + 2\epsilon_0} E_0 R^3 \tag{Ans.36}$$

と決まる．これより電場は以下のように求められる．

$$\boldsymbol{E}^{(1)}(\boldsymbol{r}) = \frac{3\epsilon_0 E_0}{\epsilon + 2\epsilon_0}\begin{pmatrix} 0 \\ 0 \\ 1 \end{pmatrix} \tag{Ans.37}$$

$$\boldsymbol{E}^{(2)}(\boldsymbol{r}) = E_0\begin{pmatrix} 0 \\ 0 \\ 1 \end{pmatrix} + \frac{\epsilon - \epsilon_0}{\epsilon + 2\epsilon_0}E_0\left(\frac{R}{r}\right)^3\begin{pmatrix} 3\sin\theta\cos\theta\cos\phi \\ 3\sin\theta\cos\theta\sin\phi \\ 3\cos^2\theta - 1 \end{pmatrix} \tag{Ans.38}$$

問題 5 電荷密度 ρ で一様に帯電した球が z 軸のまわりに角速度 ω で回転しているとき，球の中心を原点にとり位置 $\boldsymbol{r}$ にある電荷密度の作る電流密度は

$$\boldsymbol{J}(\boldsymbol{r}) = \rho\omega\boldsymbol{e}_3 \times \boldsymbol{r} \tag{Ans.39}$$

である．ここで $\boldsymbol{e}_3$ は z 方向の単位ベクトルである．これを磁気双極子モーメント $\boldsymbol{m}$ に代入すると

$$\boldsymbol{m} = \frac{1}{2}\rho\omega\int d^3\boldsymbol{r}(\boldsymbol{r}\times(\boldsymbol{e}_3\times\boldsymbol{r})) = \frac{1}{2}\rho\omega\int d^3\boldsymbol{r}(|\boldsymbol{r}|^2\boldsymbol{e}_3 - \boldsymbol{r}(\boldsymbol{r}\cdot\boldsymbol{e}_3)) \tag{Ans.40}$$

となる．z 軸まわりの軸対称性から磁気モーメントは z 軸方向を向くことは明らかである．極座標表示を用いると

$$\boldsymbol{m} = \pi\rho\omega\int_0^R drr^4\int_{-1}^1 d(\cos\theta)(1-\cos^2\theta)\boldsymbol{e}_3 = \frac{4\pi}{15}\rho\omega R^5\boldsymbol{e}_3 \tag{Ans.41}$$

また，磁場は以下のようになる．

$$\boldsymbol{B}(\boldsymbol{r}) = \frac{\mu_0}{15r^3}\rho\omega R^5\left(3(\hat{\boldsymbol{r}}\cdot\boldsymbol{e}_3)\hat{\boldsymbol{r}} - \boldsymbol{e}_3\right) \tag{Ans.42}$$

第 2 章

問題 1 この証明は，$\tilde{\boldsymbol{P}}(\omega)$ の逆フーリエ変換に式 (2.39) を代入することでできる．

$$\begin{aligned}
\tilde{\boldsymbol{P}}(\omega) &= \epsilon_0\int_{-\infty}^{\infty}\int_{-\infty}^{\infty}\chi(t-t')\boldsymbol{E}(t')e^{i\omega t}dt'dt \\
&= \frac{\epsilon_0}{(2\pi)^2}\iiiint\tilde{\chi}(\omega')e^{-i\omega'(t-t')}\widetilde{\boldsymbol{E}}(\omega'')e^{-i\omega''t'}e^{i\omega t}dtdt'd\omega'd\omega'' \\
&= \frac{\epsilon_0}{2\pi}\iiint\tilde{\chi}(\omega')e^{i\omega't'}\widetilde{\boldsymbol{E}}(\omega'')e^{-i\omega''t'}\delta(\omega-\omega')dt'd\omega'd\omega'' \\
&= \epsilon_0\iint\tilde{\chi}(\omega')\widetilde{\boldsymbol{E}}(\omega'')\delta(\omega-\omega')\delta(\omega'-\omega'')d\omega'd\omega'' \\
&= \epsilon_0\tilde{\chi}(\omega)\widetilde{\boldsymbol{E}}(\omega)
\end{aligned}$$

2行目から3行目，3行目から4行目ではデルタ関数の定義

$$\delta(\omega) = \frac{1}{2\pi}\int_{-\infty}^{\infty} e^{i\omega t}dt \tag{Ans.43}$$

を用いている．

第4章

問題1

垂直入射の場合は偏光によらず同じであるから，s 偏光に対する式 (4.50), (4.51) において $\theta = \theta_T = 0$ とおいて，水の特性インピーダンスを Z_2，大気の特性インピーダンスを Z_1 とおくと

$$t_s = \frac{2Z_2}{Z_2 + Z_1} \tag{Ans.44}$$

$$r_s = \frac{Z_2 - Z_1}{Z_2 + Z_1} \tag{Ans.45}$$

を得る．水は磁性がない誘電体と見なせるので水の屈折率を n とすると，式 (4.37) より $Z_2 = \frac{Z_0}{n}$ と表される．ここで Z_0 は真空の特性インピーダンスである．一方，大気の屈折率はほぼ1であるので $Z_1 = Z_0$ と見なしてよい．以上より透過係数と反射係数は

$$t_s = \frac{2}{1+n} = \frac{6}{7} \tag{Ans.46}$$

$$r_s = \frac{1-n}{1+n} = -\frac{1}{7} \tag{Ans.47}$$

となる．透過率および反射率は式 (4.79), (4.78) で $\theta = \theta_T = 0$ とおいて

$$\mathrm{T}_s = \frac{4Z_1Z_2}{|Z_2 + Z_1|^2} = \frac{4n}{|1+n|^2} = \frac{48}{49} \tag{Ans.48}$$

$$\mathrm{R}_s = \left|\frac{Z_2 - Z_1}{Z_2 + Z_1}\right|^2 = \left|\frac{1-n}{1+n}\right|^2 = \frac{1}{49} \tag{Ans.49}$$

となる．

問題2　大気から水に向かって入射角 θ で入射した光が角 θ_T で水中に透過したとする．大気の屈折率を1，水の屈折率を n とすると，スネルの法則より

$$\sin\theta = n\sin\theta_T \tag{Ans.50}$$

が成り立つ．大気側から入射できる光の入射角の最大値は $\theta = \dfrac{\pi}{2}$ であるから屈折角の最大値は

$$\theta_T^{\max} = \frac{1}{n} \tag{Ans.51}$$

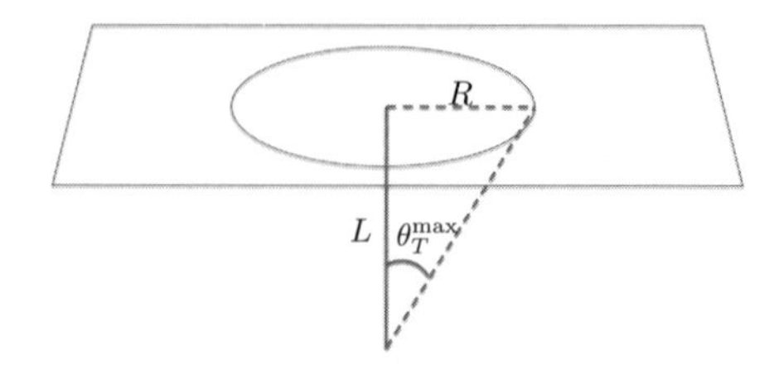

図　$\theta_T^{\max}$ と L, R の関係

で与えられる．上図にあるように $L, R, \theta_T^{\max}$ は

$$R = L \tan \theta_T^{\max} \tag{Ans.52}$$

という関係を持つ．これより R は以下のように与えられる．

$$R = \frac{\sin \theta_T^{\max}}{\sqrt{1 - \sin^2 \theta_T^{\max}}} L = \frac{1}{\sqrt{n^2 - 1}} L = \frac{3}{\sqrt{7}} L \tag{Ans.53}$$

問題 3　電子の運動方程式の解は

$$\boldsymbol{r} = \frac{e\boldsymbol{E}^{(0)}}{m\omega^2} \exp(-i\omega t) \tag{Ans.54}$$

で与えられる．これより電気双極子モーメント密度は

$$\boldsymbol{P} = -eN\boldsymbol{r} = -\frac{e^2 N\boldsymbol{E}^{(0)}}{m\omega^2} \exp(-i\omega t) \tag{Ans.55}$$

となる．したがって，誘電率の定義式 $\boldsymbol{P} = (\epsilon - \epsilon_0)\boldsymbol{E}$ より

$$\frac{\epsilon}{\epsilon_0} = 1 - \frac{e^2 N}{m\omega^2 \epsilon_0} = 1 - \frac{\omega_P^2}{\omega^2} \tag{Ans.56}$$

を得る．ただし $\omega_P^2 = \dfrac{e^2 N}{m\epsilon_0}$ である．

第 5 章

問題 1　クーロン力によって半径 r_0 の円周上を等速円運動する電荷 q の受ける加速度の大きさを a とすると

$$ma = \frac{q^2}{4\pi\epsilon_0 r_0^2} \tag{Ans.57}$$

が成り立つ．したがって，

$$a = \frac{q^2}{4\pi m\epsilon_0 r_0^2} \tag{Ans.58}$$

である．これをラーマーの公式に代入すると

$$P = \frac{q^2}{6\pi\epsilon_0 c^3}\left(\frac{q^2}{4\pi m\epsilon_0 r_0^2}\right)^2 = \frac{2}{3m^2c^3r_0^4}\left(\frac{q^2}{4\pi\epsilon_0}\right)^3 \tag{Ans.59}$$

が導かれる．

問題 2 (1) クーロン力によって半径 r の等速円運動する荷電粒子の速度の大きさを v とすると

$$\frac{mv^2}{r} = \frac{q^2}{4\pi\epsilon_0 r^2} \tag{Ans.60}$$

であるから，運動エネルギーは

$$\frac{1}{2}mv^2 = \frac{1}{2}\frac{q^2}{4\pi\epsilon_0 r} \tag{Ans.61}$$

である．クーロンポテンシャルエネルギーと合わせると全エネルギーは

$$E = \frac{1}{2}mv^2 - \frac{q^2}{4\pi\epsilon_0 r} = -\frac{q^2}{8\pi\epsilon_0 r} \tag{Ans.62}$$

となる．

(2) エネルギーの表式 $E = -\dfrac{q^2}{8\pi\epsilon_0 r}$ と放射によるエネルギー損失の表式 $P = \left(\dfrac{q^2}{4\pi\epsilon_0}\right)^3 \dfrac{2}{3m^2c^3r_0^4}$ を

$$\frac{dE}{dt} = -P \tag{Ans.63}$$

に代入すると

$$r^2\frac{dr}{dt} = -\left(\frac{q^2}{4\pi\epsilon_0}\right)^2 \frac{4}{3m^2c^3} \tag{Ans.64}$$

となる．これを積分すると $t = 0$ での初期値を $r = r_0$ として

$$r(t)^3 = r_0^3 - \left(\frac{q^2}{4\pi\epsilon_0}\right)^2 \frac{4}{m^2c^3}t \tag{Ans.65}$$

が導かれる．したがって，半径の 3 乗が時間の関数として線形的に減少する．

(3)　水素原子がつぶれる時間は $r(t)=0$ で決まるので

$$t = r_0^3 \left(\frac{4\pi\epsilon_0}{e^2}\right)^2 \frac{m^2c^3}{4} \tag{Ans.66}$$

となる．問題で与えられた数値を代入すると

$$t = 1.6 \times 10^{-11}[\mathrm{sec}] \tag{Ans.67}$$

と評価される．実際には量子力学的効果で水素原子は安定である．

問題 3

電流密度は

$$\boldsymbol{J}(\boldsymbol{r},t) = I(t)\delta(z)\delta(r-a)\boldsymbol{e}_\theta \tag{Ans.68}$$

で与えられる．ここで r は円筒座標での半径 $r=\sqrt{x^2+y^2}$ であり，$\boldsymbol{e}_\theta$ は円筒座標での角度方向の単位ベクトル，すなわち

$$\boldsymbol{e}_\theta = \begin{pmatrix} -\sin\theta \\ \cos\theta \\ 0 \end{pmatrix} \tag{Ans.69}$$

である．磁気モーメントを計算すると

$$\boldsymbol{m} = \frac{1}{2}\int d^3\boldsymbol{r}\,(\boldsymbol{r}\times\boldsymbol{J}(\boldsymbol{r},t)) = \pi a^2 I_0\cos(\omega t)\boldsymbol{e}_3 \tag{Ans.70}$$

となる．ここで $\boldsymbol{e}_3$ は z 方向の単位ベクトルである．磁気双極子輻射の公式より，今度は極座標表示を用いてエネルギー放射の角度分布は

$$\langle P\rangle_t = \frac{\omega^4\sin\theta}{32\pi^2\epsilon_0 c^5}(\pi a^2 I_0)^2\sin^2\theta \tag{Ans.71}$$

と求められる．

問題 4

円運動では加速度ベクトルと速度ベクトルが直交する．そこである瞬間の速度ベクトルの向きを z 方向に，加速度ベクトルの向きを x 方向になるように座標軸を設定しよう．成分表示では

$$\boldsymbol{v} = v\begin{pmatrix} 0 \\ 0 \\ 1 \end{pmatrix}, \quad \boldsymbol{a} = a\begin{pmatrix} 1 \\ 0 \\ 0 \end{pmatrix} \tag{Ans.72}$$

と表される．放射の方向を表すベクトル $\hat{\boldsymbol{R}}$ を z 軸を極とする極座標表示で成分を書くと

$$\hat{\boldsymbol{R}} = \begin{pmatrix} \sin\theta\cos\phi \\ \sin\theta\sin\phi \\ \cos\theta \end{pmatrix} \tag{Ans.73}$$

となる．計算を簡素化するため $\beta = v/c$ とおく．この表式を式 (5.116) に代入すると

$$dP = \frac{q^2 a^2}{16\pi^2 \epsilon_0 c^3} \frac{b^2 - (1-\beta^2)\sin^2\theta\cos^2\phi}{b^5} d(\cos\theta) d\phi \quad \text{(Ans.74)}$$

となる．ただし $b = 1 - \beta\cos\theta$ である．さて単位時間当たりの全放射エネルギーを求めるため，まず角度 ϕ について 0 から 2π まで積分し，次に $x = \cos\theta$ とおいて -1 から 1 まで積分すると

$$P = \int_{-1}^{1} dx \frac{q^2 a^2}{16\pi \epsilon_0 c^3} \frac{2(1-\beta x)^2 - (1-\beta^2)(1-x)^2}{(1-\beta x)^5} \quad \text{(Ans.75)}$$

を得る．この積分は被積分関数が x についての有理式なので簡単に実行できて

$$P = \frac{q^2 a^2}{6\pi \epsilon_0 c^3} \frac{1}{(1-\beta^2)^2} \quad \text{(Ans.76)}$$

と求められる．半径 R_0 の円運動の場合，角速度を ω とすると

$$v = R_0 \omega, \quad a = R_0 \omega^2 \quad \text{(Ans.77)}$$

なので

$$a = v^2 / R_0 \quad \text{(Ans.78)}$$

という関係が成り立つ．これを式 (Ans.76) に代入すると

$$P = \frac{q^2 \beta^4 c}{6\pi \epsilon_0 R_0^2} \frac{1}{(1-\beta^2)^2} \quad \text{(Ans.79)}$$

となり，式 (5.119) が導かれた．

索　引

英数字

あ行

か行

さ行

た行

な行

は行

ま行

や行

ら行

わ行

□監修者

益川 敏英

名古屋大学素粒子宇宙起源研究所名誉所長・特別教授／京都大学名誉教授／京都産業大学名誉教授

□編集者

植松 恒夫

京都大学大学院理学研究科物理学・宇宙物理学専攻教授（～2012 年 3 月）
京都大学国際高等教育院特定教授（2013 年 4 月～2018 年 3 月）
京都大学名誉教授

青山 秀明

京都大学大学院理学研究科物理学・宇宙物理学専攻教授（～2019 年 3 月）
京都大学大学院総合生存学館（思修館）特任教授（～2020 年 3 月）
京都大学名誉教授，経済産業研究所ファカルティフェロー，理研 iTHEMS 客員主管研究員

□著者

大野木 哲也

大阪大学大学院理学研究科物理学専攻教授

田中 耕一郎

京都大学大学院理学研究科物理学・宇宙物理学専攻教授

基幹講座 物理学　電磁気学II　物質中の電磁気学

2017 年 10 月 25 日 第 1 刷発行
2020 年 11 月 10 日 第 2 刷発行

監　修　益川　敏英
編　集　植松　恒夫，青山　秀明
著　者　大野木哲也，田中耕一郎
発行所　東京図書株式会社

〒102-0072 東京都千代田区飯田橋 3-11-19
振替 00140-4-13803 電話 03(3288)9461
http://www.tokyo-tosho.co.jp

ISBN 978-4-489-02245-6